미용인의 삶의 질 향상을 위한

LOHAS

Lifestyle of Health Sustainability

미용 서비스 관리론

장선엽 지음

光文閣

www.kwangmoonkag.co.kr

머리말

서비스와 서비스 산업의 중요도는 갈수록 증대되고 있음이 사실이나 이에 대한 명확한 개념적 정립은 아직 짧은 단계에 있다고 하겠다.

서비스란 용어는 현대 뷰티 문화의 경영은 물론이고 현대인의 생활 속에서도 광범위하고 흔하게 여러 가지의 의미로 사용되고 있다. 그러나 광범위하게 사용되면서 그 뜻이 명확하지 못함으로 인하여 여러 가지 오해와 차질을 가져오고 동일 상황에서 각각 자기에게 유리한 해석을 내림으로써 혼란 또한 적지 않다.

산업 구조 속에서 특정 업체만이 서비스를 전담하고 있는 것 같은 사회적 인식의 부족과 편견으로 인하여 미치는 문제 또한 적지 않다. 서비스란 약자가 강자에게 증여하는 뇌물도 아니며, 제공자와 받는 자 간의 사회적 계급의 차이를 표시하는 것도 아닌 그야말로 대등한 입장에서 수수되는 뷰티 전문의 일부인 것이다. 그러므로 서비스는 인간 생활에 있어 필수적인 부분을 차지하고 있으며 동시에 인간 욕망의 대상으로서 경제 주체의 합리적 선택의 목적이 된다. 즉 인간의 욕망은 유형적 재화만으로써는 충족될 수 없으며 유형적 재화 이외의 무형적 가치, 즉 보이지 않는 서비스가 반드시 요구되는 것은 명확하다. 이런 맥락으로 서비스의 경제적 중요성은 더욱 큰 것이다. 서비스의 특성은 생산과 소비가 동시에 이루어지며 운송, 보관할 수 없다. 또한, 무형성과 소유권 이전 불가 등의 난해한 특성이 있다. 그러나 서비스가 인간의 욕망 충족에 유용한 것이 분명하고 생산이 경제적 유용성의 창조를 의미하는 이상 서비스가 곧 생산이라 하는 것도 당연하다. 특히 서비스 산업이 창출하는 부가가치는 더욱 증대될 것이 틀림없는 미용 산업은 이에 대한 깊이 있는 이론적 연구와 실무 연계의 강화는 더욱더 중요한 시기이다.

저자는 그동안 서비스 및 서비스 산업의 이론과 이를 미용 산업 현장에서 실무 연계에 대한 강의, 연구를 계속해 오던 중 이번 그동안의 강의 노트, 다양한 참고 자료를 바탕으로 이번에 본 저서를 내게 되었으며 부족한 바가 많으나 앞으로 계속 보완해 갈 계획이다. 우리나라 미용 서비스 및 서비스 업종의 실무에 조그마한 디딤돌이 되기를 바라며, 끝으로 이 책의 발간에 노고를 아끼지 않고 도움을 주신 광문각출판사 박정태 사장님과 임직원, 그리고 선배 제현들의 성원과 격려에 감사의 마음을 전한다.

2015년 3월

저 자

차례

제1장 서비스 정의/품질 | 11

1. 서비스의 어원과 변천 ······ 13
2. 서비스의 정의 ······ 13
3. 서비스의 3단계 ······ 19
4. 서비스의 특징 ······ 21
5. 서비스 품질의 개념 ······ 22
6. 서비스 품질 향상 방안 ······ 24
7. 서비스 품질과 종사원 ······ 27
■ 쉬어가기 ······ 35

제2장 서비스 고객 | 37

1. 고객의 정의 ······ 39
2. 고객의 범주 ······ 40
3. 고객의 특성 ······ 43
■ 쉬어가기 ······ 48

제3장 서비스 기법 | 49

1. 서비스 모니터링 ······ 51

2. MOT(moment of truth : 진실의 순간) 사이클의 차트 ········· 55
3. 서비스 보증 ········· 59
4. 서비스 차별화 ········· 61
■ 쉬어가기 ········· 69

제4장 예절과 에티켓 | 71

1. 이미지 컨설팅 ········· 73
2. 표정 연출법 ········· 83
3. 인사 매너 ········· 90
4. 패션 이미지 연출법 ········· 95
5. 전통 예절 ········· 96
■ 쉬어가기 ········· 101

제5장 비즈니스 응대 | 103

1. 비즈니스 매너 ········· 105
2. 손님맞이 방법과 안내법 ········· 111
3. 접객 자세와 지시 동작 ········· 118
4. 비즈니스 네티켓 ········· 122
5. 다른 문화의 이해 ········· 125

6. 비즈니스 에티켓 …… 139
■ 쉬어가기 …… 155

제6장 서비스 리더십 | 157

1. 서비스 리더십의 의의 및 목표 …… 159
2. 서비스 리더십의 핵심 요소 …… 160
3. 서비스 리더의 역할 …… 161
4. 서비스 기업의 특징 …… 169
5. 서비스 기업의 변화 …… 171
■ 쉬어가기 …… 174

제7장 서비스 차별화 사례 연구 | 175

1. 고객 인지 프로그램 …… 177
2. 서비스 수익 체인(Service Profit Chain) …… 179
3. 토털 서비스 …… 181
4. 고객 위주의 제품 차별화 …… 182
■ 쉬어가기 …… 186

제8장 콜센터 운영 | 187

1. 전화 서비스 189
2. 바람직한 경어 사용법 195
■ 쉬어가기 200

제9장 프레젠테이션 | 201

1. 강의 기법 203
2. 스피치와 호흡 기법 211
3. 자기주장법 214
■ 쉬어가기 218

제10장 고객 만족(CS) 관리 | 219

1. CS 관리의 개념 221
2. CS 관리의 역사 221
3. 서비스 프로세스 222
■ 쉬어가기 235

제11장 고객 만족 경영 | 237

1. 고객 만족 경영의 기본 개념 ········· 239
2. CS 경영 사례 연구 ········· 250
3. 고객 만족 경영 발전 가능성 ········· 264
■ 쉬어가기 ········· 276

제12장 CRM(고객 관계 관리) | 277

1. 고객 관계 관리 개요 ········· 279
2. CRM 성공 분석 ········· 284
3. CRM 실패 분석 ········· 288
4. 인간관계 개선 기술 ········· 292
■ 쉬어가기 ········· 316

제13장 고객 만족도(CS) 평가조사 | 317

1. 고객 만족도 측정 방법 ········· 319
2. 고객 만족도 평가 시스템 구축 ········· 325
3. 고객 만족도 평가 결과의 활용 ········· 328
4. 고객 만족도 향상 전략 ········· 329

5. 고객 충성도 향상 전략 ········ 334
6. 고객 관계 관리(CRM) ········ 340
7. 고객 만족도 사례 연구 ········ 346
■ 쉬어가기 ········ 351

제14장 고객 상담 | 353

1. 상황별 고객 응대 및 인사말 ········ 355
2. 클레임과 컴플레인 분석 ········ 361
3. 고객 불만 처리 원칙 ········ 365
4. Power Coaching ········ 372

제1장

서비스 정의/품질

LOHAS

Lifestyle of Health Sustainability

제1장 서비스 정의/품질

1 서비스의 어원과 변천

1.1 어원

영어의 'Service'라는 단어는 '노예의 상태'라는 뜻의 라틴어 '세르브스(Servus)'에서 유래하였다. 즉 'Service'란 '노예가 주인에게 충성을 바친다'는 의미에서 출발하였음을 알 수 있으며, 이후 일상적인 봉사는 무료라는 의미로 확대되었다.

2 서비스의 정의

2.1 개요

오늘날에 와서는 서비스의 의미도 크게 달라져서 자기의 정성과 노력을 남을 위하여 사용한다는 의미로 변하였다. 박애주의자로 널리 알려진 슈바이처 박사는 "인간이 할 수 있는 최고의 것은 봉사하는 것이다."라고 말하였다. 서비스의 기본적인 이해와 정신은 서로 존중하고 배려하는 예절과 감사하는 마음을 행동으로 표현하여 상대방에게 준 기쁨이 내게로 되돌아와 나의 기쁨으로 승화(昇華)한다는 차원에서 출발하여야 할 것이다. 결국 "서비스는 무형으로서 사람들의 욕구를 충족시켜 주기 위하여 인간 또는 설비와의 상호작용을 통해 제공되는 것"으로 정의할 수 있다.

2.2 SERVICE의 Key Word

- S - Sincerity 성의, 스피드, 웃음이 넘치는 서비스
- E - Energy 활력이 힘이 넘치는 서비스
- R - Revolutionary 언제나 신선하고 새로운 것을 제공하는 서비스
- V - Valuable 고객에게 필요한 가치 있는 서비스
- I - Impressive 고객에게 감동 주는 서비스
- C - Communication 의사소통이 가능한 서비스
- E - Entertainment 타인을 배려하는 서비스

2.3 서비스의 3S, 7C & 10S

(1) 서비스의 3S

① 미소(Smile) : 고객을 맞이하는 순간부터 접객 중, 전송 시는 물론이고 그 외에도 고객과의 만남에서 미소는 서비스 제공자의 기본 업무 자세라고 할 수 있다. 자연스럽고도 고객을 편안하고 기분 좋게 하는 미소를 짓는 업무 자세를 항상 견지하도록 하여야 한다.

② 신속(Speed) : 서비스의 제공은 스피디하게 진행됨이 기본이다. 고객은 의외로 기다림을 지루하게 여기며 특히 한국인은 더욱 그러하다. 느리지 않는 시의적절하면서도 신속성이 유지되는 서비스 제공이 또한 중요하다.

③ 성의(Sincerity) : 한결같은 자세로 성심, 성의껏 고객에게 서비스를 제공하는 것이 서비스 제공자의 업무에 대한 기본 자세이다.

(2) 서비스의 7C

① 사고(思考,Consideration) : 서비스 제공자는 고객에게 서비스 제공에 있어 기계적인 서비스를 제공하는 것이 아니므로 항상 고객을 배려하고 생각의 연장선에서 서비스를 제공함을 잊어서는 안 된다.

② 정확(Correctness) : 고객에 대한 서비스의 제공은 정확한 서비스 제공이 기본이다. 주문을 받을 시는 필요하다면 메모지에 기록하는 것이 좋고 고객의 요구나 대화에 따른 중요 사항은 반드시 확인, 복창하는 습관을 갖도록 한다.

③ 일치(Coincidence) : 서비스 제공자는 항상 언행이 일치하도록 업무 자세를 견지하여야 한다. 돌발적인 상황이 발생하여 불일치의 경우가 발생하면 고객에게 정중하게 설명, 이해를 구하도록 하여야 한다.

④ 찬사(Compliment) : 고객에 대한 응대에 있어 적절한 칭찬의 어귀를 가급적 사용하도록 하여야 한다.

⑤ 결합(Coherence) : 업무상에 병행되는 상품의 제요소가 일사분란하게 전문성과 숙련도가 발휘되는 결합력이 표현되어야 한다.

⑥ 간결(Conciseness) : 서비스의 부품이나 과정이 복잡할수록 서비스 품질의 저하율이 높을 가능성이 크므로 간결성을 서비스 제공의 기본으로 하여야 한다.

⑦ 예절(Courtesy) : 이는 고객과의 관계에서 종합적인 평가에 대한 가장 중심 측정치가 될 정도로 비중이 크므로 성별, 연령별, 지역별, 계층별 고객에 대한 폭넓은 예절을 늘 익혀두어야 한다.

(3) 서비스의 10S

① Self-introduction : 서비스 제공자는 반드시 자기에 대한 간단한 소개를 필수적으로 하고 이때 이름은 반드시 풀네임으로 밝혀야 한다.

② Skill : 고객이 요구하는 서비스의 내용을 정확히 숙지하고 이에 따르는 능

숙한 기술을 구비하여야 한다.

③ Speed : 고객의 요구에 신속히 대처하여야 한다.

④ Sure : 고객에게 서비스가 생산, 제공되는 과정에 확신과 자신감을 고객에게 주어야 한다.

⑤ Sincere : 서비스 제공자는 진지한 자세를 항상 유지하며 고객에게 적절한 서비스를 제공하여야 한다.

⑥ Smiling : 마음속에서 우러나오는 자연스러운 미소를 고객에게 친근감이 가도록 띄워야 한다.

⑦ Smart : 서비스 제공자는 스스로 옷차림, 몸차림, 말씨, 행동을 항상 산뜻한 인상을 줄 수 있도록 업무 자세를 견지하여야 한다.

⑧ Smooth : 서비스의 연출은 부드러움, 온화함, 깨끗함, 매끄러움 등이 결합되어 고객에게 제공되어야 한다.

⑨ Seemly : 고객의 느낌에 과잉 친절이 되지 않도록 유의하여야 하며 심적 부담을 주지 않는 지나침이 없는 서비스가 되어야 한다.

⑩ Sensible : 서비스 제공자는 고객의 욕구를 정확히 파악하고 미리 대처하는 센스가 필요하다.

2.4 서비스의 경제학적 정의와 경영학적 정의

(1) 경제학적 정의

경제학에서는 서비스를 '용역'으로 이해해 눈에 보이는 '재화'와 구분하고 있다. 고전 경제학자인 아담 스미스는 '비생산적인 노동'이라고 하였고, 세이는 '비물질적인 부'라고 정의하였다. 결국, 경제학적 관점에서 서비스는 '비생산적인 노동, 비물질적인 재화'라고 할 수 있다. 그러나 현대 사회에서 경제학적 관점은 서비스의 진정한 가치를 대변하지 못하고 있다.

(2) 경영학적 정의

경영학 및 마케팅 분야에서는 1960년대부터 제품과 서비스의 비교가 이루어지기 시작하여 1990년대에 학문의 대상으로서 서비스가 연구되었다.

① 활동론적 정의

'판매를 목적으로 제공되거나 또는 상품판매와 연계해 제공되는 모든 활동, 편익 및 만족'이라고 정의하며, 대표적인 예로 오락, 호텔, 전력, 수송, 미용, 신용 서비스 등이 있다.

② 속성론적 정의

무형과 유형의 기준을 손으로 만질 수 있느냐 여부에 따라 구분한 후 서비스를 '시장에서 판매되는 무형의 상품'으로 정의한다.

③ 봉사론적 정의

서비스 제공자가 서비스 수혜자에게 제공하는 봉사적 혜택을 강조하는 견해이다.

④ 인간 상호 관계론적 정의

'서비스는 무형적 성격을 띤 일련의 활동으로서 고객과 서비스 종업원의 상호관계에서 발생해 고객의 문제를 해결해 주는 것'이라고 보는 입장이다.

(3) 서비스의 기능적 분류

서비스의 기능론적 분류는 서비스를 물적 존재로부터 발생되는 과정상의 기능(작용)으로서 인식하려는 접근 방법이다. 기능론적 분류는 물재와 서비스의 구분을 양자 병렬하여 각각 분류학적인 2분할론은 서비스 그 자체에서도 볼 수 있다. 즉 서비스를 본질적인 것과 부수적인 것으로 나누는 방식이다.

① 본질적 서비스

물질재의 분야에 있어서 기술 테크놀로지(Technology)를 서비스에 도입해서 입력을 기계화, 시스템화로 대체할 수 있는 것과 같은 서비스이며 핵심 서비스(Core service)와 함께 제1차적 서비스라고 불린다. 즉 대량생산, 대량판매가 가능한 서비스이며 이 분야에서의 과제는 서비스 생산의 비용효율(Cost efficiency)의 개선에 있다.

② 부수적 서비스

기계나 컴퓨터로 대립될 수 없는 인간적인 서비스를 지칭한다. 이 연구의 의의는 서비스 중에서도 물질적 재와 기본적으로 같은 성질의 것과 그렇지 않은 것이 있다는 것을 지적하고, 서비스에의 기술 도입이 필요적 경향인 것은 인정하면서도 그 결과 서비스의 판매자 중심적인 관리와 비인격화를 가져온다 하고, 결국에는 물질적 재에서의 라이프사이클(Life cycle)의 성숙기와 같이 서비스에서도 이윽고 다양화, 개성화의 문제가 제기되어 인간적 서비스(즉 부수적 서비스)의 유효한 과제가 될 것이다.

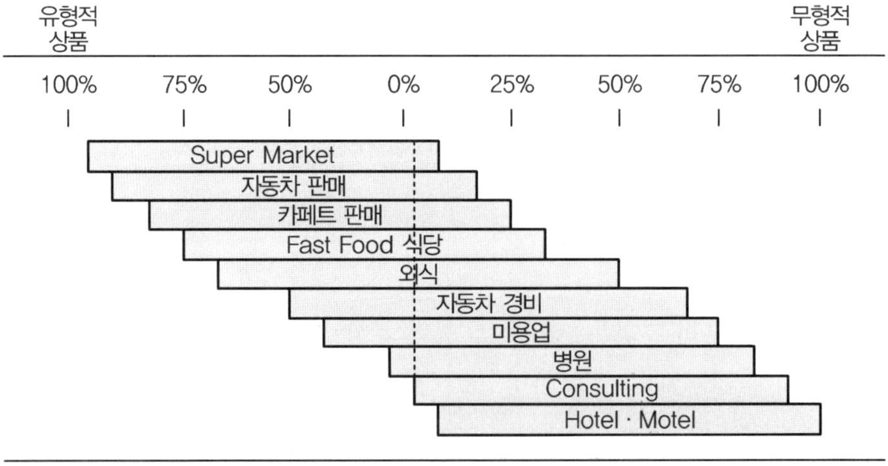

【외형적 상품과 무형적 서비스재의 혼합 상태 비교】

뷰티숍 서비스는 고객의 뷰티숍 이용 중 서비스 이용 경험에 의해 그 질과 가치가 형성될 수 있는 경험재의 성격을 가지고 있을 뿐만 아니라 서비스 제공자와 고객 간의 친밀한 접촉 서비스 시스템이라고 할 수 있다. 또한, 뷰티숍서비스는 사람의 신체에 대한 서비스라 할 수 있다.

3 서비스의 3단계

3.1 사전 서비스(Before Service)

(1) 개요

고객에게 제공하고자 하는 서비스의 내용을 소개하고 소비를 촉진시키기 위해 사전에 잠재 고객들과 상담 등을 통해 예약을 받는 등 의견 조절을 하고, 방문 고객을 위해 사전에 상품을 진열하는 등의 준비하는 단계의 서비스이다(정보제공 서비스).

(2) 특징

① 사전에 잠재 고객과의 접촉을 통해 새로운 수요 창출이 가능하다.
② 사전에 고객과의 대면을 통해 수요를 예측하고, 각 고객에 맞는 맞춤 서비스의 제공이 가능하다.
③ 지나친 사전 서비스의 제공은 강매의 느낌을 줄 수 있고, 고객이 심리적 부담을 느낄 수 있다.
④ 주차 유도원 서비스, 상품 게시판, 예약 서비스 등이 있다.

3.2 현장 서비스(Douring Service)

(1) 의의

서비스가 고객과 제공자의 상호 거래에 의해 진행되는 단계로 서비스의 본질 부분이라 할 수 있다.

(2) 유형

① 고객과 제공자가 일대일인 경우(미용상담 등), 고객은 한 명이고 제공자는 여럿인 경우(호텔, 뷰티숍 등), 제공자는 한 명이나 고객이 다수인 경우(학교 선생님, 교회 목사, 방송국 아나운서 등) 등 여러 유형의 서비스가 있다.

② 고객이 뷰티숍에 들어서는 순간부터 시작된다.

- 상담 업무 : 고객과 만나 원하는 것이 무엇인지를 청취하고 고객의 상황을 관찰하는 활동을 의미한다.
- 제안 업무 : 서비스에 대한 설명(Presentation)과 적절한 제안으로 고객의 의사결정을 촉진하는 활동을 의미한다.

3.3 사후 서비스(After Service)

(1) 의의

서비스의 특성상 생산과 소비가 동시에 발생하므로 현장 서비스가 종료되면 그 후에는 아무 일도 없던 것처럼 보이지만, 실제로는 고객 유지를 위해 사후 서비스도 매우 중요하다.

(2) 특징

① 사후 서비스의 질에 따라 뷰티숍 이미지에 대한 평가가 달라질 수 있다.
② 사후 서비스를 통해 고객의 불편 불만을 미연에 방지할 수 있다.
③ 이용 후기 등을 통해 부족한 서비스를 보충하고 좀 더 발전된 서비스를 제공할 수 있다.
④ 사후 서비스를 유지하는 데 비용이 드는 반면, 추후에 다시 이용할지 여부는 불확실하다.
⑤ 신규 고객 유치에 도움이 된다(뷰티숍의 좋은 이미지 부각).
⑥ 고객 불평 처리 부서가 대표적이다.

4 서비스의 특징

4.1 기본 특징

① 무형성 : 형태가 없으므로 특허로서 보호를 받을 수 없고 가격 설정 기준이 모호하다. 따라서 물질적 증거와 심상을 제시(뷰티숍의 서비스 장면, 완성된 두발 형태)해 주는 것이 필요하다.
② 소멸성 : 저장하거나 재고를 남길 수 없으므로 소멸성을 극복하기 위해서는 수요와 공급을 조절하는 것이 필요하다.
③ 비분리성(생산과 소비의 동시성) : 서비스를 제공하는 사람은 고객과 직접 접촉하게 되므로 생산 과정에서 고객이 참여하게 된다. 즉 서비스는 사람이든 기계든 그 제공자로부터 분리되지 않으며 포장되었다가 고객이 그것을 필요로 할 때 구매될 수 없다. 비분리성의 문제를 해결하기 위해서는 서비스 제공자의 선발 및 교육에 힘쓰는 것이 필요하다.
④ 이질성 : 서비스 주체인 뷰티 디자이너 의존도가 높아 서비스가 동일하지 않고, 표준화도 어렵다. 따라서 다양한 각도에서 각 고객층에 맞는 개별화 전

략을 구축하는 것이 필요하다.

⑤ 즉흥성 및 불가역성 : 연습이나 취소, 반환이 불가능하여 원래로 되돌릴 수 없다. 납득시킬 수 있는 것은 보상, 사죄뿐이므로 서비스 제공자의 교육훈련과 자질을 개발하는 것이 필요하다.

⑥ 변화성 : 서비스의 품질은 서비스를 제공하는 사람뿐 아니라 언제, 어디서, 그리고 어떻게 제공하는가에 따라 달라진다는 것을 의미한다.

5 서비스 품질의 개념

5.1 서비스 품질의 정의

서비스의 품질은 고객의 인식에 의해 결정된다. 모든 서비스가 고객를 만족시키는 정도가 서비스의 품질이라고 말할 수 있으며, 이것을 흔히 기대에 대한 인식의 일치라고 한다. 따라서 서비스 품질은 다음과 같은 두 가지로 구성된다.

① 고객이 요구하는 서비스의 속성이 특정 서비스에 제한되어 있고 또 그것에 부합되는 정도

② 이러한 속성에 대한 요구 수준이 성취되어 고객에게 인식되는 정도

5.2 서비스 품질 측정 이유

① 서비스 개선, 향상, 재설계의 출발점

② 경쟁 우위 확보와 관련한 서비스 품질의 중요성 증대

5.3 서비스 품질을 측정하기 어려운 이유

① 서비스 품질의 개념이 주관적(사람마다 다름)이기 때문에 객관화하여 측정

하기 어려우며 모든 경우에 적용되는 서비스 품질을 정의하기는 어렵다.

② 서비스 품질은 서비스의 전달이 완료되기 이전에는 검증되기가 어렵다. 서비스의 특성상 생산과 소비가 동시에 이루어지기 때문이다 : 뷰티숍 서비스는 머리가 완성되기 전에는 알 수 없음.

③ 서비스 품질을 측정하려면 고객에게 물어봐야 하는데, 고객으로부터 데이터를 수집하는 일은 시간과 비용이 많이 들며 회수율도 낮다.

④ 서비스 전달 과정 중에 고객과 함께 이동하는 경우에는 고객이 자원의 흐름을 관찰할 수 있다. 이런 점은 서비스 품질 측정의 객관성을 저해한다.

⑤ 고객은 서비스 프로세스의 일부이며, 변화를 일으킬 수 있는 중요한 요인이기 때문이다.

5.4 서비스 품질이 낮은 이유

【낮은 서비스 산업 품질의 요인】

구 분	내 용
비용 절감	• 인건비 절감을 위해 종업원을 적게 쓰는 음식점에서 양질의 서비스 품질을 기대하기 어려움 • 인건비 상승으로 서비스에 셀프와 자동화가 확대(사용 고객의 인식 부족과 종업원의 훈련 부족으로 잘못된 서비스 발생) • 기계에 의한 노동력 대체로 고객 응대 종업원이 줄어 서비스 수준이 낮아지는 결과 초래
서비스업에 대한 인식	• 잠시 머물다 그만둘 직장으로 생각하는 사람이 많음 • 서비스 종사자들이 하는 일은 시숙련, 비훈련 직종이라는 인식 • 동기 유발이 힘듦
생산성 및 효율성과 괴리	• 서비스의 생산성과 효율성 강조로 서비스 품질은 뒤로 밀림 예 1. 전화 상담 시간을 정해 놓고 특정 고객과 상담 시간을 정해진 시간보다 길게 가지면 버저로 시간 초과를 알리는 경우 2. 전화벨이 세 번 울리기 전에 전화를 받아야 한다는 원칙을 고수하기 위해 전화벨이 울리면 즉시 받자마자 끊어버리는 사례

고객의 만족도에 대한 무지	• 고객들은 대게 서비스 수준이 높지 않을 것으로 생각하여 더 많은 요구를 하지 않음 • 서비스 제공자는 자신의 서비스가 고객에게 만족을 주고 있다는 착각(100명의 불만족한 고객 중에서 4명만이 불평을 이야기함)
표준화의 어려움	• 다수의 고객에게 다양한 서비스를 제공하는 서비스의 경우에 그 서비스의 성격상 실수를 저지를 가능성이 높음 • 제품의 생산에 비해 서비스의 생산에서는 어려우며, 고객에게 서비스가 전달되기 이전에 품질을 검사할 방법도 많지 않음 • 고객 수가 많은 은행이나 백화점에서 의외로 불만족스런 서비스를 받은 경험을 갖고 있는 고객이 많음
서비스의 무형의 특성	• 서비스는 생산과 동시에 일어난다는 특성이 있어서 품질관리를 할 수 있는 방법이 별로 없음 • 서비스 업체는 무형의 서비스를 생산하기 때문에 무형의 서비스에 대한 품질은 의견, 인식 또는 기대로 측정할 수밖에 없음 • 무형성은 말 그대로 수량화할 수 없고, 수량화할 수 없으면 측정할 수 없으며, 측정할 수 없는 것은 통제될 수 없다고 생각하는 사람들이 많음

6 서비스 품질 향상 방안

6.1 서비스 품질 문제의 원천

(1) 생산과 소비의 비분리성 및 노동집약성

① 제품은 제조된 후 판매되고 소비되는데 반해 서비스는 판매된 후에 고객 앞에서 생산된다. → 생산과 소비의 비분리성

② 서비스의 노동집약성으로 인하여 서비스는 표준화되기 어렵고 제공된 서비스의 편차로 고객의 서비스 경험이 불만족스럽게 된다.

③ 고객의 서비스에 대한 경험은 서비스 제공자와 그의 서비스 제공 과정에 의

해 직접적인 영향을 받으므로 많은 서비스 품질 문제들이 생산과 소비의 분리성으로 인하여 발생하게 된다.

6.2 서비스 직원에 대한 부적절한 서비스

① 고객이 받는 서비스 품질은 서비스 직원이 수행하는 서비스의 품질이므로 서비스 직원에 대한 부적절한 서비스는 서비스 품질 문제에 주요 원천이 된다.
② 서비스 직원에게도 만족할 만한 서비스 품질을 제공하는 것이 필수적이다.
③ 고객을 수치로 보는 견해 : 개별 고객의 중요성을 간과하게 되면 고객의 불만이 증대되고 결국에는 서비스 품질 문제가 초래된다.
④ 커뮤니케이션의 차이 : 뷰티숍의 과대광고뿐만 아니라 뷰티숍이 제공하는 서비스를 고객에게 정확히 인식시키지 못한 경우와 고객의 요구를 정확히 들으려 하지 않는 경우를 포함한다.
⑤ 뷰티숍의 단기적 견해 : 단기적 이익의 강조는 비용 절감에 치중한 나머지 고객 이익을 최우선으로 하지 않음으로써 결국에는 서비스 품질을 저하시킨다.

6.3 서비스 품질의 개선 방법

① 서비스 품질의 중요한 결정 요소 파악 : 서비스 품질 개선은 고객에게 서비스 품질의 중요한 결정 요소를 파악하는 것부터 시작된다.
② 고객 기대 관리 : 고객의 기대는 고객의 품질 인식에 중요한 역할을 하므로 과대 약속에 대한 유혹에서 벗어나서 적절한 서비스 정보를 제공하는 것이 뷰티숍의 좋은 품질 이미지 달성에 도움을 준다.
③ 유형 요소 관리 : 유형요소(완성된 머리, 서비스 장면)의 관리는 서비스 제공 중 또는 그 이후의 평가와 관계가 있다. 고객은 유형 요소에 쉽게 접근할 수 있으며 평가하기도 쉬우므로 이러한 요소의 관리는 제공된 서비스 품질 평가를 좌우한다.

④ 고객에게 서비스 내용 제공 : 서비스의 일부를 고객 스스로 수행할 수 있게 한다든지 서비스 사용의 적합한 시기, 방법 또는 서비스가 수행되는 과정을 설명해줌으로써 고객의 지식을 증대시킬 수 있다.

⑤ 뷰티숍 내 품질 문제 정착 : 지속적으로 높은 서비스 품질을 유지시키기 위해서는 뷰티숍 문화 내에 품질 개념이 구현되도록 하여야 한다. 이것은 특정한 품질 기준을 확립하고 이 기준을 충족시킬 만한 능력이 있는 직원을 채용하여 이들 기준이 달성될 수 있도록 훈련시키고 만족 정도를 측정하여 공정한 보상이 이루어질 때 가능하다.

⑥ 자동화 실천 : 서비스 제공은 인적 활동과 물적 활동으로 이루어지는데 인적 활동 측면에서 기술적으로 자동화가 가능한 영역은 자동화 시스템으로 대체할 때 서비스 제공 시 잘못을 줄일 수 있다.

⑦ 변화하는 고객 기대에 대응 : 고객의 기대는 두 가지 차원에서 변화하는데 하나는 기대의 '수준'이 높아지는 것이고, 다른 하나는 '관점'이 변화하는 것이다. 뷰티숍은 이러한 고객 기대의 변화를 예측 · 파악하여 그에 대응해야 한다.

⑧ 뷰티숍 이미지 향상 : 고품질의 서비스를 제공하는 뷰티숍이 되기 위해서는 신용과 이미지가 중요하다.

⑨ 가시적 평가 기준 제공 : 고객에게 가시적인 평가 기준을 뷰티숍 스스로 제공해 주는 것이 무엇보다 중요하다.

6.4 전략적 시시점

① 서비스 품질은 고객이 지각하는 것이다.

② 서비스 품질은 서비스 프로세스로부터 분리될 수 없다.

③ 서비스 품질은 일련의 서비스 접점, 즉 뷰티 디자이너와 고객 간의 상호작용에서 생산된다.

④ 누구나 고객의 지각된 서비스 품질에 기여한다.

⑤ 고객은 서비스 품질 생산의 자원으로서 관리되어야 한다.

⑥ 외부 마케팅 역시 서비스 품질 관리에 통합되어야 한다.

7 서비스 품질과 종사원

7.1 서비스 마케팅 삼각형

서비스 마케팅은 제조업 마케팅을 의미하는 '외부 마케팅' 이외에도 고객과 직접 접촉하여 서비스를 제공하는 직원과 고객 간의 '상호작용 마케팅'과 직원이 고객에게 최상의 서비스를 제공할 수 있도록 지원하고 교육하는 '내부 마케팅'을 필요로 한다(외부 마케팅 : 홍보, 내부 마케팅 : 직원관리).

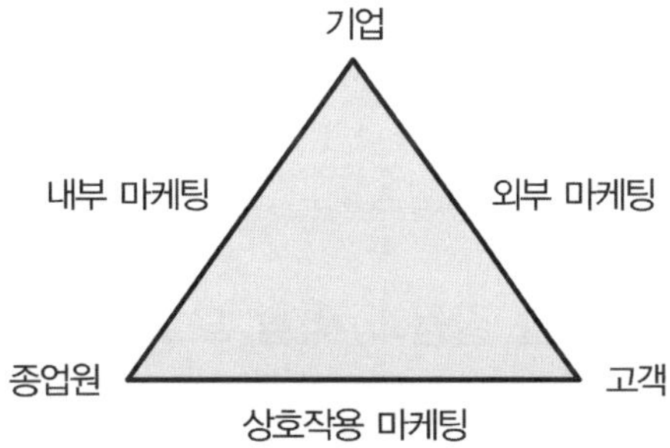

(1) 내부 마케팅

① 뷰티숍－종업원 간에 이루어지는 마케팅

② 서비스의 품질관리를 위해 직원을 교육·훈련하고 이들에게 동기를 부여하는 내부 직원을 대상으로 하는 마케팅 활동

③ 내부 마케팅은 외부 마케팅보다 우선적으로 수행

④ 뷰티 산업의 CEO는 직원에게 적절한 수준의 재량권을 부여함으로써 직원이 고객의 욕구를 확인하고 고객이 불만족할 때 신속하게 대응할 수 있게 하고, 직원이 주인의식과 책임감을 가지고 고객과 상호작용할 수 있게 해야 한다.

(2) 외부 마케팅

① 뷰티 산업-고객 간에 이루어지는 마케팅

② 서비스 산업에서도 CEO는 고객을 조사하고 고객에게 제공할 서비스를 설계 디자인하여 제공하는 서비스 품질을 약속한다.

(3) 상호작용 마케팅

① 종업원-고객 간에 이루어지는 마케팅(고객 접점 마케팅)

② 뷰티숍의 직원들이 직접적으로 고객과 접촉하면서 실제 서비스를 제공(고객과의 약속 전달, 제공)

7.2 서비스 종업원의 역할 갈등과 역할 모호성

(1) 종업원의 역할 갈등

① 역할 갈등은 양립될 수 없는 두 가지 이상의 기대가 개인에게 동시에 주어졌을 때 발생한다.

② 고객과 접촉하는 뷰티 디자이너는 뷰티숍과 고객을 연결하여 양자의 요구를 동시에 만족시켜야 하므로 담당하는 직무에서 역할 갈등을 느낀다. 이와 같은 역할 갈등을 제거해야 종업원을 만족시킬 수 있다.

(2) 종업원의 역할 모호성

① 역할 모호성은 개인이 역할과 관련된 충분한 정보를 가지고 있지 못할 때 발생한다.

- 성과에 대한 기대를 분명히 모를 때
- 기대를 충족시킬 방안을 모를 때
- 직무 행위의 결과를 모를 때

② 발생 원인

- 서비스 표준이 없을 때
- 우선순위가 너무 많은 서비스 표준이 존재할 때
- 서비스 표준이 제대로 의사소통되지 않을 때
- 서비스 표준이 성과 측정, 평가, 보상 시스템과 연결되어 있지 않을 때

7.3 종업원 만족과 고객 만족

① 내부 마케팅의 성공을 위해서는 먼저 종업원의 역할과 중요성을 인식해야 한다.

② 종업원 만족(ES : Empolyee Satisfaction)은 고품질의 서비스로 이어지며 이러한 고품질의 서비스는 바로 고객 만족(CS : Customer Satisfaction)과 직결된다.

③ 고객 만족은 고객 유지와 이익 증가로 이어지기 때문에 뷰티숍의 이익 증가는 종업원 만족으로 인한 고객 만족으로 이루어낼 수 있다.

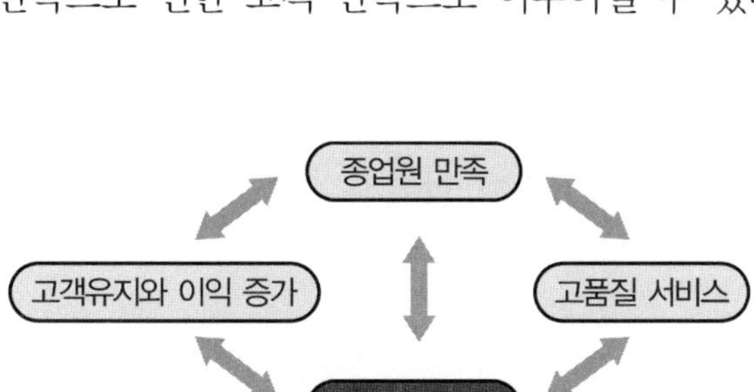

【고객 만족(CS)의 선순환】

7.4 종업원 만족도 제고 방안

(1) 종업원 만족도 측정

① 종업원 만족을 위해서는 우선적으로 종업원 만족도 수준을 측정해야 한다. 종업원 만족도는 품질 지향적인 뷰티숍 전략에 있어서 핵심적인 요소이다.

② 내부 고객 만족은 보상과 같은 경제적 요인과 내부 경영 환경과 제도와 같은 내부 서비스 품질 요인, 즉 내부 마케팅 요인에 의해 영향을 받는다.

③ 종업원의 동기부여, 인적자원관리 및 마케팅 관련 원칙 및 기술을 응용하는 내부 마케팅을 활성화해야 한다.

【종업원 만족도 측정】

(2) 종업원 만족도지수(ESI) 조사 항목

① 인식 공유 정도

② 참여 정신

③ 직무 만족도

④ 제도 만족도
⑤ 조직 문화 만족도
⑥ 종합 만족도

7.5 통합적인 인적자원관리

외부 고객에게 만족을 줄 수 있는 경영과 서비스 품질을 제공하기 위해서는 종업원의 능력과 자발적인 동기에 기초한 서비스 품질 향상 노력이 이루어져야 한다. 또한, 이를 지원하기 위한 인력의 선발에서부터 평가와 보상에 이르는 전 과정을 통합적으로 계획하고 관리해야 한다.

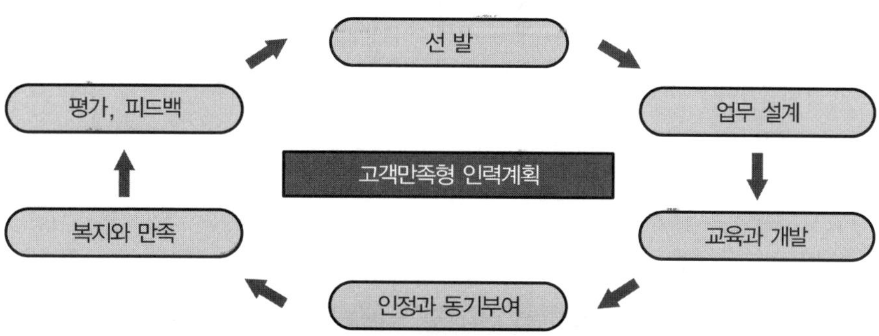

【고객 만족형 통합적 인적자원관리】

① 선발 : 서비스 특성에 적합한 고객 만족형 인적자원 선발
② 업무설계 : 고객, 조직 특성, 인력 및 이해관계자의 특성을 고려
③ 교육 및 개발 프로그램 강화 : 보다 높은 성과 효율 달성
④ 인정과 동기부여 : 금전적, 비금전적 보상 프로그램 운영
⑤ 업무 환경과 복지 : 높은 수준의 종업원 동기부여와 만족
⑥ 피드백 : 조직 단위 및 개인별 성과의 평가와 개신

7.6 서비스 인적자원관리의 과제

(1) 권한 부여

① 종업원 권한

업무 수행에 자주성을 종업원들에게 부여함으로써 그들의 개인적 잠재능력을 충분히 발휘할 수 있도록 해야 한다. 권한 부여는 잠재력과 기회라는 두 가지 변수의 함수로 설명할 수 있다.

② 조직 통제 시스템

- 신뢰 시스템 : 잘 구현된 조직 문화
- 한계 시스템 : 종업원의 재량권에 대한 한계 규정
- 진단 시스템 : 측정 가능한 달성 목표를 정의
- 상호작용 시스템 : 지식 산업에 가장 적합

【정보사회의 패러다임의 변화와 힘의 이동】

통제 시스템	목표	종업원의 과제	관리자의 과제	주요 이슈
신뢰	공헌	목표에 대한 불확실성	핵심 가치 및 사명의 전달	핵심 가치 규명
한계	준수	압력 혹은 유혹	기준의 규정 및 집행	위험 회피
진단	달성	초점의 결여	명확한 표적의 구축 및 지원	주요 성과 변수
상호작용	창출	기회의 결여 혹은 위험 부담의 두려움	학습의 촉진을 위한 조직대화를 개방함	전략적 불확실성

(2) 팀(Team) 활동

팀이란 공통의 목적을 지니고 자체적으로 성과 목표와 접근 방법을 정하고 성공에 대해 책임을 지는 작은 집단을 의미한다.

① 문제해결팀

관리자와 작업자들로 구성되는 소규모 집단으로 이들은 함께 생산과 품질에 관련된 문제를 찾아내어 분석하고 해결책을 구한다.

② 특수목적팀

경영진, 뷰티 디자이너 또는 양자 모두의 주요 관심사(고객 서비스 문제 등)를 다룬다. 특수목적팀은 대개 다수의 기능부서 대표들로 구성된다.

③ 자율관리팀

작업자 참여를 최고 수준으로 끌어올린 것으로, 작업자들로 이루어진 소집단이 공동 작업을 통해 한 제품이나 서비스의 주요 부분 혹은 전체를 생산하게 하는 것이다. 구성원은 이에 필요한 모든 과업을 배우고 직무를 순환하며 작업과 휴가 일정, 소모품 조달, 고용 등의 관리적 임무까지 모두 맡는다.

(3) 조직 구조

① 수직 구조

마케팅, 생산, 재무, 인력자원, 공무 등의 부서가 있으며, 조직원들은 부서장의 지휘와 승인을 기다린다. 이들은 자기 부서의 역할에 충실하며 부서 간의 벽을 넘는 의사소통을 거의 하지 않는다.

② 수평 구조

위계와 기능 부서의 벽이 제거되고 조직 운영은 다기능팀에 의해 이루어진다.

- 프로세스 중심의 구조
- 평평한 조직 위계

- 팀에 의한 조직의 관리
- 고객 지향적 성과
- 팀 성과에 대한 경영진의 보상
- 팀이 고객과의 접점
- 모든 종업원에 대한 훈련 프로그램 제공

(4) 제안 제도

① 서비스 조직의 전반적인 활동 과정에서 뷰티숍에 유익하다고 생각되는 의견을 제시함으로써 개선 효과를 극대화시키고자 하는 제도

② 조직 구성들이 서비스 개선과 관련된 제안을 하면 보상을 함으로써 참여 의식을 높이고 그들의 제안에 의하여 궁극적으로 개선을 실현하는 것이다.

쉬어가기

■ 로하스란 무엇인가?

LOHAS(로하스)란 Lifestyles Of Health And Sustainabilty의 머리글자를 딴 미국에서 출발한 개념이다.

Health의 H(건강)와 Sustainability의 S(지속 가능성)라는 양쪽 모두를 배려하는 Lifestyles의 L(라이프스타일)을 말한다. 로하스라는 개념이 새로운 점은 자신의 건강과 지구 환경을 결부시켜 개인의 라이프스타일의 가치관을 나타낸다는 것이다. 환경을 배려하는 것은 의무감이 아니라 자신이 건강하게 살기 위해서도 중요하다고 자각하는 것이 중요하다.

예를 들면 무농약 채소를 사고 유기농 식당에서 식사를 하는 것은 자신의 건강에도 좋을 뿐 아니라 간접적으로 친환경 농업의 농가를 지원하는 것으로 된다. 이러한 식당이 많아지고 무농약 채소가 보다 잘 팔리게 되면 생산자들이 점차 무농약 재배로 바꿔 가는 계기가 된다. 즉 우리들 한 사람 한 사람의 매일의 소비나 선택이 로하스를 기준으로 하게 되면 단순히 농약 재배를 반대하는 운동보다도 훨씬 효과적인 시민 레벨의 의식 표현으로 되고, 생산자나 기업에 영향을 미치는 커다란 힘으로 될 수 있다.

■ 로하스가 생겨난 배경

로하스의 기초가 된 것은 미국의 사회학자 폴 레이(Paul H. Ray)가 미국 성인 15만 명을 대상으로 15년에 걸쳐 실시한 가치관 조사이다. 조사 결과 자연을 접하는 내추럴한 생활을 좋아하고 건강 지향형이며, 환경 문제에 민감하고 정신적(spiritual)인 분야도 적극적으로 받아들이는 가치관을 지닌 사람들을 'Cultural creatives(문화 창조자)'라고 부르게 되었다.

문화 창조자 중에는 예전에 히피라 불렸던 사람들도 많고, 당시 영향을 받았던 동양 사상이나 카운터 컬처(counterculture, 반(反)문화 : 지배 문화의 흐름을 거꾸로 가는 '역류 문화' 또는 '대항 문화')라는 가치관을 갖고 있었다.

폴 레이의 조사에 따르면 문화 창조자는 결코 소수파가 아니라 미국 성인 인구의 약 26%를 차지하고 있었다. 이 결과에 따라 라이프스타일을 마케팅적인 관점에서 조사 · 정의하고자 하는 기운이 생겨났다. 그 결과 많은 후보 가운데 로하스라는 말이 생겨난 것이다.

2002년부터 로하스에 관한 데이터베이스 조사가 매년 시행되고 그 결과가 발표되었다. 또한, 로하스 포럼이라는 회의도 미국에서 매년 1회 시행되어, 2007년 제11회째를 맞이하였다.

제2장

서비스 고객

LOHAS

Lifestyle of Health Sustainability

제2장 서비스 고객

1 고객의 정의

1.1 고객의 개념

좁은 의미의 고객은 단순히 우리의 상품과 서비스를 구매하거나 이용하는 손님을 지칭하지만, 넓은 의미의 고객은 상품을 생산하고 이용하며 서비스를 제공하는 일련의 과정에 관계된 자기 이외의 모든 사람을 지칭한다. 즉 현대 사회에서는 나 말고는 모두가 고객인 셈이다.

- 내부 고객 : 가치 생산에 직접 참여하는 고객(뷰티 디자이너)
- 중간 고객 : 뷰티숍과 최종 고객이 되는 소비자 사이에서 그 가치를 전달하는 고객(중간 소개자, 구인 업체, 홍보 대행사 등)
- 외부 고객 : 뷰티숍이 생산한 가치를 사용(소비)하는 고객(가장 중요한 고객인 소비자)

1.2 고객에 대한 다양한 정의

① 고객은 우리에게 급여를 주는 사람이다.

② 고객이 우리에게 의지하는 게 아니라 우리가 고객에게 의존하는 것이다.

③ 고객은 우리에게 기회를 주는 사람으로 고객은 항상 옳으며, 고객은 우리의

논쟁 상대가 아니다.

④ 고객은 우리의 일을 중단시키는 귀찮은 존재가 아니라, 바로 그들을 위해서 우리는 존재하는 것이다.

⑤ 우리가 고객에게 서비스로써 호의를 베푸는 것이 아니라, 고객이 우리에게 서비스할 기회를 제공해 줌으로써 호의를 베푸는 것이다.

⑥ 고객은 우리에게 자신이 원하는 것을 해주기를 바라는 사람이다.

⑦ 고객과 우리 모두에게 이익이 되도록 고객이 원하는 것을 수행하는 것이 바로 우리의 할 일이다.

2 고객의 범주

2.1 개요

뷰티숍의 입장에서는 이익 창출이 궁극적인 목적이며, 이익 창출은 결국 고객으로부터 나오므로 무엇보다도 고객 관리가 중요하다. 그러나 천태만상인 고객을 일률적으로 통일하여 대할 수는 없으므로 각 고객의 범주를 명확히 하여 고객별로 고객 특성에 맞는 특화된 서비스를 제공하는 것이 뷰티숍의 경영 중에서 가장 큰 몫을 차지한다.

2.2 분류

(1) 뷰티숍에 이익을 주느냐의 여부에 의한 분류

① 잠재 고객 : 뷰티숍에 대해 인지하고 있지 않거나, 인지하고 있어도 관심이 없는 고객

② 가망 고객 : 뷰티숍에 대해 인지하고 있으며, 어느 정도의 관심을 보이는 신규고객이 될 가능성이 있는 고객

③ 신규 고객 : 처음으로 뷰티숍과 거래를 시작한 단계의 고객

④ 기존 고객 : 뷰티숍과 지속적인 거래를 하여 어느 정도의 고객 데이터가 쌓여 효율적인 마케팅이 가능해지며 반복 구매가 가능해지는 단계의 고객

⑤ 충성 고객 : 뷰티숍들이 가장 바라는 고객으로 뷰티숍에 대한 충성도가 높아 별도의 커뮤니케이션이 없어도 자신이 뭔가를 구매하려고 마음먹었을 때 언제나 그 뷰티숍을 먼저 떠올리는 고객이며, 때로는 입소문도 내주는 고객

(2) 고객 행동 결과에 따른 분류

① 구매 용의자 : 뷰티숍의 상품을 구매할 능력이 있는 모든 사람

② 구매 가능자 : 뷰티숍의 상품을 필요로 할 수 있으며 구매 능력이 있는 사람으로, 이들은 이미 뷰티숍의 제품이나 기술에 대한 정보를 갖고 있음

③ 비자격 잠재자 : 구매 가능자 중에서 경쟁 뷰티숍의 임직원처럼 뷰티숍 상품에 대한 필요성을 느끼지 않거나, 구매 능력이 없다고 확실하게 판단되는 소비자는 목표 고객에서 제외시킴

④ 최초 구매자 : 뷰티숍의 상품을 한번 이용한 소비자로 뷰티숍의 고객의 될 수도 있고 경쟁사의 고객이 될 수도 있음

⑤ 반복 구매자 : 뷰티숍의 상품을 적어도 두 번 이상 이용한 소비자

⑥ 단골 고객 : 뷰티숍과 지속적인 유대 관계를 지니고 있는 소비자로서 경쟁사의 전략에 쉽게 동요되지 않음

⑦ 옹호 고객 : 단골 고객 중 뷰티숍 상품에 대해 다른 이들에게 적극적으로 구전활동을 하는 소비자

⑧ 비활동 고객 : 뷰티숍의 고객이었던 사람 중에서 정기적인 이용을 할 시기가 지났는데도 더 이상 이용하지 않는 사람

(3) 참여 관점에 따른 분류

① 직접 고객(1차 고객) : 제공자로부터 제품 또는 서비스를 구입하는 사람
② 간접 고객(개인 또는 집단) : 최종 소비자 또는 2차 소비자
③ 공급자 집단 : 제품과 서비스를 제공하고 반대급부로 돈을 지급받는 자
④ 내부 고객 : 뷰티숍 내부의 종업원 및 그 가족과 주주
⑤ 의사결정 고객 : 직접 고객(1차 고객)의 선택에 커다란 영향을 미치는 개인 또는 집단으로, 직접적으로 구입을 하거나 돈을 지불하지 않는 고객
⑥ 의견 선도 고객 : 제품이나 서비스의 구매보다는 제품의 평판, 심사, 모니터링 등에 영향을 미치는 집단(소비자 보호단체, 기자, 평론가, 전문가 등)
⑦ 법률 규제자 : 소비자 보호나 관련 조직의 운영에 적용되는 법률을 만드는 의회나 정부
⑧ 경쟁자 : 전략이나 고객관리 등에 중요한 인식을 심어주는 고객
⑨ 단골 고객 : 뷰티숍의 제품이나 서비스를 반복적 · 지속적으로 이용하지만, 고객을 추천할 정도의 로열티는 없는 고객
⑩ 옹호 고객 : 단골 고객이면서 고객을 추천할 정도의 로열티가 있는 고객
⑪ 한계 고객 : 뷰티숍의 이익 실현에 해가 되므로 디마케팅의 대상이 되는 고객으로, 고객 명단에서 제외하거나 해약 유도 등을 통해 고객의 활동이나 가치를 중지시킨다.
⑫ 체리 피커(Cherry Picker) : 신포도 대신 체리만 골라 먹는다고 해서 붙여진 명칭으로 특별 이벤트 기간에 가입해 혜택은 다 누리고, 그 이후부터는 찾지 않는 고객을 말한다. 즉 실제 상품 구매, 서비스 이용 실적은 좋지 않으면서 뷰티숍의 서비스 체계, 유통 구조 등에 있는 허점을 찾아내어 자신의 실속을 챙기는 소비자를 말한다.

(2) 현대 마케팅 관점에서의 고객의 범주

① 소비자 : 물건, 서비스를 최종적으로 사용하는 사람
② 구매자 : 뷰티숍 이용 고객
③ 구매 승인자 : 구매를 허락하고 승인하는 사람
④ 구매 영향자 : 구매의 의사결정에 직 · 간접적으로 영향을 미치는 사람

3 고객의 특성

3.1 고객 욕구에 대한 이해

(1) 매슬로우의 인간 욕구 5단계

매슬로우의 인간 욕구 5단계를 서비스 욕구에 대비하면 다음과 같다.

생리적 욕구	의식주 등 생존하기 위한 기본 욕국	아름다움에 대한 욕구를 적당한 가격에 제공하는가?
안전 욕구	근본적으로 신체적 및 감정적인 위험으로부터 보호되고 안전해지기를 바라는 욕구	친환경 재료를 사용하는가? 미용 재료가 피부에 손상을 주지는 않는가? 주차장은 편리한가?
소속감과 애정 욕구	인간은 사회적인 존재이므로 조직에 소속되거나 동료와 친교를 나누고 싶어하고 또 이성 간의 교제나 결혼을 갈구하게 되는 욕구	뷰티 디자이너가 친절한가? 고객의 요구를 잘 들어주는가?
존경 욕구	내적으로 자존 · 자율을 성취하려는 욕구(내적 존경 욕구) 및 외적으로 타인으로부터 인정을 받으며, 집단 내에서 어떤 지위를 확보하려는 욕구(외적 존경 욕구)	나에게 관심을 가져주는가?
자아실현 욕구	계속적인 자기 발전을 통하여 성장하고, 자신의 잠재력을 극대화하여 완성시키려는 욕구	나를 알아보아 주고 남보다 좋은 서비스를 제공하는가?

(2) 고객의 기본 욕구

① 고객은 기억되기를 바란다.
② 환영받고 싶어 하며 관심을 바란다.
③ 중요한 사람으로 인식되기를 바란다.
④ 편안해지고 싶어 한다.
⑤ 칭찬받고 싶어 한다.
⑥ 기대와 요구를 수용해 주기를 바란다.

(3) 주요 특징

① 고객은 왕이고 언제나 정당하다.
② 고객은 요구 사항이 많고 권리 주장이 강하다.
③ 직원 1,000명 중 1명의 실수일지라도 고객의 입장에서는 100%의 실수를 받는 것이다.
④ 고객은 철새일 수도 있고, 언제든지 뷰티숍을 바꿀 수 있다.
⑤ 고객의 말을 전적으로 믿지 마라. 고객은 앞에서는 당신을 칭찬하지만 돌아가서는 당신을 비판할 수도 있다.
⑥ 고객은 천태만상, 각양각색이다.
⑦ 고객은 불평을 들어주면 단골이 된다.
⑧ 고객이 당신에게 불만을 말하지 않을 때가 더 무섭다.
⑨ 고객은 지불한 금액에 해당하는 서비스를 제공받았는지 저울질한다.
⑩ 고객은 신속하고 정확한 서비스를 좋아한다.
⑪ 고객은 자신만을 은근히 알아주기를 바란다.
⑫ 고객은 매사에 즉흥적이다.
⑬ 고객은 첫인상에 매우 민감하다.
⑭ 미워도 안 오고 싫어도 안 온다. 한번 등 돌린 고객은 3년 걸린다.

⑮ 고객은 집단이 아니라 개인이다.

⑯ 장사의 기반이 잡혔다는 것은 고정 고객이 많다는 말이다.

⑰ 관리된 고객만이 재방문을 한다.

(4) 고객 특성의 이해

고객 특성을 이해하는 데 가장 필요한 것은 통찰력과 분석력이다. 통찰력은 본질을 꿰뚫는 능력을 말하고, 분석력은 새로운 아이템을 창출하는 데 기본이 된다.

① 고객의 변화에 대하여 민감하라.

고객은 항상 변화하므로 변화하는 고객에 대응하는 맞춤 전략이 필요하다.

② 고객과 직접 접촉하여 관찰하고 확인하라.

고객의 요구하는 욕구를 관찰하여 이에 맞는 헤어 디자인/뷰티 기술이 필요하다.

③ 고객 접점을 중시하라.

고객과 만나는 최일선에서 고객에게 최상의 서비스를 제공받을 수 있도록 하는 것이 필요하다. 노드스트롬의 제1규칙 "모든 상황에서 스스로 판단하여 고객에게 가장 좋다고 생각하는 것을 실행하라."가 고객 접점을 중시하는 대표적인 사례라 할 수 있다.

3-2 고객 DNA

(1) 의의

고객 DNA란 넓은 범위의 고객정보를 말한다. 고객 DNA는 크게 세 가지로 구분할 수 있는데 여기서 가장 중요한 DNA는 고객 니즈, 성향 정보이다.

• 인구 통계적 DNA
  - 고객 프로필 DNA : 이름, 주소(우편, 이메일), 전화 번호(집, 사무실, H/P, FAX), 직장명, 부서명, 직위(최종 승진일), 출신 학교, 기념일(생일, 결혼기념일, 창립기념일) 등
  - 관계 DNA : 가족 관계(배우자/자녀 프로필 정보 : 고객 프로필 정보와 동일) 친한 친구, 가입 커뮤니티(커뮤니티 멤버와 주요 프로필), 고객 소개 정보(소개해 준 고객 수 및 주요 프로필) 등

• 고객 가치 DNA :
  - 고객 분류 등급 : 자신의 고객 분류 기준(5등급으로 분류 시 : S, A, B, C, D)
  - 계약 정보 : 구(가)입 상품명/시기, 구(가)입 빈도 및 횟수, 금액, 고객 평생 가치(LTV : Life Time Value), 고객 지갑 점유율, 매출 채권 관련
  - 구매력 정보 : 소득 수준과 소득의 원천, 소득 변화 추이, 재산 상태, 기타

• 고객 니즈, 성향 DNA :
  - 고객 니즈 DNA : 상품에 대한 니즈(선호하는 브랜드나 상품, 디자인, 색상 등)
  - 고객 선호, 성향 DNA : 취미, 특기(수준, 취미 생활을 즐기는 방법/가입 동호회), 기호(술, 담배, 음식, 의상), 성격, 커뮤니케이션
  - 가장 중요한 DNA

(2) 고객 DNA의 파악 및 관리

고객을 자신의 고객으로 만들기 위해서는 여러 차례 만나고, 만날 때마다 고객 DNA 정보를 수집해야 한다. 이를 실행하기 위해서는 먼저, 고객 DNA 정보 파일을 만들어야 하며 대표적인 것이 노드스트롬백화점의 개인별 고객 수첩이다. 또한, 고객을 만날 때마다 파악해야 할 DNA 정보 리스트를 작성하고 매일 하루

도 빠지지 않고 지속적으로 업데이트해야 한다. 이 같은 노력은 물론 기존 고객들에 대해서도 똑같이 적용해야 한다.

쉬어가기

식물 동화 – 이야기로 알아보는 허브의 효능

초대받지 않은 거지

앞의 내용이 난감한 사태의 원인 제공자인 거지는 너무 놀라 큰 죄를 지은 사람처럼 어찌할 바를 모르고 허둥거렸다.

그러다 자기 때문에 벌어진 일이라는 생각에 왕과 왕비에게로 달려가 두 사람을 일으키려고 하였다.

그런데 뜻밖에도 왕이 갑자기 정신을 차리고 일어나려 했고, 마침 왕을 일으키려고 허리를 구부리던 거지와 부딪치면서 두 사람은 마치 포옹을 한 것 같은 꼴이 되고 말았다. 이 광경을 본 왕비가 기절을 해버렸다.

"폐하, 정신 차리십시오!"라는 외침 소리가 오갔다. 무슨 일인지 영문도 모른 채 거지는 체포되어 끌려갔다.

"갑자기 무슨 향기가 진동하더니 정신이 들었어."

왕이 중얼거리다가 큰 소리로 명령을 내렸다.

"어서 그놈을 데려오너라!"

거지가 끌려오자 다짜고짜 왕이 물었다.

"말해보거라. 무슨 약을 썼기에 내가 정신이 들었더냐?"

"저는 에…… 모르겠는뎁쇼……."

거지가 더듬거렸다. 정말 그에게서 독특하지만 기분 좋은 냄새가 강하게 풍겼다.

"그러니까 네놈의, 그 뭣이냐, 저것이! 저것이 옷이냐? 옷에 달린 그것이 무엇이냔 말이다."

왕이 엄지와 검지로 거지의 남루한 옷 단추 구멍에 꽂혀 있던 풀줄기를 집어 냄새를 맡았다.

"바로 이거야!"

왕이 탄성을 지르다가 너무 기뻐 그만 기절을 해버렸다.

제3장

서비스 기법

LOHAS

Lifestyle of Health Sustainability

제3장 서비스 기법

1 서비스 모니터링

1.1 개요

서비스 모니터링의 목적은 상담 사원이 고객과의 전화 응대 과정에서 콜센터에서 정한 통화의 기본 서비스 기준 사항을 정확히 준수하는지를 확인 및 평가하고, 향후 인적 서비스 개선을 위한 직원 교육의 방향 및 방법을 제시하고자 하는 것으로 모니터링 이후 작업과의 연계가 매우 중요하다.

1.2 모니터링의 목적

① 뷰티숍 전반의 품질 향상과 혁신에 대한 근거를 제공한다.
② 응대의 품질과 제공된 정보의 정확성을 측정한다.
③ 콜센터 프로세스의 일관성과 효과성에 기여한다.
④ 콜 계약의 형태, 팀, 그리고 센터에 걸쳐 유효한 패턴을 찾기 위해 추세 조사를 할 때 데이터를 제공한다.
⑤ 피드백에 대한 구체적인 예를 줌으로써 코칭을 지원해준다.
⑥ 상담사에게 추가적인 훈련의 필요성을 확인시켜 준다.
⑦ 훈련의 유효성을 평가한다.

⑧ 고객 필요나 기대를 찾아낸다.
⑨ 콜센터와 전사적 관점에서 전략을 실행하도록 지원한다.
⑩ 고객 만족도를 평가한다.
⑪ 기능과 능력의 프로파일을 개발하는 데 도움을 준다.
⑫ 법적 사항을 준수하게 함으로써 책임을 완화시킨다.
⑬ 상담사로 하여금 조직의 정책을 따르도록 만든다.

1.3 모니터링 요소

성공적인 모니터링을 위한 6가지 요소로 대표성, 객관성, 차별성, 신뢰성, 타당성, 유용성 등이 있다.

(1) 대표성

① 모니터링 대상 접점을 통하여 전체 접점 서비스의 특성과 수준을 측정할 수 있어야 한다.
② 모니터링 대상 접점은 하루의 모든 시간대별, 요일별 및 그 달의 모든 주를 대표할 수 있도록 수행되어야 한다.

(2) 객관성

① 종업원을 평가 또는 통제하는 도구가 아니라 종업원의 장 · 단점을 발견하고 능력을 향상시킬 수 있는 수단으로 활용해야 한다.
② 편견 없이 객관적인 기준으로 평가하여 누구든지 인정할 수 있게 해야만 한다.

(3) 차별성

① 모니터링 평가는 서로 다른 스킬 분야의 차이를 반드시 인정하고 반영해야

한다.

② 기대를 넘는 뛰어난 스킬과 고객 서비스 행동은 어떤 것인지, 또 거기에 대한 격려와 보상은 어떻게 해야 하는지 등을 판단하는 데 도움을 줄 수 있다.

(4) 신뢰성

① 평가는 지속적으로 이루어져야 하고 누구든지 결과를 신뢰할 수 있어야 하므로 평가자는 성실하고 정직해야 한다.

② 모든 평가자는 동일한 방법으로 모니터링을 해야 하며 누가 모니터링하더라도 그 결과가 큰 차이 없이 나와야만 신뢰를 획득할 수 있다.

③ 모니터링 평가표는 자세한 부분까지 평가할 수 있도록 세부적으로 되어 있어야 한다.

(5) 타당성

① 고객들이 실제적으로 어떻게 대우를 받았는지에 대한 고객의 평가와 모니터링 점수가 일치해야 하고 이를 반영해야 한다는 것을 의미한다.

② 모니터링 평가표는 고객 응대 시의 모든 중요한 요소가 포함될 수 있도록 포괄적이어야 한다.

③ 고객을 만족시킬 수 있는 행동들은 높게 평가해야 하며 고객 불만족 행동들은 낮게 평가될 수 있도록 설정되어야 한다.

(6) 유용성

① 위에서 제시한 다섯 가지 요소들은 대표적이고 객관적이며 신뢰할 수 있는 유용한 데이터를 만들기 위한 것이다.

② 정보는 조직과 고객에게 영향을 줄 수 있어야만 가치를 발휘하게 된다.

1.4 모니터링 평가

(1) 모니터링 평가표 3대 점검 요소

① 계량성(신뢰성) : '누가 평가하더라도 동일한 결과가 나오는가', '기준이 명확하고 객관적인가'

② 공정성 : '평가 항목이 보편적인가', '어떤 고객이나 상황에서도 공정한가'

③ 유용성 : '불필요한 항목은 없는가', '중요성에 비해 배점은 적절한가'

(2) 평가자(QAA : Quality Assurance Analyst)의 자격 요건

① 지식(Knowledge) : 우선 상담원들이 상품 지식을 알아야 하듯 QAA도 습득해야 할 지식이 있다.

② 기술(Skill) : 고객과 상담원의 통화를 경청하고(이메일 상담이라면 정독하고) 정확하게 평가하는 능력과 스크립트 작성법에 대해 알고 있는 것, 효과적인 비평법과 피드백 방법을 사용하여 상담원의 통화 수준을 업그레이드하는 부분을 말한다. 따라서 요즘은 QAA(Quality Assurance Analyst)를 QAD(Quality Assurance Developer)라고도 부른다.

③ 태도(Attitude) : 무엇보다도 중시될 부분은 업무에 대한 태도(Attitude)이다. 지식과 스킬 부분은 노력 여하에 따라 발전할 수 있지만 기본적인 마인드와 개개인이 가지고 있는 패러다임은 고치기 어렵기 때문이다. QAA는 공정한 인품과 감정에 치우치지 않고 객관성을 유지할 수 있는 자세가 있어야 하며, 풍부한 서비스 마인드를 지닌 사람이어야 한다. 서비스 마인드는 남을 배려하는 마음에서 나온다.

(3) 모니터링에 임하는 자세

① 달성 가능한 목표를 제시한다.
② 구체적인 행동의 개선 방안을 제시한다.
③ 코칭 후 피드백을 실시한다.
④ 지속적인 애정과 관심을 갖는다.

2 MOT(moment of truth : 진실의 순간) 사이클의 차트[1)]

2.1 개요

(1) 의의

MOT 사이클 차트는 서비스 프로세스상에 나타나는 일련의 MOT들을 보여주는 시계 모양의 도표로, 서비스 사이클 차트라고도 한다. 이 차트는 서비스 전달 시스템을 고객의 입장에서 이해하기 위한 방법이다.

(2) 적용 사례

뷰티숍의 서비스 전달 시스템 내에 근무하는 주차관리 요원, 접수 담당자, 검사 디자이너, 뷰티 디자이너, 수납 담당자와 같은 서비스 제공자들은 각자 자기 위주의 부분적 업무만 생각하고 있으나 고객은 전체 서비스 프로세스를 경험하고 있다. 즉 고객은 새처럼 높은 데서 숲 전체를 바라보지만, 서비스 담당자는 근처의 나무만 보는 격이다.

---

1) 고객 접점의 중요성을 강조한 이 용어는 1991년 리차드 노만이 처음으로 사용하였으며, 스칸디나비아 항공의 얀칼슨 회장이 적용하여 큰 주목을 받게된 용어이다. 최단시간에 고객의 선택이 최상이라는 것을 증명하는 서비스의 결정적 순간을 관리하는 기법이다.

2.2 MOT의 통나무 물통 법칙

(1) 통나무 물통 법칙과 곱셈의 법칙

수많은 진실의 순간들을 거치면서 고객이 경험하는 서비스 품질이나 만족도는 '곱셈의 법칙'에 지배받게 된다. 즉 전체 만족도는 MOT 각각의 만족도의 합이 아니라 곱에 의해 결정된다는 것으로 열 가지 서비스 가운데 아홉 가지 서비스에서 100점을 받았다고 해도 한 가지 서비스에서 마이너스 점수를 받게 되면 전체 만족도는 마이너스가 된다는 의미다. 통나무 물통의 법칙도 같은 의미다.

통나무 조각으로 만든 물통이 있다고 가정해보자. 이 통나무 물통은 여러 조각의 나무 조각을 묶어서 만들었기 때문에 어느 한 조각이 깨지거나 높이가 낮으면 그 낮은 높이만큼 밖에 물이 담기지 않게 된다. 고객 서비스도 마찬가지다. 고객은 접점에서 경험한 여러 가지 서비스 가운데 가장 나빴던 서비스를 유난히 잘 기억하고 그 뷰티숍을 평가하는 데 중요한 잣대로 삼는 경향이 있다.

(2) 100－1＝0의 법칙

100가지 서비스 접점 중 어느 한 접점에서 불만족을 느끼면 그 서비스의 전체에 대하여 불만족을 느낀다는 법칙이다.

(3) TEN-TEN-TEN 원칙

① 고객을 유지하는 데 10$ 소요
② 고객을 잃어버리는 데 10분 소요
③ 고객을 다시 찾는 데 10년 소요

2.3 MOT 사이클 차트의 분석

(1) 고객의 입장에서 걸어보기

① '고객의 입장에서 걸어보기'란, 고객이 처음 뷰티숍에 들어오는 순간부터 뷰티숍(매장)을 나가는 순간까지의 모든 과정을 고객의 입장에서 생각해 보는 것이다.

② 고객의 입장에서 걸어보기를 통해 고객이 경험하는 서비스 접점(MOT)이 무엇인지, 각각의 서비스 접점(MOT)마다 고객이 무엇을 원하는지를 파악할 수 있다.

(2) 고객 접점 단위를 설계하라

뷰티숍 내 각 부서의 고객 접점 특징을 파악하여 고객 접점의 단위를 구분하고 고객 접점 유니트를 정의한다.

(3) 고객 접점 사이클 세분화

① 고객 접점 사이클이란 고객이 처음으로 접촉해서 서비스가 마무리될 때까지의 서비스 행동의 전체 과정을 고객의 입장에서 그려보는 방법이다.

② 백화점의 경우 한 건물 내에서 여러 가지 상품이 판매되고 있으므로 각 층별로 고객 접점 요소가 다르게 된다.

③ 마찬가지로 일반 뷰티숍 내에도 여러 단위의 업무가 모여서 뷰티숍 서비스를 이루게 되므로 각각의 판매와 서비스 단위를 세분화하여 고객 접점 사이클을 세부적으로 분석한다.

(4) 고객 접점 시나리오 만들기

고객 접점 사이클이 구성되면 각 고객 접점마다 문제점과 개선점을 찾아 시나리오 차트를 구성한다. 이때 접점은 한가운데에 놓고, 접점을 중심으로 왼쪽에 문제점을, 오른쪽에 문제점에 대한 개선안을 놓게 되는데, 모양이 T자를 닮았다고 해서 T차트라고 불린다.

(5) 새로운 표준안대로 행동하기

각 접점 단위별로 새로운 고객 접점 표준안을 만들고, 접점별 표준안대로 훈련하고 행동한다.

2.4 MOT 평가

MOT 차트는 세 개의 칸으로 이루어진 간단한 차트이다. 중앙에 MOT에 대한 고객의 표준적인 기대를 기록한다. 또한, 오른쪽 칸에는 MOT를 불만족스럽게 만드는 마이너스 요인을, 왼쪽 칸에는 고객의 마음에 가치를 부가할 수 있는 플러스 요인을 적는다. 다음은 호텔에서 서비스할 때의 사례이다.

(1) 플러스 요인

담당자가 벨이 3회 이상 울리기 전에 받고 즉석에서 모든 문제를 교환 없이 바로 안내해 준다.

프런트 담당자가 상냥한 미소로 꼼꼼하게 체크인과 호텔 이용 방법 등을 친절하게 설명해 준다.

벨보이가 룸까지 짐을 조심해서 다뤄주고, 팁에 대하여 진심으로 감사의 표시를 한다.

방안에 예쁜 과일바구니와 환영한다는 쪽지가 놓여 있다.

- 고객의 표준적인 기대 :
  - 예약 전화를 할 때 교환 연결하지 않고 바로 예약이 가능하다.
  - 프런트에서 담당자가 신속하게 체크인을 도와준다.

- 벨보이가 방까지 짐을 나르고 안내해 준다.
- 방안이 깨끗하고 쾌적하게 청소가 잘되어 있다.

(2) 마이너스 요인 :

- 기계음 또는 여러 번의 교환을 거쳐야 예약을 할 수 있다.
- 프런트 담당자가 사무적인 표정으로 묻는 말에만 대답한다.
- 벨보이가 짐을 대충대충 다루고, 먼저 팁을 요구한다.
- 방안에서 쾌쾌한 냄새가 난다.

2.5 MOT관리 매뉴얼의 필요성

고객이 뷰티숍을 인식하는 첫 접점에서부터 뷰티숍 문을 나선 이후까지의 과정에서 각 접점마다 단지 '친절' 하나로 해결되는 것은 아니며, 뷰티숍의 각 과정이 하나의 시스템으로 만들어져야 한다. MOT를 효과적으로 활용하려면 고객 접점 매뉴얼을 만들고 표준 응대법을 직원들과 함께 마련하는 노력이 있어야 하며, 매뉴얼을 만드는 과정을 통해 고객의 눈높이를 읽을 수 있는 기회가 된다. 만들어진 매뉴얼은 각 접점별로 서비스 품질의 상향 평준화를 가져오고, 예기치 않은 상황에서도 당황하지 않고 적정한 대응을 가능하게 해준다.

3 서비스 보증

3.1 의의

서비스 보증이란 만족하지 못한 고객에게 제품을 교환해 주거나 수리해 주는 것을 말한다.

3.2 특징

① 무형의 서비스이다.

② 일정 시간이 지나면 소멸한다.

③ 제품 보증보다 창의적인 발상을 실현한다.

3.3 서비스 보증이 필요한 상황

① 상품 자체의 가격이 높은 경우

② 고객의 자아 이미지가 관계된 경우

③ 문제 발생 시 그 피해가 심각한 경우

④ 해당 산업에 전반적으로 품질에 대한 나쁜 이미지가 형성되어 있는 경우

⑤ 상품 구매에 대해 고객의 전문지식이나 자신감이 적을 경우

⑥ 고객의 반복 구매가 뷰티숍에 중요한 경우

⑦ 사업이 구전에 의해 영향을 많이 받는 경우

⑧ 구매자의 저항이 큰 경우

3.4 성공적인 보증의 조건

① 무조건적이어야 한다.

② 이해하기 쉽고 설명하기 쉬워야 한다.

③ 고객에게 중요하고 적정해야 한다.

④ 이용하기 편해야 한다.

⑤ 신뢰성이 있어야 한다.

4 서비스 차별화

4.1 시대 변화와 틈새시장

(1) 시대 변화

① 생산자 중심 경제에서 소비자 중심 경제로의 변화

급격한 경제 발전과 아울러 세계 경제는 만들면 팔리는 생산자 중심 경제에서 공급 과잉에 의한 소비자 중심 경제로 변하였으며, 우리 경제도 1990년대를 기점으로 소비자 중심 경제로 접어들었다. 아울러 과학 기술의 눈부신 발달이 시간, 거리, 장소의 개념을 무의미하게 만들고, 세계 경제를 글로벌화시킴으로써 이제는 총칼 없는 전쟁 속에서 전 세계적으로 사활을 건 뷰티숍 간의 생존전쟁이 벌어지고 있다. 이 전쟁에서 남보다 앞선 서비스와 뷰티숍 구조 개선으로 무장한 뷰티숍은 생존하고 그렇지 못한 뷰티숍은 도태되는 현상이 전개되고 있다.

② 피터 드러커의 마케팅 활동 방법

㉠ 마케팅 활동은 타겟 시장을 선정하고 우월한 고객 가치를 창조, 커뮤니케이션, 그리고 제공함으로써 고객을 얻고 유지하고 성장시키는 것이다. 좀 더 구체적으로 말한다면, 마케팅은 고객의 충족되지 않은 니즈와 욕구를 확인해서 그 규모와 잠재적 수익성을 측정한 뒤, 타겟 시장과 적정 제품, 서비스, 제공할 프로그램을 결정하고 조직 구성원 모두가 항상 고객에 대해 생각하고 봉사하도록 하는 것이다.

㉡ 고객의 눈에 보이는 혹은 잠재적인 수요의 만족이나 충족에 머물지 말고, 그 이상의 고객 만족을 지향한다.

㉢ 고객이 구입하는 제품과 서비스 그 자체보다는 그것을 어떻게 사용할 것인가, 그것으로 무엇을 할 것인가에 초점을 맞추어 마케팅을 전개해야 한다.

(2) 틈새시장

① 의의

틈새시장은 경쟁이 심한 산업 분야나 남이 미처 알지 못하는 시장 또는 남이 알고 있더라도 아직 공략이 제대로 되지 않는 시장에서 시장 세분화를 거쳐 틈새를 공략하는 것을 말한다.

② 시장의 변화

초창기 시장이 매스마케팅 시장이었다면 1980년대는 세분화 마케팅을 거쳐 틈새 마케팅으로의 변환이 이루어진 시기이다. 이후 틈새 마케팅은 다시 데이터베이스 마케팅으로 변화하게 된다.

③ 세분화 마케팅

세분화 마케팅이란 집단을 세분화해서 그에 따른 각자의 전략을 수립하는 것, 즉 연령, 성별, 라이프스타일, 개인 취향 등의 일정한 기준으로 시장을 구분해 놓고 고객의 니즈에 따른 서비스를 공급할 수 있는 마케팅 전략을 수립하는 것을 말한다. 예를 들어 은행에서 큰 금액을 맡기는 고객과 일반 고객과의 마케팅 방법이 다른 것은 은행이 세분화 마케팅을 펼치기 때문이다.

④ 데이터베이스 마케팅

데이터베이스 마케팅이란 고객과 관련된 다양한 데이터를 수집 · 분석하여 마케팅의 효율성을 극대화하는 것을 말한다. 데이터베이스 마케팅은 고객과의 독특하고 개별적이며, 지속적인 관계를 유지하는 개별 마케팅(Individual Marketing), 일대일 마케팅(One-to-One Marketing), 관계 마케팅(Relationship Marketing) 등으로 진화한다.

⑤ 틈새시장과 롱테일 법칙

롱테일 법칙이란 상품 종류가 다양한 온라인 매장의 경우 매출의 대부분이 오프라인에서는 판매량이 저조해 구비해 놓기 힘든 틈새 상품에서 나온다는 법칙으로 전체 상품의 20%에 해당하는 히트 상품이 전체 매출의 80%를 불러일으킨다는 오프라인 매장의 파레토 법칙과 대비되는 개념이다. 온라인 매장의 상품별 매출곡선을 그리면 틈새 상품의 매출을 나타내는 부분이 동물의 꼬리처럼 얇고 길게 보이기 때문에 이름 붙여졌다.

⑥ 틈새시장과 고객 중심적인 조직 문화의 형성

틈새시장은 고객을 통해서도 창조될 수 있으므로, 고객과 지속적이고 원활한 소통을 통해 파악해야 한다. 이를 위해서는 고객이 먼저 부담 없이 뷰티숍에 접근하고 사소한 것까지 이야기할 수 있는 뷰티숍 조직 문화를 형성하는 것이 중요하다.

⑦ 틈새시장의 사례

사우스웨스트 항공을 중심으로 대부분의 항공사들이 업계 선두를 달리는 대형 항공사들(예를 들면, 아메리칸, 유나이티드, 델타항공사 등)을 상대로 경쟁을 벌였지만, 사우스웨스트 항공은 기존의 항공사가 아닌 경쟁의 기준을 한 등급 아래인 고속버스와 철도로 바꾸어 그들이 장악하고 있던 시장을 공략하였다. 즉 비행기 요금이 부담스러워 시간이 걸리더라도 자동차나 기차를 이용하는 승객들에게 기존 항공 요금보다 저렴한 가격의 국내 단거리를 운항하는 틈새시장을 집중적으로 공략한 것이다. 사우스웨스트 항공이 만들어 낸 단거리 여행 시장은 전체 항공기 시장보다 더 큰 성장률을 보였다. 항공 요금이 비싸다고 생각했던 사람들과 전에 자동차를 이용했던 사람들을 고객으로 만들어 새로운 시장을 개척한 것이다.

4.2 서비스 패러독스(Service Paradox)

(1) 서비스 패러독스의 개요

① 의의

과거에 비해 경제적으로 윤택해지고 다양한 서비스들을 누릴 수 있게 되었지만, 서비스에 대한 만족도는 오히려 낮아지는 현상을 '서비스 패러독스'라 한다.

② 서비스 패러독스 2가지 결정 요소

높은 기대 수준, 실제 서비스 성과 서비스 패러독스의 원인은 서비스 만족도를 결정하는 두 가지 요인인 서비스 성과에 대한 기대와 실제 서비스 성과로 나눠볼 수 있다. 우선 고객들의 서비스 기대 수준이 높아졌다는 것이 한 원인이다. 예컨대 이동통신 서비스의 경우 우수한 통화 품질은 더 이상 뷰티숍의 차별적인 역량이 될 수 없다. 고객들의 마음속에 통화 품질은 통신 서비스라면 당연히 갖춰야 할 속성으로 자리 잡았기 때문이다. 뷰티숍들이 혁신적인 서비스 출시를 통해 높아지는 고객의 눈높이를 따라가지 못한다면 고객의 만족 수준은 점차 떨어질 수밖에 없다.

(2) 서비스 패러독스의 원인과 탈피

서비스 성과 측면에서 서비스 질을 악화시키는 주요인은 뷰티숍 중심의 서비스 공업화(Service Industrialization)이다. 많은 뷰티숍들이 서비스를 표준화, 공업화함으로써 규모의 경제와 신속성, 품질의 일관성 등의 효과를 꾀하고 있다. 하지만 서비스 공업화를 모든 서비스 영역에 획일적으로 적용한다면 고객 불만족을 야기할 수 있다. 특히 고객의 니즈가 이질적인 서비스, 종업원과의 감정적 교류가 필요한 서비스 영역의 경우 서비스 공업화는 고객 이탈로 이어질 수 있다.

① 원인

㉠ 서비스의 표준화

서비스가 획일적으로 표준화되면 종업원의 자유재량이나 서비스의 기본인 인간적 서비스가 결여되며, 풍요로운 서비스 경제 가운데 서비스의 빈곤이라는 인식을 낳게 된다.

㉡ 서비스의 동질화

무리하게 서비스의 균형을 추구하다 보니 서비스의 핵심인 개별성을 상실하게 되고, 결국 획일적이고 유연하지 못한 경직된 서비스를 제공하게 되는 것이다.

㉢ 서비스의 인간성 상실

뷰티숍이 효율성만을 강조하다 보면 인간을 기계의 부속품처럼 취급하게 됨으로써 제조업의 발전 과정에서 나타났던 인간성 무시 현상이 나타나게 된다. 또 인건비 상승으로 인해 제한된 종업원의 수와 폭등하는 서비스 수요에 의해 종업원들은 정신적 · 육체적으로 피곤해지며 무수히 많은 고객을 상대하다 보면 기계적으로 되는 것이 불가피해지기도 한다.

㉣ 기술의 복잡화

미용 기술이 너무나 복잡해져서 소비자나 종업원이 기술의 진보를 따라가지 못하는 경우가 있다. 손쉽게 인근 업소에서 서비스 받던 시대는 지나가고 이제 고객이 멀리까지 가야 되고 또 기다려야 하는 시대가 되었다.

㉤ 종업원 확보의 악순환

경쟁이 치열해지면서 경비 절감을 위해 저임금 위주로 종업원을 구하다 보니 종업원의 확보도 힘들어져 충분한 교육훈련 없이 종업원을 채용하게 되어 문제가 발생했을 때 대처할 수 있는 능력을 갖추지 못하게 된다. 또한, 이직

률이 높아 고객은 계속해서 초임 종업원으로부터 서비스를 받게 되어 서비스 품질은 낮아질 수밖에 없다.

② 탈 피

㉠ S(Sincerity, Speed & Smile) : 서비스는 성의, 속도, 미소로 결정된다.
㉡ E(Energy) : 서비스는 활기가 있어야 한다.
㉢ R(Revolutionary) : 서비스는 혁신적이어야 한다.
㉣ V(Valuable) : 서비스는 가치 있는 것이어야 한다.
㉤ I(Impressive) : 서비스는 감명을 줄 수 있어야 한다.
㉥ C(Communication) : 서비스는 상호 간에 커뮤니케이션이 있어야 한다.
㉦ E(Entertainment) : 서비스는 고객을 환대하는 것이어야 한다.

4.3 서비스 포인트

(1) 개 요

서비스 마스터는 서비스 포인트를 명확히 파악하고 서비스를 제공하여야 고객 감동을 가져올 수 있게 된다.

(2) 7대 서비스 포인트

① 상 품

㉠ 서비스가 최고의 상품이다.
㉡ 서비스가 곧 제품의 질을 결정한다.
㉢ 기능, 성능, 제품의 수명보다 서비스를 디자인하라.

② 고객

㉠ 고객은 판매 대상이 아니라 감동시켜야 할 대상이다.

㉡ 고객은 단지 상품을 구매하고 소비하는 존재가 아니라 만족시키고 삶의 질을 향상시켜야 할 대상이다.

㉢ 소비자는 많지만 고객은 적다.

㉣ 시장에 걸어 다니는 모든 소비자가 나의 고객은 아니다.

㉤ 나의 고객은 적지만 값진 진주와 같다.

③ 운명

㉠ 눈에 보이지 않는 서비스가 뷰티산업의 운명을 좌우한다.

㉡ 서비스는 무형의 상품으로 눈에 보이지 않지만 무서운 잠재력을 갖는다.

④ 구매

㉠ 고객은 제품에 돈을 지불하는 것이 아니라, 만족에 투자하는 것이다.

㉡ 만족하지 않는 고객은 구매하지 않는다.

㉢ 고객 만족은 곧 고객의 투자 요인이 된다.

⑤ 고객 감동

㉠ 서비스의 비결은 당연하다고 생각되는 일을 제때에 실천하는 것이다.

㉡ 고차원적인 것을 만든다거나 전혀 새로운 방법을 고안하는 일이 아니다. 제때에 필요하고 당연한 응대를 잘하는 일이다.

⑥ 표정

㉠ 미소를 짓지 않는 사람은 출근하지 마라.

㉡ 미소는 서비스와 동일하다.

㉢ 따뜻한 서비스는 머리가 아니라 따뜻한 미소에서부터 싹튼다.

㉣ 미소가 최고의 완벽한 유니폼이다.

㉤ 화려한 인테리어, 넓은 매장, 맛있는 음식도 종업원이 미소를 잃을 때는

거추장스러울 뿐이다.

⑦ 직업의식

㉠ 고객을 만족시키는 힘은 종업원이 만족스러운 상태에서만 가능하다.

㉡ 종업원은 1차적으로 만족시켜야 할 대상이다.

㉢ 종업원 만족이 서비스의 질을 향상시키는 비결이다.

쉬 어 가 기

■ 오감 자극과 운동 자극으로 뇌를 활성화

뇌를 단련시키는 지적(知的) 식사법으로 저명한 일본의 대뇌생리학자 오시마 기요시는 음식을 맛있게 씹는 것이 뇌를 활성화시켜 건강한 삶을 유지시켜 준다고 말한다. 그에 의하면 뇌를 활성화시키는 요인은 크게 두 가지라고 한다. 하나는 오감(五感)의 자극. 오감은 눈으로 보고 귀로 듣고 코로 냄새를 맡고 입으로 맛을 느끼며 피부로 자극을 느끼는 것을 말한다.

이 오감이 균형 잡히게 뇌에 전달되면 그만큼 뇌는 발달을 하게 된다는 것이다. 다른 하나는 운동 자극이다. 그는 사람의 운동 정보는 팔과 다리로 각각 25% 그리고 턱 운동으로 50%가 뇌에 전달된다고 한다. 씹는 행위를 통한 입과 얼굴 근육의 움직임이 바로 뇌의 노화를 막고 활성화시키는 포인트인 셈이다.

음시은 20회 이상, 30회 씹어야

그렇다면 과연 현대인들의 씹는 횟수는 얼마나 될까? 일본의 경우는 620회 정도라고 한다. 3세기에 살았던 히미코 여왕이 한 끼에 3,990회, 도쿠가와 이에야스가 1,465회를 씹었던 것에 비하면 그 횟수가 현격히 줄어들었음을 한눈에 볼 수 있다. 이런 변화는 비단 일본만의 이야기는 아닐 듯 싶다. 우리나라 역시 빠른 경제 성장 속도는 음식문화의 많은 변화를 가져왔다. 인스턴트 식품의 범람과 일에 쫓겨 급하게 대충 씹어 삼키는 식사는 건강에는 이미 치명적이다. 위장에 안 좋다는 단편적인 상식을 넘어 씹는 횟수가 줄어들면 안면의 뼈 발달이 감소하여 턱은 길어지고 눈의 크기에 비해 눈의 깊이가 깊어져 근시가 될 확률이 높아진다. 게다가 각종 성인병의 원인인 비만이 되기 싶다. 잘 씹지 않으면 포만감을 느끼는 뇌의 중추가 자극을 받지 않아 아무리 먹어도 자꾸 먹고 싶어지기 때문이다. 그럼 몇 번을 씹는 것이 좋을까? 최소 음식이 입안에 한 번 들어왔을 때 20회 이상, 30회가 좋다. 이렇게 음식을 꼭꼭 잘 씹으면 타액의 이로움까지 얻을 수 있기 때문이다.

쉬어가기

타액은 성인병 예방에도 탁월

음식을 잘 씹어 먹으면 자연히 타액의 분비량이 많아지는데 이 타액은 우리가 말할 때 나오는 타액과 달리 건강을 증진시켜 주는 성분이 포함되어 있어 충치와 잇몸병을 막아주는 것은 물론 암, 치매, 당뇨병 예방에도 좋다고 한다.

씹는다는 것은 음식이 입안에 들어온 그 순간부터 이미 음식을 잘게 부순다는 것을 뛰어 넘는다. 지금 한 번 건강한 삶을 시작해 보자. 씹는다는 가장 쉽고 가장 경제적인 방법으로.

제4장

예절과 에티켓

LOHAS

Lifestyle of Health Sustainability

제4장 예절과 에티켓

1 이미지 컨설팅

1.1 에티켓의 개념

(1) 에티켓(Etiquette)

① 정의

법적 구속력을 갖고 있지는 않지만 사회 활동을 부드럽게 하고 쾌적한 기분을 갖기 위해 지켜야 할 규범적 성격을 가진 것

② 어원

- 고대 프랑스어 'Estiquer(붙이다)'라는 동사에서 파생된 명사형으로 입간판 또는 안내 표지 정도로 해석
- 게시판, 설명서의 의미인 stiquette에서 유래 → 설명서에 국왕 주최 행사에서 지켜야 할 유의 사항을 기재
- 초청장·입장권 등의 의미인 ticket에서 유래 → 국왕 주최 행사를 위해 예의와 자격을 지닌 대상을 선정하여 입장권을 발부했다는 의미에서 비롯

③ 발전 과정

- 에티켓이 프랑스에 정착된 것은 15세기 루이 13세의 왕비로서 루이 14

세 때까지 섭정한 안느 도트리슈(Anne d'Autriche)의 관심과 노력으로 궁정 에티켓이 발전되었고 루이 14세 때 정비

- 이러한 내용이 영국 · 스페인 · 이탈리아 등의 왕실 귀족 사회로 전파되면서 유럽 사회에 확산되기에 이르렀고 이것은 슈발리에(Chevallie)나 기사(Knight)의 전통으로 이어지며 기사도 정신이 출현
- 결국 사교계의 관례를 준수하기 위해서 지급되었던 유의 사항을 적은 티켓, 또는 당부의 입간판 등이 오늘날 '옳다고 생각되는 행위나 '바른 처신'의 뜻으로 변화

④ 기본 요소

- 에티켓의 기본은 상대를 먼저 생각하는 친절한 마음에서 비롯
- 에티켓은 '있다, 좋다' 대신 '지키다'라는 표현을 사용하는 데서 알 수 있듯이 의무적, 규범적, 공공의 성격, 외부 지향적 성격을 가지며, 에티켓을 지키지 않으면 매너 없는 사람으로 인식
- 에티켓은 변화되기도 하는 것이어서 중세의 에티켓 중에는 소멸된 것도 많다는 데서 가변성을 지니며 타인을 존중하고 배려하는 가운데 타인에게 폐를 끼치지 않는 것으로써 해당 사회, 문화 등과 관련하여 보편적으로 해야 하는 일에 대한 예절이라는 보편성을, 그것이 형식을 필요로 한다는 형식성을 갖는다.

에티켓의 속성	에티켓의 기본 요소
공공적 속성 의무적 속성 이질적 속성 가변적 속성 행동적 속성 보편적 속성	상대를 먼저 생각하는 친절한 마음 공명정대한 정신 타인에 대한 관대함 자제력 성실함 유 머 자존심 상 식

상황에 따라 올바로 처신하는 자세가 바른 에티켓이며, 타인에게 폐를 끼치지 않으려는 마음, 타인을 존중하는 마음 등이 에티켓의 기본 정신이다.

1.2 매너의 개념

(1) 어원

① 라틴어인 'Manusarius'1)에서 유래되었다.

② 손(Hand)의 뜻을 지니며 사람의 행동, 습관의 의미를 내포한 'Manus'와 방법 · 방식(Way)을 의미하는 'Arius'의 합성어로서 행동 방식, 습관의 표출을 의미한다. 매너는 '지키다'라는 표현보다 '좋다', '나쁘다'로 표현한다.

(2) 속성

① 매너는 사람마다 갖고 있는 독특한 행동 방식이다. 어떤 일을 할 때 더 바람직하고 쾌적하며 우아한 느낌을 받고자 소망하는 데서 비롯된 습관으로, 상대에 대한 경의를 표하는 것이고, 상대를 인식한 행동으로서 서비스의 기본을 이루는 것이라 할 수 있다.

② 상대를 배려하는 마음이 담기지 않으면 매너가 좋은 사람으로 인식될 수 없다. 즉 에티켓이 마음을 담은 행동으로 표출된 것이 매너이다. 매너의 속성에는 대인적 속성, 자의적 속성, 습관의 표출, 이미지와 연계 등의 면모 등이 있다.

③ 매너라는 용어는 테이블 매너, 음주 매너, 관람 매너, 운전 매너 등 현대사회에서 일상화되어 있다.

④ 매너는 바란다고 해서 얻어지는 것이 아니다. 다른 사람의 행동을 주의 깊

---

1) Manusarius
- Manus : Hand(행동 · 습관)
- Arius : Way(방식 · 방법)

게 관찰하고, 모든 상황에 대해서 한 번 더 생각하는 습관, 생각과 행동을 일치시키려는 노력, 상대의 문화나 전통에 대한 정보의 습득 노력을 통해 몸에 익혀가는 것이다.

⑤ 매너의 1/3은 상식이고, 1/3은 친절이며 1/3은 논리이다. 예를 들어 교통수단을 이용할 때 줄을 서는 것은 상식이다. 또한, 아파트나 사무실의 엘리베이터에서 달려오는 뒷사람을 위해 잠시 기다려 주는 것은 친절이며, 상대의 입장에서 보고 생각하려는 것은 논리로서 이 모든 것이 매너이다.

⑥ 개인차가 있고 습관의 표출이라는 면에서, 또한 상대에 대한 관심과 배려가 행동으로 표현된 것이라는 면에서 매너야말로 인격을 표출하는 표지가 된다.

(3) 매너와 에티켓

① 에티켓도 지키지 않는 사람에게 매너를 기대할 수 없다.

② 에티켓이 매너의 기본 단계로서 상대의 마음을 불편하지 않게 하는 예절의 행동화된 습관이라면, 매너는 '이렇게 해 줬으면' 하는 상대의 마음을 헤아리고 생활 속의 습관이 행동으로 표출되는 에티켓의 세련된 표출 방식이다.

1.3 이미지(Image)의 개념

(1) 어원

'Imitari'는 '모방하다'라는 의미를 지닌 'imitate', 명사형 'imitation'으로 파생되었다.

(2) 정의

이미지는 '어떤 대상에서 연상되는 느낌'을 의미한다. 여기서 '어떤 대상의 외적 형태를 인위적으로 모방하거나 재현하는 것'이라는 의미를 포함하기도 한다.

(3) 속성

① 이미지는 그 대상이 지닌 다양한 속성의 부분적인 것이고 전체를 표현하기에는 한계가 있다.

② 이미지라는 것은 다양성, 복합성을 지녔을 뿐만 아니라 주관적이어서 어떤 관점으로 어떤 면을 보느냐에 따라서 다르게 작용하고 경험 등이 작용하여 형성되는 것이다.

③ 이미지는 실체의 한 부분이지만 대표성을 갖는다는 점에서 중요한 의미를 갖는다.

④ 모든 대상에는 나름의 이미지가 있게 마련이다 사람들 역시 저마다의 이미지를 갖고 있을 뿐만 아니라, 수많은 만남을 통해 상대의 이미지를 새기며 살아간다. 그야말로 다양함 속에서 가장 두드러진 느낌을 선택하여 별명으로 표현하기도 한다.

⑤ 이러한 주관성 탓에 이미지는 같은 대상에 대해 저마다 다르게 느껴질 수 있는 것이다. 즉 다양한 속성이 통합된 것이지만 내면적인 요소인 성격이나 취향 또한 변수로 작용한다.

⑥ 자신이 원하는 이미지의 모든 요소를 조합해서 보여준다 해도 상대의 관점에 따라 왜곡될 수도 있지만, 보이고 싶지 않은 모습과 관련된 요소의 통제를 통한 자기 연출이 가능하다.

⑦ 이미지의 속성

- 다양한 요소의 조합
- 주관적 작용 변수
- 경험의 작용 개인차
- 선택적 속성 연출 가능

• 대표성

(4) 이미지의 중요성

① 현실에서 중요하게 작용하는 이미지를 타인의 주관적 사고에만 맡겨둘 수만은 없는 일이다.
② 호감을 생성하는 이미지의 연출, 즉 이미지 메이킹(Image Making)이 중요하고 필요하다. 타인에게 비칠 자신의 모습에 관심을 갖고 좋은 이미지를 새길 수 있도록 노력해야 한다.

(5) 이미지의 분류

① 독자적 이미지 : 개인적인 이미지로서 어떤 사물에 대하여 사람마다 주관적 이미지를 갖고 있는 것
② 공통적 이미지 : 특이한 몇 사람을 제외하고는 대부분의 사람이 공통적으로 갖고 있는 이미지
③ 사회적 이미지 : 특정한 사회 속에서만 성립되고 또한 그 사회의 내부에서는 사회 구성원이 모두 의심 없이 수용하고 있는 이미지

1.4 이미지 메이킹

(1) 외적 이미지와 내적 이미지

① 외적 이미지 : 용모, 표정 등 외면적으로 드러나는 이미지를 어피어런스(Appearance)라 하는데, 이는 직접 경험을 통해 형상화되는 것이다.
② 내적 이미지 : 눈으로 볼 수 없는 정신적 형상(Mental Representation)을 의미하는데, 이는 자신이 본 적이 없는 역사적 인물에 대한 이미지가 해당된다.

(2) 이미지 메이킹 방법

① 있는 그대로의 모습으로 자신의 이미지를 만들어 가는 것

② 자신과 유사한 인물을 모델링

(3) 이미지 메이킹 5단계(5 Steps of Image Making)

- 자신을 알라. Know Yourself
- 자신의 모델을 선정하라. Model Yourself
- 자신을 계발하라. Develop Yourself
- 자신을 연출하라. Direct Yourself
- 자신을 팔아라. Market Yourself

① Know Yourself(자신을 알라)

- 이미지를 창출하기 위해서는 먼저 자신을 파악해야 한다.
- 자신을 객관화함으로써 마케팅에서의 SWOT 분석처럼 자신의 장점과 단점을 파악하고 자신의 선택과 관련한 기회와 위험 또는 장애 요인을 파악하며 그 흐름에 맞추어 자신의 장점을 극대화한다.

② Model Yourself(자신의 모델을 선정하라)

- 자신의 모델을 선정하는 것은 자신의 목표를 수립하는 것이다.
- 이미지 형성의 목표를 세움으로써 추구해 나갈 방안을 구체화할 수 있다.
- 자신이 선택한 모델을 모방하는 것이 함께 이루어져야 한다.
- 모방하는 과정을 겪으며 나아가 자신의 개성이 드러날 수 있도록 노력하여 궁극적으로는 자신만의 특성을 살릴 수 있어야 한다.

③ Develop Yourself(자신을 계발하라)

- 이미지는 전체를 대신하는 일부분을 보여주는 것이다.

- 바람직한 이미지는 연출이 아니라 자신의 실체가 자연스럽게 묻어나는 가운데 드러나는 일부이다.
- 기교가 아닌 마음을 전하는 서비스가 최고의 서비스이다.
- 서비스는 상대를 존중하는 것일 뿐만 아니라 자신의 발전을 가져오게 하는 것이다.
- 자기계발을 위해서는 무엇보다도 적극적이고 능동적인 사고가 필요하며, 자기 확신을 바탕으로 한 지속적인 노력이 병행되어야 할 것이다.

④ Direct Yourself(자신을 연출하라)

- 자신의 개성을 살린 자신의 이미지를 상황과 대상에 맞도록 표현하는 것이 이미지 연출이다.
- 이미지 연출은 분명 허상이고 부분적인 것이지만 현실에서 그것이 전체로 인식되어 중요하게 작용하므로 그 이미지에 무관심하다면 문제가 있는 것이다.
- 상대에게 호감을 주고 신뢰를 생성할 수 있는 이미지의 연출이야말로 이미지의 시대라 할 수 있는 현대를 살아가는 우리에게 중요한 것이다.
- 타인의 호감을 얻기 위해 가장 중요한 것이 이미지 연출이다.
- 부정적인 이미지를 형성하는 사람은 자신의 능력과 상관없이 소중한 기회를 상실하게 될 것이다.

> ※ 남보다 빨리 승진하기 위해서는 두 가지 조건이 있다. 하나는 일을 남보다 잘하는 것이고 또 하나는 타인의 호감을 얻는 것이다.
>
> – 벤자민 프랭클린

⑤ Market Yourself(자신을 팔아라)

- 이미지 메이킹의 마지막 단계는 바로 자신의 가치를 상대에게 인식시키고 높은 평가를 받아서 자신을 찾도록 하는 것이다.

- 자신의 능력을 상품화할 수 있어야 하고, 상품화에 그치는 것이 아니라 자신의 능력 개발을 통해 자신을 브랜드화해야 한다.
- 서비스 맨은 자신의 서비스를 명품화해야 한다. 고객이 자신의 서비스를 높은 가격을 지불하더라도 구매할 수 있도록 하기 위해서는 장인의 정신으로 자신을 단련시켜야 한다.
- 자신을 상품화하고 브랜드화하라. 더 나아가 자신을 명품화하라. 그것이 서비스 분야에서 성공을 꿈꾸는 당신에게 넓은 길을 열어 줄 것이다.

2.5 이미지 형성과 관리

(1) 이미지 형성 과정

① 지각 과정

- 인간이 환경에 대해 의미를 부여하는 과정
- 주관적이며 선택적으로 이루어져 동일한 대상에 대해 다른 이미지 부여

② 사고 과정

- 과거와 관련된 기억과 현재의 지각이라는 투입 요소가 혼합되어 개인의 이미지 형성

③ 감정 과정

- 지각과 사고 이전의 감정에 의해 반응하는 과정
- 감정적 반응은 확장 효과를 가져옴

(2) 이미지 관리 과정(4단계)

① 제1단계 : 이미지 점검하기

② 제2단계 : 이미지 콘셉트 정하기

③ 제3단계 : 좋은 이미지 만들기

④ 제4단계 : 이미지 내면화하기

2.6 첫인상

(1) 첫인상이란?

① 인상은 이미지(Image)라고도 하며, 다른 사람에게 비추어지는 자신의 모습을 말한다.

② 사람의 첫인상은 만난 지 4~10초 내에 결정된다고 한다.

③ 한번 결정된 좋지 않은 이미지를 바꾸는 데는 많은 노력과 시간이 소모된다.

(2) 첫인상의 특징

① 일회성 : 단 한 번뿐

② 신속성 : 4~10초 내에 결정

③ 일방적 : 나의 의지와 상관없이 상대방이 판단함

④ 초두 효과 : 처음에 강하게 들어온 정보가 전체적인 이미지 판단에 결정적임 → 맥락 효과(Context Effect)

(3) 표정과 미소

① 이미지는 태도, 말의 어조와 억양, 제스처 등 다양한 요소에 의하여 결정된다. 그중에서도 얼굴 표정과 미소는 좋은 인상을 주는 데에 가장 중요한 요소이다.

② 항상 미소 띤 얼굴은 상대방을 편하게 하여 인간관계를 증진시키며, 다른

사람들에게 호감 가는 인상을 줄 수 있다.

2 표정 연출법

2.1 표정

(1) 표정의 개념

① 표정이란 우리의 외형적 모습이 어떠한 의미를 나타낼 때를 말한다. 의사소통에 있어서 말을 사용하여 자기의 의사 표현을 하지만 표정을 통해서도 말하는 이의 마음을 읽을 수 있다. 좋은 인간관계의 형성을 위해서 본래의 자신의 표정과는 달리 좋은 느낌을 전달하도록 노력해야 한다.

② 표정은 심리 상태의 표출로써 상대에게 심리적 영향을 미친다. 역으로 생각하면 표정을 통해 상대의 마음을 읽을 수 있다는 말이다. "입으로는 거짓말을 할 수 있지만 표정은 거짓말을 하지 않는다."라는 말처럼 '얼굴로 표현되는 의미'인 표정은 나의 마음과 심리 상태의 거울이 될 수 있다.

(2) 표정의 중요성

① 표정은 상대방에게 호감을 주느냐, 못 주느냐의 중요한 요소가 된다.

② 바람직한 표정이란 평소에 마음가짐을 바르게 하고 자신의 교양을 부단히 쌓아 품위 있는 인격을 함양시켜야 나타나는 것이다.

③ 표정은 마음의 거울이기 때문에 마음이 어두우면 표정이 흐리고, 심성이 악하면 표정이 표독해진다.

④ 표정을 보면 그 사람의 마음속을 들여다볼 수 있고 그 사람의 상태를 한눈

에 알 수 있다. ⇒ "표정은 그 사람됨을 나타내는 전체"

(3) 밝은 표정의 효과

① 마인드 컨트롤 : 밝은 표정을 지으면 내 기분이 좋아진다.
② 감정 이입 효과 : 내 기분은 물론 상대의 기분까지 좋게 만든다.
③ 건강 증진 효과 : 긍정적인 마인드는 신체기관의 건강까지 가져온다.
④ 신바람 효과 : 상호 간의 밝은 표정은 업무의 효율을 증진시킨다.
⑤ 호감 형성 : 표정은 내 것이지만 내가 보는 것이 아니라 상대에게 보이는 것이다.

(4) 표정의 체크 포인트

① 자신의 웃는 표정이 마음에 드는가?
② 자신의 얼굴을 웃는 얼굴로 바꾸고 싶은 생각은 없는가?
③ 웃을 때 입을 가리는 버릇은 없는가?
④ 사진을 찍거나 사람을 대할 때 자연스러운 미소를 지을 수 있는가?
⑤ 자신의 표정이 다양하다고 생각하는가?
⑥ 자신의 표정 관리 수준은 어느 정도인가?

(5) 표정 훈련의 필요성

① 운동 전후에 스트레칭이 필요하듯이 좋은 표정을 만들기 위해서 얼굴 스트레칭이 필요하다. 풍부한 표정을 익히기 위해서는 평상시에도 연습하는 것이 무엇보다 중요하다.
② 평소에 거울을 자주 보는 습관을 갖는다.
③ 밝고 명랑한 마음, 여유 있는 마음을 갖도록 한다.

④ 환한 표정을 짓기 위한 훈련을 지속적으로 시행한다.

(6) 부드러운 표정의 연출

① 부드러운 표정 연습

- '아'를 발음하기 위하여 입을 벌릴 때 눈썹을 위로 올리는 듯한 표정을 지으면 놀랄 때와 비슷한 표정이 된다.
- '이'를 발음하면서 광대뼈를 올리면 웃음 짓는 표정이 된다.
- '우'를 발음하면서 눈썹을 약간 올리거나 목을 갸우뚱해 보이면 어린이의 표정, 거절을 나타내는 표정이 된다.
- '애'를 발음할 때 눈썹을 약간 올리면 무엇을 물어볼 때 또는 놀라는 표정이 된다.
- '오'를 발음할 때 눈썹을 올리면 익살맞은 또는 놀랄 때의 표정이 된다.

② 바람직하지 못한 표정

- 무표정 : 무표정한 얼굴은 상대방이 인간미를 느끼지 못하게 한다.
- 미간(눈썹)에 주름을 세우는 표정 : 상대방에게 어둡게 비쳐지며 상대방까지도 어둡게 한다.
- 입술을 옆으로 꽉 다문 표정 : '나에게 아무것도 묻지 말아주세요' 하는 식으로 입을 끌어당기고 있는 표정이다. 상대방이 두려움을 느끼고 접촉을 회피하게 된다.
- 코웃음 치는 것 같은 표정 : 눈매는 쌀쌀해 보이고 입언저리는 웃고 있는 것 같은 표정이다. 상대방을 경시하는 표정으로 보이게 된다.

2.2 눈의 표정

(1) 시선 처리

눈은 '마음의 창'이라는 말이 있듯이, 눈과 눈빛으로 그 사람을 평가하기도 한다. 눈의 표정에 생기가 있는 사람은 자신감이 있어 보이고 밝아 보여서 호감을 준다.

① 자연스럽고 부드러운 시선으로 상대를 본다. 이는 우호적인 태도로서 호감을 형성한다.
② 상대의 눈을 보는 것이 중요하다. 눈만 빤히 쳐다보면 상대가 불편해하므로 눈과 눈 사이인 미간과 코 사이를 번갈아 보는 것이 좋다.
③ 가급적이면 상대의 눈높이를 맞추어야 한다.
④ 눈을 위로 치켜뜨거나 아래위로 훑어보지 않는다.
⑤ 곁눈질을 하지 않는다.
⑥ 눈을 너무 자주 깜박거리는 것은 좋지 않다.

(2) 눈매

① 치뜨는 눈매 : 눈동자가 위쪽으로 올라간 상태로 상대방의 얼굴을 쳐다보는 눈매이다. 안경 너머로 상대방을 보는 사람이 있는데, 이는 상대방에게 좋지 않은 인상을 주게 된다.
② 내리뜨는 눈매 : 눈동자가 밑으로 내려온 상태에서 상대방을 쳐다보는 눈매이다. 턱을 올리고 있기 때문에 상대방을 얕보는 눈매로 오해받게 된다.
③ 곁눈질 : 얼굴을 움직이지 않은 상태에서 자신의 좌우에 있는 상대방을 쳐다보는 눈매이다. 엄숙하고 두려운 표정으로 비쳐지게 된다.
④ 아래위로 흘겨보는 듯한 눈매 : 상대방을 위로부터 아래로, 아래에서 위로 흘겨보는 듯한 눈매를 말한다. 상대방의 기분을 언짢게 한다.

2.3 미소

(1) 미소의 중요성

① 좋은 표정은 멋진 미소와 동반될 때 훨씬 효율적이다. 심리학자 매러비안의 연구결과에 따르면 첫인상을 결정하는 요소는 '말의 내용'이 7%, '목소리'가 38%, '신체 언어'가 55%의 비율을 차지한다고 한다. 이처럼 사람과 사람이 만날 때 발생하는 초두 효과에서 말의 내용보다도 보이는 부분, 즉 표정이나 보디랭귀지, 용모와 같은 시각적인 요소가 첫 인상 형성에 가장 큰 영향을 미치며, 다음으로 목소리 및 억양, 음색 등의 청각적 요소 등이 중요하다는 것이다.

② 좋은 첫인상을 만드는 데 가장 중요한 요소는 무엇보다 호감 가는 표정, 그 중에서도 자연스러운 미소이다. 아무리 잘생긴 외모라도 어둡거나 무표정한 얼굴은 상대방에게 호감을 주기가 어렵다. 표정이 밝아지면 음성도 밝아지며 태도 또한 경쾌해진다.

③ 미소는 상대방을 환영한다는 환영의 의미를 가지며, 궁극적으로 자기 자신을 명랑하고 적극적인 사람으로 변화시켜 자신감을 갖게 해 주고, 고민 비판, 의기소침을 없애준다. 또한, 타인과의 차이점이나 갈등에 대해 관용적인 자세를 갖게 함으로써 화를 낼 수 없게 만들고, 자연스러움, 안정감, 희망, 기쁨, 행복감을 느끼게 한다.

(2) 미소의 위력

① 미소를 띠면서 대화하면 인상이 좋게 보인다.

② 미소는 상대방을 즐겁고 유쾌하게 만드는 힘이 있다.

③ 미소 짓는 얼굴은 상대의 화난 감정을 누그러뜨릴 수 있다.

④ 미소는 부족한 표정을 극복할 수 있으며 거부감을 덜 갖게 만든다.

⑤ 미소는 자신감 있는 사람으로 보이게 한다.

⑥ 미소는 사람의 가슴을 뚫고 들어가 마음을 움직이게 한다.

(3) 자연스러운 미소 만들기

① 눈을 크게 뜨고 검지를 수평으로 눈썹에 닿을까 말까한 정도로 댄 후, 눈썹을 상하로 올렸다 내리기를 반복한다.

② 즐겁고 여유로운 마음으로 눈동자를 좌, 우, 아래, 위, 둥글게 한 바퀴 돌려주기를 반복한다.

③ 입과 뺨 부분을 얼굴 긴장을 풀어 주듯이 입안에 공기 바람을 넣었다 뱉어냈다를 반복하고 '아, 이, 우, 에, 오'를 천천히, 입 모양을 최대한 벌려서 소리를 내어 입 주위 근육을 푼다.

④ 얼굴 근육을 풀고 나면 '스마일', '위스키',' 김치' 등 '이'로 끝나는 단어를 말하면서 눈꼬리와 입꼬리를 살짝 올리면서 미소를 짓는다.

(4) 미소 훈련 기법

워밍업	• 턱 내밀기 : 턱을 바깥쪽으로 내밀어 어깨가 울릴 때까지 한다. • 풍선 불기 : 풍선 부는 모양으로 볼을 부풀린 후 좌우로 이동한다. • 눈동자 굴리기 : 눈썹 위에 검지를 수평하게 한 후 눈동자로 큰 원을 그린다. • '하–히–후–헤–호' 체조 : 허리를 바로 세우고 호흡을 가다듬은 후 목의 긴장을 풀고 시행한다. – 하 : 턱이 움직일 수 있도록 입을 크게 벌려 소리 낸다. – 후 : 촛불을 불어 끄는 느낌으로 입술을 앞으로 내밀고 소리 낸다. – 호 : 입술을 뾰족하게 내밀며 소리를 낸다. – 연속하기 : 하하하, 히히히, 후후후, 헤헤헤, 호호호(3~5회 훈련)
웃음 만들기	• 참새 체조 : 입을 뾰족하게 내밀며 세로로 길게 벌린다. • 한우 체조 : 황소가 여물을 씹는 모양으로 턱을 가볍게 돌린다. • 복어 체조 : 볼이 부풀어 오른 복어를 연상하며 시행한다.

	• 개 체조 : 혀를 길게 뺀 채 숨 쉬는 개를 연상하며 시행한다.
표정 만들기	• 깜짝 놀란 표정 : 입술을 다문 후 눈은 깜짝 놀란 표정으로 크게 뜬다. 이때 양손과 볼, 목 뒤를 가볍게 두드린다. • 입 벌려 하늘 보기 : 크게 입을 벌리면서 목을 천천히 뒤로 젖히는 자세이다. 목덜미가 시원해지면서 전신에 활력을 준다. 목을 뒤로 젖힐 때는 천천히 시행하여 부상 방지에 주의한다. • 입술 당기기 : 입술을 한쪽으로 힘껏 끌어당기고 어금니를 꽉 문 다음 좌우를 반복한다. • 입술 당기기 : 위아래 입술을 동시에 양 옆으로 힘껏 당기고 이에 힘을 준다. • 입술 좌우 이동 : 입술을 오므려 앞으로 내밀고 좌우로 움직인다. 입 주위와 볼의 근육의 움직임이 느껴질 때까지 한다.
입 꼬리 올리기	• '위스키' 또는 '와이키키' 한 상태에서 약 10초 정도 그대로 유지한다. 다시 제자리로 돌아와 긴장을 푼 후 되풀이한다. • 나무젓가락 물기 : 거울 앞에서 위 · 아랫입술의 힘을 빼고 나무젓가락을 한일자로 가볍게 문다. 젓가락보다 입꼬리가 위로 좌우 균등하게 올라가도록 웃는 모양으로 입꼬리를 올린 후 그대로 유지하는 연습을 한다.

2.4 화장

화장은 얼굴의 단점을 보완하여 장점을 더욱 돋보이게 하는 것이다. 올바른 화장 요령은 다음과 같다.

① 자기 자신의 청순미 그대로를 살려 자연미를 잃지 않고 자신의 분수와 직장 분위기에 알맞게 화장을 한다.

② 진한 아이섀도, 마스카라, 립스틱은 금물이며 약간 화사하게 하는 것은 무리가 없다.

③ 향기가 강한 화장품은 될 수 있는 한 사용하지 않는다.

④ 손톱은 항상 청결을 유지하고 매니큐어를 사용할 때는 자연스럽게 옅은 색을 선택하는 것이 무난하다.

⑤ 파운데이션을 2가지 이상 준비한다. 자신의 피부색과 같은 것은 얼굴 전체에 바르고 보다 밝은색의 파운데이션으로 칙칙한 부위에 발라 준다.

⑥ 수분의 공급을 충분히 해준다. 수시로 보습 성분이 뛰어난 화장품으로 늘 촉촉한 피부를 유지한다.
⑦ 옅은 빛깔로 한 곳만 강조하는 화장을 한다.

3 인사 매너

3.1 인사의 의미

① 인사는 만남의 첫 관문이며, 마음가짐의 외적인 표현이다. 마음에서 우러나오는 인사는 상대방을 감동시킨다.
② 인간관계의 시작이고 끝이다.
③ 서비스맨의 척도이며 기본이다.
④ 마음의 문을 여는 열쇠이다
⑤ 상대에 대한 존경심의 표현이며 친절하겠다는 약속의 표현이다.
⑥ 상대에게 줄 수 있는 첫 번째 감동이다.
⑦ 직장인에게는 애사심의 발로이고 상사에 대한 존경심의 표현이며, 동료 간의 우애의 상징이고 고객에 대한 서비스 정신의 표현이다.
⑧ 자신의 인격과 교양을 표현하는 것이다.

3.2 인사의 기본 자세

① **표정** : 밝고 부드럽고 온화한 표정을 짓는다.
② **시선** : 상대의 눈이나 미간을 부드럽게 응시한다.
③ **턱** : 턱을 내밀지 말고 자연스럽게 당긴다.
④ **어깨** : 힘을 뺀다.

⑤ **가슴, 허리, 무릎, 등** : 자연스럽게 곧게 펴서 일직선이 되도록 한다.

⑥ **입** : 조용히 다문다.

⑦ **손** : 여성은 자연스럽게 오른손이 위가 되도록 두 손을 앞으로 모으고, 남성은 두 손을 달걀을 쥔 모양으로 감싸 쥐며 바지 옆선에 가볍게 닿도록 한다. 남녀 모두 손에 힘을 주지 않는다.

⑧ **발** : 무릎과 발뒤꿈치는 서로 붙이고 양 발은 가지런히 자연스럽게 모은다.

⑨ 기타

① 머리만 숙이지 말고 허리와 일직선이 되도록 숙인다.

② '안녕하십니까? 반갑습니다'라는 인사말과 함께 한다.

③ 인사 전후로 상대방의 시선에 자연스럽게 초점을 맞춘다.

④ 상대와 상황에 맞는 각도로 허리를 숙이며 인사말을 덧붙인다.

⑤ 가장 정중한 인사의 경우 3초(15도 인사)~4초(45도 인사)의 시간이 소요된다.

【잘못된 인사와 올바른 인사】

- 잘못된 인사 : 망설이다가 하는 인사/고개만 까닥하는 인사/무표정한 인사/눈을 마주치지 않는 인사/말로만 하는 인사/기본 인사말만 하는 인사
- 올바른 인사 : 내가 먼저 하는 인사/허리를 굽혀 하는 인사/밝은 표정의 인사/상대와 눈을 맞춘 인사/마음을 담은 인사/인사를 잘 받는 것도 인사

3.3 인사의 시기와 상황

① 일반적으로 30보 이내(인사하려는 대상과 방향이 다를 때)

② 이상적인 거리는 6보 전방(인사 대상과 방향이 마주칠 때)

③ 측면에서 나타나거나 갑자기 만나게 됐을 때는 즉시 인사한다.

④ 화장실이나 사우나 안에서는 인사말을 생략하고 목례로 인사를 대신한다.

3.4 인사의 순서

① 정중하게 허리를 굽힌다.

② 허리를 굽힐 때 등과 목이 일직선이 되도록 한다.

③ 턱은 앞으로 나오지 않게 하며, 엉덩이는 힘을 주어 뒤로 빠지지 않게 한다.

④ 금방 고개를 들지 말고 0.5~1초간 멈춘다.

⑤ 천천히 고개를 든다. 상체를 숙일 때보다 한 박자 천천히 든다.

⑥ 상대를 보면서 적당한 인사말을 한다.

⑦ 상대방 눈을 보면서

3.5 인사의 종류

① **목례** : 상대방이 보지 않아도 방을 들어오고 나갈 때 목례하는 것을 습관화 한다.

② **방법** : 미소를 띠며 가볍게 5도 정도 머리만 숙여서 예를 표한다.

③ **상황**

- 실내나 복도에서 자주 마주치는 사람에게
- 손을 뗄 수 없는 작업을 하고 있을 때
- 모르는 사내 사람과 마주칠 때
- 통화 중에 손님이 오거나 상사가 들어올 때
- 양 손에 무거운 짐을 들고 있을 때
- 위험한 작업이나 복잡한 계산을 하고 있을 때

(1) 가벼운 인사

- 방법 : 바로 선 자세에서 3m 정도 앞을 보고 상체를 15도 정도 앞으로 구부린다.
- 상황 : 상사를 두 번 이상 복도에서 만날 때
- 상사나 손님과 스쳐 지나갈 때
- 동료나 아랫사람을 화장실, 복도나 엘리베이터에서 만났을 때

(2) 보통 인사

① 인사할 때 상대방에게 너무 가까이 다가서지 않기

② 보통 2~5m 가량의 거리에서 인사말과 함께 인사하기

③ 퇴근 때 윗사람에게"수고하셨습니다"는 실례이며, "먼저 퇴근하겠습니다" 또는 "내일 뵙겠습니다"로 한다.

- 방법 : 바로 선 자세에서 1~2m 정도 앞을 보고 상체를 30도 정도 앞으로 구부린다.
- 상황 : 일상 생활에서 가장 많이 하는 인사
- 윗사람이나 내방객을 만나거나 헤어질 때
- 상사 외출 때나 귀가 때
- 지시 또는 보고 후

(3) 정중한 인사

- 방법 : 바로 선 자세에서 1.5m 정도 앞을 보고 상체를 45도 정도 숙인 후 천천히 상체를 일으킨다.
- 상황 : 공식 석상에서 처음 인사할 때
- 면접시 인사할 때

- 사죄의 뜻을 전달하거나 예의를 갖추어 부탁할 때
- 고객에게 진정한 감사의 표현을 전할 때

3.6 올바른 인사말

(1) 직장에서의 인사

① 사내에서는 시간, 장소, 횟수와 관계없이 항상 적절한 인사말을 교환한다.
② 근무 중 다시 보게 될 경우 가벼운 목례를 한다.
③ 상사에 대한 아침 첫 인사는 기립 인사가 원칙이다.
④ 근무 중 자기 사무실에 타 부서의 상사가 들어오거나 나갈 때는 일어서서 정중하게 인사한다.
⑤ 아랫사람이 잘 모르고 지나칠 때는 윗사람이 먼저 정답게 인사하는 것이 좋다.

(2) 방문객에 대한 인사

① 먼저 발견한 사람이 인사한 후 용무를 묻고 안내한다.
② '어서 오십시오. 어느 분을 찾으십니까?'라는 인사말을 건넨다.
③ '곧 오실 겁니다. 앉아서 잠시 기다리시지요.'라는 말로 방문객이 편안한 마음으로 기다릴 수 있도록 한다.
④ 자신을 찾아온 방문객에 대해서는 반드시 일어나 '어서 오십시오. 기다리고 있었습니다.'라고 반갑게 인사한다.
⑤ 방문객에게 소파나 의자에 앉도록 권한다.

(3) 업무 관련 인사

① 업무를 요청할 때는 정중한 어조로 '부탁드리겠습니다. 해주시면 고맙겠습

니다.'라는 인사말로 협조를 요청한다.

② 업무 협조가 이루어졌을 경우 '감사합니다. 수고하셨습니다.' 등의 감사의 인사를 한다.

③ 고의가 아니더라도 피해를 주었을 경우나 실수를 했을 경우에는 '죄송합니다. 미안합니다. 실례했습니다.' 등의 사과의 말과 함께 인사한다.

4 패션 이미지 연출법

4.1 단정한 용모와 복장의 중요성

① 단정한 용모와 복장은 비즈니스의 기본으로 상대에 대한 본인의 첫인상이며, 그에 따라 타인의 신뢰와 일의 성과도 좌우된다.

② 본인에게 있어서도 상쾌한 기분으로 업무에 임할 수 있는 자세를 만들어 직장의 분위기를 명랑하게 만들어 준다.

③ 고객을 만남에 있어서도 신뢰감을 주는 이미지를 형성하는 데 가장 기본이 되는 것이 복장 매너라고 할 수 있다.

④ 옷은 사람의 인격과 인상뿐 아니라 능력까지도 표현해 주는 것이라 할 수 있다. 단정한 복장 매너가 중요한 이유는 우선 자기 스스로가 일하는 자세를 확고히 할 수 있어서 업무의 성과를 높여주며, 타인에게 호감을 주는 첫인상과 신뢰감을 전달해 줄 수 있기 때문이다.

⑤ 바람직한 복장의 요건은 청결, 조화, 개성을 살리는 것이다.

⑥ 사회 활동에 잘 어울리면서 자기의 개성도 살리는 몸차림을 하게 되면 주위 사람들에게 좋은 인상을 줄 수 있다.

⑦ 용모뿐만 아니라 복장에 있어서도 T(Time : 시간), P(Place : 장소), O(Occasion : 상황)에 맞게 품위 있고 단정하며 세련되게 입어야 한다.

4.2 여성과 남성 복장의 기본 점검

(1) 여성 복장의 기본 점검 : "세련미를 살려라, 단 편안하게"

① 직장 여성 옷차림의 핵심은 '세련미'이다. 가능한 한 편안하며 기능성을 살리는 옷을 입으며, 정도가 지나쳐 세련된 멋을 잃지 않도록 주의해야 한다.
② 정장 바지의 경우 편안함과 멋을 동시에 추구할 수 있는 아이템이지만 반드시 주름이 잡힌 바지를 입도록 한다.
③ 치마와 바지 중 무엇을 입어야 할지 망설여지는 상황이라면 치마를 입는 것이 좋다.
④ 몸의 곡선이 지나치게 드러나거나 과도한 노출은 주변 동료들을 불편하게 할 수 있음을 명심하자.

(2) 남성 복장의 기본 점검 : "첫째도 기본, 둘째도 기본"

① 직장 남성 옷차림의 핵심은 첫째도 기본, 둘째도 기본이다.
② 개성이나 멋을 표현하는 것도 좋지만 상대방에게 신뢰를 주는 것이 가장 중요하므로 기본에 충실한 옷차림을 선택한다.
③ 다년간 기본에 충실하며 정장을 입었다면 이후 간단한 소품이나 변화를 통해 멋스러움을 살릴 수 있다.

5 전통 예절

5.1 조문 예절

(1) 조문 절차

① 가까운 사이인 경우는 연락을 받는 즉시 상가로 가서 조문을 하고 도울 일을 찾는다.
② 상제와 목례로 조의를 표한다.
③ 영정 앞에서 가벼운 목례로 조의를 표한다.
④ 영정 앞에 꿇어앉아서 촛불을 이용해서 향에 불을 붙인다.
⑤ 향은 불어서 끄지 않고 손가락으로 끄거나 왼손을 가볍게 흔들어서 끈다.
⑥ 두 손으로 향로에 향을 꽂는다.
⑦ 고인의 영정에 절을 한다.
⑧ 일어서서 영정에 다시 목례를 하고 상주와 맞절을 한다.
⑨ 애도의 말을 전한다.
⑩ 일어서서 상주와 인사를 마치고 나오면서 조의금을 전한다.

(2) 조문 복장

① 조문객의 경우

• 남성
- 검정색 양복을 입는 것이 원칙, 짙은색이나 회색 양복도 무난하다.
- 셔츠는 반드시 흰색을 입는다.
- 넥타이, 양말, 구두는 검정색으로 한다.
- 근래에는 복장이 단정하면 격식에 구애받지 않는다.

• 여성
- 검정색 상의와 검정색 스커트가 무난하다.
- 검정색 구두에 무늬가 없는 검정색 스타킹이 좋다.

- 핸드백도 검정색으로 통일한다.
- 지나친 색채 화장을 하지 않는다.
- 향수를 지나치게 사용하지 않는다.

② 상주의 경우

• 남성
- 검정색 양복에 흰 드레스 셔츠를 입고 검은 넥타이를 맨다.
- 상주는 삼베로 만든 두건을 쓰고 완장을 두른다.

• 여성
- 흰색이나 검은색 치마저고리를 입거나 검은색 양장을 한다.

(3) 조문 인사 방법

① 남자의 선절
• 자세를 바로 하고 선다.
• 두 손을 양옆에 둔 채 몸을 30도 정도 굽힌다(큰 경례의 경우는 45도).
• 자세를 바로 하고 목례하면서 뒤로 물러난다.

② 여자의 선절
• 왼손이 위로 향하도록 공수로 하고 선다(평상시에는 오른손이 위).
• 양손을 앞으로 모으며 허리를 30도 정도 숙여 절을 한다.
(큰 경례의 경우 45도)
• 허리를 펴고 자세를 바로 한 다음 목례하고 물러난다.

③ 여자의 앉은 절(큰절)
• 왼손이 위로 가도록 두 손을 맞잡고 선다(평상시에는 오른손을 위로 하여

잡는다).

- 맞잡은 손을 눈높이까지 올린다.
- 무릎을 꿇고 앉는다.
- 몸을 깊이 숙여 절한다.
- 평상시에는 다시 앉아야 하지만 연전에서는 그대로 물러난다.

④ 여자의 앉은 절(평절)

- 공손한 자세에서 두 손을 자연스럽게 양옆에 둔다.
- 두 무릎을 꿇고 앉는다.
- 허리를 20도 정도 굽히고 양손을 앞으로 향하여 바닥을 짚는다.
- 자세를 바로 하고 일어난 다음 목례하면서 뒤로 물러난다.
- 다시 앉은 상태에서 인사말을 나눈다.

(4) 조의금(弔意金) 전달

① 조의금 봉투에는 초상의 경우 '부의(賻儀)'라 쓰는 것이 일반적이며 '근조(謹弔)', '조의(弔儀)', '전의(奠儀)', '향촉대(香燭臺)'라고 쓰기도 한다.

② 부조하는 사람의 이름 뒤에는 아무것도 쓰지 않아도 되지만 '근정(謹呈)', '근상(謹上)'이라고 쓰기도 한다.

③ 별도로 조의금을 접수하지 않고 함(函)을 비치하여 조의금을 받기도 한다.

④ 망인이 연만(年晩)하여 돌아가셨을 때 호상이라 하여 웃고 떠드는 일이 있으나, 웃고 떠드는 일은 삼가는 것이 예의이다. 호상이란 있을 수 없다.

5.2 공수(拱手)

(1) 공수의 의의

① 공손한 자세에서의 손의 모습은 두 손을 앞으로 모아 맞잡은 공수이다.
② 의식 행사에 참석했을 때와 전통 배례를 할 때, 어른 앞에서 공손한 자세를 취하려면 공수한다.
③ 공수법은 남자와 여자가 다르고 평상시와 흉사 시가 다르다.

(2) 공수의 기본 동작

① 두 손의 손가락을 가지런히 붙여서 편 다음 앞으로 모아 포갠다.
② 엄지손가락은 엇갈려 깍지를 끼고 네 손가락을 포갠다.
③ 아래에 있는 네 손가락은 가지런히 펴고 위에 있는 손의 네 손가락은 아래에 있는 새끼손가락 쪽을 지긋이 쥐어도 된다.

(3) 공수한 손의 위치

① 소매가 넓고 긴 예복을 입었을 때에는 팔뚝을 수평이 되게 해야 옷소매가 활짝 펴서 아름답다.
② 평상복을 입었을 때에는 앞으로 자연스럽게 내려 엄지가 배꼽 부위에 닿으면 편하다.
③ 공수하고 앉을 때 남자는 공수한 손을 아랫배 부위 중앙에 놓는다.
④ 여자는 오른쪽 다리 위에 놓으며 한쪽 다리를 세우고 앉을 때는 세운 무릎 위에 놓는다.

(4) 공수법

① 평상시 : 남자는 왼손이 위이고, 여자는 오른손이 위이다.
② 흉사 시 : 남자는 오른손이 위이고, 여자는 왼손이 위이다.
※ 초상집, 영결식, 상중인 사람에게 인사할 때는 흉사의 공수를 한다.

쉬어가기

로하스의 5개 카테고리

로하스가 정의하는 마켓이나 서비스는 크게 5개로 구분된다

① 지속가능한 경제 (Sustainable Economy)
지구환경을 생각하고 사회를 지속 가능하게 하는 경제 정책
(대체에너지, 그린 도시, SRI(사회책임투자), 공정무역 등)

② 건강한 라이프스타일 (Healthy Lifestyles)
건강을 생각하는 라이프스타일에 직접 영향을 끼치는 분야
(유기농, 자연식품, 전통음식 등)

③ 대체의료 (Alternative Healthcare)
면역력을 높이고 체질을 개선하는 대체의료

④ 자기성장 (Personal Development)
몸도 마음(정신과 지성)도 최고의 상태로 보전하기 위해 자기계발을 위한 배움이나 요가와 같은 운동을 실천한다. 이러한 자기성장이라는 카테고리가 있는 점이 로하스의 큰 특징.

⑤ 환경을 생각하는 라이프스타일(Ecological Lifestyles)
실생활에서 환경을 생각하는 제품과 서비스를 선택

LOHASSHIP | 2008 SPRING

【라이프스타일(Ecological Lifestyles)】

제5장

비즈니스 응대

LOHAS

Lifestyle of Health Sustainability

제5장 비즈니스 응대

1 비즈니스 매너

1.1 소개(Introduction) 매너

(1) 소개의 의미

사람들은 만남을 통해 사회생활을 영위하고 자신의 인맥을 형성해 간다. 이렇듯 소중한 의미를 지닌 만남에서 소개는 서로를 이어주는 가교 역할을 한다. 소개자를 통해 자신이 소개를 받게 되는 경우도 있고 자신이 소개자가 되어 사람들을 소개해야 하는 경우도 있다. 조금 전에 소개받은 사람의 이름을 잊거나 소개자의 입장에서 어떤 순서로 소개해야 할지 몰라서 당황스러운 경우도 있을 것이다. 자신을 알리거나 다른 사람을 소개하는 일은 중요한 일인 만큼 소개에 대한 기본 사항의 이해가 필요하다.

(2) 소개 순서

① 손윗사람에게 손아랫사람을 소개한다.

- 지위가 높은 사람에게 지위가 낮은 사람을 소개
- 연장자에게 연소자를 소개

- 선배에게 후배를 소개

② 이성 간에는 여성에게 남성을 소개한다.

③ 기혼자에게 미혼자를 소개한다.

④ 손님에게 집안사람을 소개한다.

⑤ 고객(외부인)에게 뷰티숍 동료를 소개한다.

⑥ 기혼 여성에게 남성을 소개하는 것이 원칙이나 왕, 대통령, 왕족, 성직자에게는 예외이다.

(3) 소개 요령

① 소개 시에는 모두 일어나는 것이 원칙이다.

- 성직자 연장자, 지위가 높은 사람을 소개받을 때는 남녀 모두 일어서는 것이 원칙이나 환자나 노령자는 예외로 한다.
- 나이가 많은 여성이나 앉아 있던 여성은 앉은 채 남성을 소개받아도 무방하나 파티의 호스티스인 경우는 일어나는 것이 예의이다.

② 소개 후 남성 간에는 악수를 교환하고 이성 간일 경우 여성은 목례로 대신한다.

- 연장자가 악수를 청하기 전에 먼저 손을 내밀지 않는다.
- 연장자가 악수 대신 간단한 인사를 하면 연소자는 미소를 지으며 목례로 답한다.

③ 직업이 서로 다른 사람을 소개할 경우에는 출신 학교, 지인, 친척에 대한 사항을 융통성 있게 덧붙이는 것도 효과적이다.

④ 결혼 리셉션, 댄스파티 등 대형 파티에서는 주최자가 일일이 소개를 해주지 않더라도 자연스러운 대화를 통해 자기소개를 해도 무방하다.

⑤ 소개할 때는 자신의 이름을 정확하게 전달하고 상대의 이름을 주의해서 듣도록 한다. 이름을 정확히 못 들었을 경우에는 본인에게 묻지 말고 제3자에

게 확인하도록 한다.

⑥ 파티를 주최하는 사람은 초청자의 이름, 직업, 지위를 기억했다가 능숙하게 소개하도록 한다.

⑦ 초면인 경우 정치와 종교, 금전 관련 화제는 상식적인 금기 사항이며 예술, 시사 뉴스, 스포츠, 여행 등을 화제로 택한다. 이성 간의 자리에서 루머나 스캔들은 교양과 결부될 수 있다.

⑧ 인원이 적은 파티에서는 소개받은 모든 사람에게 작별 인사를 한다.

⑨ 대형 파티에서는 소개받은 사람들에게 작은 소리로 작별 인사를 한다.

⑩ 작별 인사를 할 때도 소개받을 때와 마찬가지로 일어선다.

1.2 명함(Visiting Card)의 매너

(1) 명함의 유래

① 명함은 고대 중국에서 지인의 집을 방문했을 때 상대가 부재중이면 자신의 이름을 적어 남기는 관습에서 기원한 것으로 보인다.

② 사교상의 목적으로 명함이 사용된 것은 루이 14세 때부터라고 하며 독일 역시 16세기경부터는 작은 종이에 이름을 적어 사용했다고 한다. 이러한 명함은 사교상의 목적으로 사용하는 사교용 명함(Visiting Card)을 얘기하며, 우리가 흔히 사용하는 명함은 업무용 명함(Name Card)의 성격을 띤 것으로 그 용도가 다소 다르다.

③ 서양인들은 사교용 명함과 업무용 명함을 구분해서 사용한다. 사교용 명함은 방문 카드로 사용하며 초대를 받고 감사의 표시와 참석 여부를 표시하기 위해 사용한다. 이외에도 선물, 꽃, 소개장을 보낼 때, 조문이나 병문안의 경우 등에 사용한다.

④ 사교용 명함에는 성명과 주소만을 기입하며 업무용 명함에는 성명과 뷰티숍

주소, 직위 등을 기입한다.

⑤ 서양에서는 명함을 주고받는 일은 서로 교제를 더 친밀히 하기 위한 예의로 인식하여 비즈니스의 경우 외에는 초면에 명함을 내밀지 않는다. 반면 우리나라를 비롯한 동양권에서는 명함을 자신을 알리는 수단으로 활용하는 경우가 많다.

(2) 명함 예절의 중요성

① 명함은 초면인 상대방에게 소속과 성명을 알리고 증명하는 역할을 하는 자신의 소개서이자 분신이다. 따라서 직장인은 항상 명함을 소지하고 있어야 하며, 올바르게 사용할 줄 알아야 한다.

② 받은 명함은 언제라도 금방 찾아볼 수 있도록 명함꽂이 수첩 등에 잘 정리해둔다. 상대방의 명함을 소중히 다루는 것은 상대방과 상대방 뷰티숍에 대한 경의를 표한다는 마음을 나타내는 것이다.

③ 명함을 받았으면 날짜, 만난 장소, 간단한 용건 등을 뒷면에 메모해 훗날에 여러 가지로 참고가 되도록 한다.

(3) 명함을 줄 때의 요령

① 상의에서 꺼내며 아랫사람이 윗사람에게 먼저 건네는 것이 예의이다.

② 소개의 경우에는 소개받은 사람부터 먼저 건넨다.

③ 방문한 곳에서는 상대방보다 먼저 명함을 건네도록 한다.

④ 명함은 선 자세로 교환하는 것이 예의이고 테이블 위에 놓고서 손으로 밀거나 서류봉투 위에 놓아서 건네는 것은 좋지 않다.

⑤ 명함을 내밀 때는 정중하게 인사를 하고 나서 뷰티숍 명과 이름을 밝히고 두 손으로 건네도록 한다.

⑥ 명함은 왼손을 받쳐서 오른손으로 건네되 자기의 성명이 상대방 쪽에서 바

르게 보이게끔 한다. 상대가 두 사람일 경우 윗사람에게 먼저 건넨다.

⑦ 한쪽 손으로는 자기의 명함을 주면서 한쪽 손으로 상대의 명함을 받는 동시 교환은 부득이한 경우가 아니면 실례이다.

(4) 명함을 받을 때의 요령

① 상대의 명함을 받으면 반드시 자신의 명함을 주어야 한다. 만일 명함이 없으면 사과를 겸해 의견을 묻고 상대가 원하면 종이에 적어준다. 단, 이쪽의 명함을 받은 상대가 명함이 없다고 하면 특별한 경우가 아니면 적어 달라고 청하지 않는다.

② 상대에게 받은 명함은 공손히 받쳐 들고 상세히 살핀 다음 그 자리에서 보고 읽기 어려운 글자가 있으면 바로 물어본다.

③ 대화 중 상대방의 이름을 잊었다고 해서 주머니에 집어넣은 명함을 꺼내어 보는 것은 결례이므로 명함을 받으면 그 자리에서 상대방의 부서, 직위, 성명 등을 반드시 확인하여 대화 중에 실수가 없도록 한다.

④ 상대가 보는 앞에서 즉시 명함꽂이에 꽂는다든가 아무 데나 방치해 두는 것은 실례이다.

⑤ 명함을 건넬 때와 마찬가지로 받을 때도 일어선 채로 두 손으로 받는다.

(5) 명함 관리 요령

① 초면에 인사를 나누었을 때는 만난 일시, 용건, 소개자, 만난 화제 중의 특징 인상착의 등을 뒷면에 메모하여 다음 만남 등에 활용하도록 한다.

② 상대방 앞에서 바로 메모하는 것은 결례이다.

③ 자신의 명함이나 상대방의 명함은 별도의 명함첩을 만들어 깔끔하게 보관한다.

1.3 악수(Shaking Hand) 매너

(1) 악수의 의미

① 악수는 상호 간의 정을 표현하는 것으로 사교 활동의 중요한 행위이다. 로마인들에게 악수는 신뢰의 표시였으며 중세까지도 악수는 적의가 없음을 확인하는 행위로 인식했다.

② 서양에서 악수를 사양하는 것은 실례로 간주하며 정중한 마음과 바른 자세, 밝은 표정으로 연출하는 인사법이다.

③ 악수는 서로 손을 잡음으로써 친근감을 표시하며, 마음의 문을 여는 의미가 담겨 있다.

(2) 악수하는 순서

악수의 순서는 소개의 순서와 동일하게 웃어른이나 상사가 먼저 손을 내민다.

① 윗사람이 아랫사람에게

② 여성이 남성에게

③ 기혼자가 미혼자에게

④ 선배가 후배에게 먼저 청한다.

⑤ 왕, 대통령, 왕족, 성직자의 경우는 예외이다.

• 왕, 왕족

- 남성 : 소개와 함께 머리를 숙여 인사하고 악수를 청하면 재차 머리를 숙여 인사하고 악수한다.
- 여성 : 왕에게 경의(Courtesy : 왼발을 뒤로 빼고 무릎을 가볍게 굽혔다 편다)를 표하고 왕이 청한 손을 잡고 악수한다.
- 대통령 : 남성은 왕의 경우와 동일하고 여성의 경우는 머리를 숙여 인사

를 하고 악수를 받는다.

(3) 악수하는 방법

① 악수는 오른손으로 하는 것이 원칙이다.
② 상대가 악수를 청할 때 남성은 반드시 일어서며 여성은 앉아서 해도 무방하나 상대의 나이 등을 감안해서 행동한다.
③ 악수는 우정의 표시인 만큼 적당한 힘을 주어 손을 잡고 적당한 높이로 흔들되 여성과 악수할 때는 세게 쥐거나 흔들지 않는다.
④ 악수를 할 때 남성은 장갑을 벗어야 하며, 여성의 경우는 장갑을 벗지 않아도 된다. 파티의 호스티스인 경우는 장갑을 낀 채 악수하며 부인이 장갑을 벗어야 하는 경우는 청소용 장갑과 승마용 장갑을 꼈을 때이다.
⑤ 여성의 경우 먼저 악수를 청하는 것이 에티켓이므로 이를 실행하도록 한다.
⑥ 악수는 서양식 인사이므로 동양적 관습으로 악수를 하며 절을 하거나 두 손으로 감쌀 필요가 없다.
⑦ 왕이나 대통령 외에는 당당한 자세로 허리를 곧게 펴고 악수를 한다.
⑧ 상대의 눈을 보지 않고 하는 악수는 실례이다.
⑨ 오른손에 가방을 들고 있었다면 악수에 대비해서 왼손으로 바꿔 든다.
⑩ 손을 너무 세게 쥐거나 손끝만 내밀어 악수하지 않는다.

2 손님맞이 방법과 안내법

2.1 손님 응대의 중요성

손님의 응대 시에 마음에서 우러나오는 친절로 상대를 위한 배려를 한다면, 손님들은 그 조직에 대해 좋은 인상을 가지게 된다. 더 나아가서는 거래를 호전시키는 역할을 하여 뷰티숍의 성과에까지 영향을 끼칠 수 있다.

2.2 손님 응대의 기본

(1) 손님 응대 시의 자세

표정이나 복장, 말씨, 태도 등 손님을 대하는 행동은 고객에게 호감을 주거나, 반대로 불쾌한 인상을 주므로 기본 자세를 갖추고 손님을 응대하는 것은 매우 중요한 일이다.

① 자세

가슴은 똑바로 펴고, 머리와 목은 등과 일직선이 되도록 한다.

② 표정

- 표정은 밝고 자연스럽게 하도록 하되, 반가움이 나타나야 한다.
- 때와 장소에 알맞은 미소를 띤 표정을 짓는다.

③ 시선

- 밝고 명랑한 모습을 위하며, 손님의 시선과 맞추되 가끔 입언저리를 바라본다.
- 시선을 아래로 두면 상대방에게 집중하지 않는다는 느낌을 주기 쉽다.

④ 말씨

- 천박한 표현이나 불쾌감을 주는 말을 삼가고, 정확한 응대 용어로 부드러운 말씨를 사용한다.
- 위압감을 주는 단어는 피하고 듣는 사람에게 알맞은 말을 한다.

(2) 손님 응대 시 예절

① 아름다운 매너와 자세, 적극적인 마음가짐으로 상대방의 입장을 배려하는 것으로, 상대방에게 현재 무엇이 필요한지를 적극적으로 파악하여 응대하도록 한다.

② 친절한 말씨로 상대방에게 공손히 말하고, 상대방의 이야기를 끝까지 들어주며 자신의 주관적인 감정을 표현하지 않는다.

③ 손님 응대 시 유의사항

- 손님이 기다리지 않도록 먼저 적극적인 태도를 보인다.
- 손님과의 논쟁은 금하고 친절함을 잃지 않는다.
- 무관심은 금물이며, 성의를 가지고 대한다.
- 손님의 이야기를 가로막지 않고 끝까지 들어 준다.

(3) 손님맞이 방법

① 방문객을 맞이하는 요령

㉠ 손님에게 인사를 한다.

즉시 자리에서 일어서서 인사를 한다.

"어서 오십시오."

㉠ 상대를 확인하고 용건을 듣는다.

"실례지만 어떤 일로 오셨습니까?"

② 방문객 접수

㉠ 먼저 연락을 하고 온 경우

- 상대가 누구인지 파악하고, 인사를 한 후 약속대로 안내한다.

- 중요한 고객은 해당 부서에 미리 알려 둔다.
- 손님이 명함을 주면서 본인을 소개할 때에는 두 손으로 가슴 높이에서 명함을 받는다.

㉡ 자신을 밝히지 않는 경우

- 손님의 기분이 상하지 않도록 손님의 성함을 물어본다.
- 상사와 개인적인 친분이 있는 방문자인 경우도 있으므로 직무상 의무로 묻는다는 양해를 구한다.

㉢ 약속이 되어 있지 않은 경우

- 찾는 사람이 사내에 있으나 만나지 못할 경우에는 이유를 설명하고 추후 방문을 권한다.
- 특별히 중요한 손님이거나 중요한 용건을 가져온 경우 신속하게 상사에게 연락한 후 지시를 따른다.
- 면회를 거절해야 하는 손님이 계속 찾아오는 경우 당황한 태도를 보이지 말고 정중하게 거절한다.

㉣ 찾는 사람이 부재중인 경우

- 약속이 되어 있는데, 찾는 사람이 피치 못할 사정으로 부재중인 경우 정중하게 사과한다.
- "대단히 죄송합니다."

㉤ 손님을 기다리게 할 경우

- 손님에게 양해를 구하고, 시간이 걸릴 때에는 상사에게 기다리는 손님이 있다고 알림으로써 상사가 현재의 일을 빨리 마치도록 유도한다.
- "대단히 죄송합니다. 사장님께서는 아직 회의 중이십니다. 조금만 더 기다려 주시겠습니까."

2.3 손님 안내

(1) 방문객 안내 요령

① 방문객보다 두서너 걸음 앞에서 안내한다.

② 방문객의 대각선 방향(방문객에게는 130° 각도)에서 안내한다.

③ 눈, 입, 어깨, 손을 동시에 사용하여 안내하고, 팔은 45° 정도 위치로 들고 안내한다.

④ 손가락은 가지런히 펴고 엄지손가락을 벌리지 않고 손바닥을 위쪽으로 해서 방향을 안내한다.

⑤ 시선은 고개와 함께 움직인다.

⑥ 안내 시 어깨를 펴고 등을 굽히지 않는다.

(2) 복도와 계단에서의 안내

① 복도

- 복도의 크기를 고려하여 손님보다 약간 앞서간다.
- 모퉁이를 돌 때에는 가야 할 방향을 가리킨다.

② 계단

- 계단에서 안내할 때에는 손님과 1~2계단 떨어져서 안내한다.
- 계단에 난간이 있을 때에는 손님이 난간의 손잡이를 잡을 수 있도록 배려한다.

(3) 에스컬레이터에서의 안내

안내자가 먼저 탔는데, 손님이 미처 에스컬레이터를 타지 못할 수도 있으므로 올라갈 때나 내려갈 때 모두 손님을 먼저 타게 하고, 안내자가 뒤따른다.

① 엘리베이터를 탈 때에는 타기 전에 미리 가는 층을 알려준다.
② 엘리베이터를 탈 때에는 손님보다 나중에 타고, 내릴 때에는 손님보다 먼저 내린다.
③ 엘리베이터를 타고 내릴 때에는 문이 닫히지 않도록 문을 손으로 잡는다.
④ 안내자가 먼저 타거나 내릴 때에는 양해를 구한다.
⑤ 승무원이 있는 경우에는 손님이 먼저 타고 먼저 내린다.
⑥ 승무원이 없는 경우에는 안내자가 먼저 타서 열림 버튼을 누르고, 다음에 손님이 타도록 한다.
⑦ 승무원이 없는 경우 내릴 때에는 반대로 엘리베이터 문이 닫히지 않도록 안내자는 열림 버튼을 누르고, 손님이 먼저 내리도록 한다.

(4) 문에서의 안내

① 여닫이문으로 문이 당겨서 열릴 경우에는 문을 열고 잡은 후, 방문객이 먼저 안으로 들어가도록 안내하며, 문이 밀어서 열릴 경우에는 안내자가 먼저 문을 열고 들어가서 방문객이 안으로 들어오도록 한다.
② 미닫이문일 경우에는 들어가고 나올 때 모두 안내자가 문을 열고, 손님이 먼저 들어가고 나오게 한다.
③ 회전문의 경우에는 손님을 먼저 들어가게 하고, 안내자는 뒤에서 회전문을 밀어주며 들어간다.

(5) 응접실에서의 안내

① 안내 방법

- 손님이 응접실에 도착하면 문 앞에서 “이곳입니다.”라고 말하고 들어간다.

- 의자를 권할 때에는 손님에게 상석에 앉도록 권한다.
- 상석의 위치를 정확히 파악한 후 손님의 직위와 중요도를 고려하여 안내한다.

② 상석의 구분

- 기본적으로 손님이 가장 평안하고 쾌적하게 여길 수 있는 곳이 상석으로, 접견실의 구조와 계절에 따라 달라질 수 있다.
- 일반적으로, 상석이란 사람의 출입이 적은 곳, 소음이 적은 곳, 비좁지 않고 넉넉한 곳 등 심리적으로 안정을 줄 수 있는 좌석, 또는 미관상 보기 좋은 좌석을 말한다.
- 상사의 자리가 따로 마련되어 있는 경우에는 상사와 가까운 곳, 특히 오른편이 상석이다.
- 창문이나 액자가 있는 경우에는 전망이나 그림이 보이는 곳이 상석이다.
- 응접 세트인 경우에는 긴 의자의 깊숙한 곳이 상석이다.

(6) 각종 교통수단 안내

① 승용차의 경우 : 승용차에서는 운전기사가 있는 경우에는 뒷줄 운전기사와 대각선에 있는 좌석이 상석, 운전기사 옆 좌석이 말석이고, 자가 운전인 경우에는 운전석 옆 좌석이 상석, 뒷줄의 가운데 좌석이 말석이다.

② 열차의 경우 : 열차에서는 열차의 진행 방향으로 밖을 볼 수 있는 창가가 상석이고, 마주 보이는 곳이 차석이다.

③ 비행기의 경우 : 비행기에서는 비행기 밖을 볼 수 있는 창가가 상석, 통로쪽 좌석이 차석, 가운데 불편한 좌석이 말석이다.

2.4 면담 중 용건 전달

① 면담 중 상사에게 전화가 걸려 왔거나 급한 전언이 있을 때에는 내용을 구두로 전달하지 않도록 용무를 메모하여 상사에게 전한다.

② 이때, "말씀 중에 죄송합니다."라고 말하고, 상사에게 메모를 보이며, 면담 중인 손님에게 전화가 걸려왔을 때 상대방에게 손님과 직접 통화해야 하는지 또는 전화의 용건을 전달해도 좋은지를 물어보고, 급한 경우에는 용건을 메모하여 알려준다.

③ 손님과의 면담이 너무 길어져서 다음 손님이 기다리거나 다음 일정이 있을 때에는 적절한 시간에 상사가 면담을 마칠 수 있도록 다음 일정을 메모로 전한다.

2.5 방문객 배웅

① 손님을 배웅할 때에는 상황에 따라 자리에서 배웅을 할 것인지, 엘리베이터까지 배웅할 것인지, 또는 승용차까지 배웅할 것인지를 융통성 있게 결정한 후, 하던 일을 멈추고 손님을 전송한다.

※ 손님 배웅 매너 : 어디에서 배웅을 하든지 손님이 보이지 않을 때까지 다른 행동으로 옮겨서는 안 된다.

② 우산이나 코트 등 보관품이 있을 경우에는 미리 준비하였다가 손님이 돌아갈 때 전하도록 하며, 손님이 돌아갈 때 놓고 가는 물건이 없는지 점검한다.

③ 필요한 경우 주차장에 연락하여 손님의 승용차를 대기시킨다.

3 접객 자세와 지시 동작

3.1 접객 자세

(1) 서 있는 자세

① 바른 자세

- 허리와 가슴을 펴서 일직선이 되게 한다.
- 표정을 밝게 하고 시선은 상대방의 인중을 바라본다.
- 여성은 오른손을 위로, 남성은 왼손을 위로 가게 한다.
- 발꿈치는 붙이고 앞발은 30° 정도 벌린다.
- 등의 중심선이 좌우 어느 쪽으로도 기울어지지 않도록 몸의 균형을 유지한다.
- 손에 물건을 들었을 때에는 자연스럽게 몸의 중심을 잡고 서도록 한다.

② 올바르지 못한 자세

- 무릎을 벌리고 어깨를 올린 채 선다.
- 상반신을 앞으로 굽힌다.
- 뒷짐을 지고 엉덩이를 뒤로 뺀다.
- 서 있을 때 손가락을 벌린다.
- 습관적으로 주머니에 손을 넣는다.
- 상체가 한쪽으로 치우친다.
- 몸의 중심이 잡히지 않는 자세를 취한다.

(2) 걷는 자세

① 바른 자세

- 등을 곧게 펴고 어깨의 힘을 뺀다.

- 턱을 당기고 시선은 전방 5~6m 앞을 주시한다.
- 무릎을 곧게 펴고 배에 힘을 준다.
- 손은 가볍게 주먹을 쥐고 팔은 적당히 흔들어 준다.
- 일직선으로 걷는다.
- 발뒤꿈치 → 발바닥 → 발끝의 순서로 지면에 닿게 걷는다.
- 밝은 표정으로 활기차게 걷는다.
- 머리와 윗몸을 곧게 하여 흔들지 않고 걷는다.
- 어깨는 수평으로 유지하되 몸을 흔들어서는 안 된다.
- 손에 물건을 들고 걸을 때에는 몸의 균형을 유지하고 걷는다.

② 올바르지 못한 자세

- 팔자걸음 또는 안짱걸음을 걷는다.
- 턱을 빼거나 고개를 숙이고 걷는다.
- 주머니에 손을 넣고 걷는다.
- 배를 내밀고 걷는다.
- 어깨를 굽히고 상체를 흔들며 걷는다.

(3) 앉는 자세

① 바른 자세

- 의자의 왼편에 서 있다가 의자 등을 오른손으로 잡아당겨서 확인을 하고 앉는다.
- 왼발을 앞으로 내딛고 의자를 놓으면서 체중을 의자 쪽으로 옮긴 후, 오른발을 의자 앞으로 내어 딛고 왼발을 오른발 쪽으로 옮겨 붙여 앉는다.
- 앉을 때에는 되도록 깊숙이 앉으며 허리와 가슴은 펴야 한다.
- 여성은 두 손을 무릎 위에 놓고 다리는 무릎을 붙여서 한쪽 방향으로 모

은다.

- 남성은 양손을 무릎 위에 나란히 놓고 다리는 약간 벌리면서 앉는다.
- 등과 등받이 사이는 주먹 하나가 들어갈 정도로 간격을 두고 앉는다.
- 어깨와 턱에 힘을 주지 말고 고개를 바로 하며, 입을 다물고 앞을 보는 편안한 자세를 취한다.

② 올바르지 못한 자세

- 의자 등받이에 등을 기대고 끝에 걸터앉는다.
- 등을 구부리고 앉는다.
- 무릎을 벌리고 앉는다.
- 팔짱을 끼고 비스듬히 앉는다.

3.2 지시 동작

동작의 좋고 나쁨에 따라 상대방에게 직접 호감을 줄 수도 있고 불쾌감을 줄 수도 있다.

(1) 바람직한 동작 요소

① 성실 : 성실하고 진지한 태도나 몸가짐은 인품이 훌륭하다는 상징이 되며 마음을 움직일 수 있는 원천이 된다.

② 침착 : "침착하게 서둘러라." 하는 말처럼 기분은 느긋하고 침착하나 행동은 재빨리 취해야 한다. 침착성이 깃든 동작은 여유스러운 느낌을 줄 수 있으며, 어려운 일에 부딪혀도 시기적절한 조치를 취할 수 있어서 주위 사람들에게 신뢰감을 주면서 자신의 품위를 높이게 된다.

③ 명랑 : 밝고 생동감이 있는 동작은 주위를 밝고 즐겁게 해준다. 성품이 수반된 명랑은 마음이 들떠 있는 것과는 대조적이다.

④ 민첩 : 민첩성이 있는 동작은 자신의 젊음과 현명함의 표상으로 업무의 효율을 증대시킨다.

(2) 방향 안내 자세

① 미소 띤 밝은 표정으로 안내의 말을 곁들인다.
② 상대와 눈을 마주친 후 손가락을 붙인 채 방향을 가리킨다.
③ 손목이 꺾이지 않도록 한다.
④ 손바닥이나 손등이 정면으로 보이지 않도록 45도 각도로 눕혀서 가리킨다.
⑤ 오른쪽을 가리킬 때는 오른손을 왼쪽을 가리킬 때는 왼손을 사용한다.
⑥ 상대가 바른 방향을 향하는지 지켜보는 여유를 갖는다.
⑦ 상대를 인도하여 목적지까지 안내하는 것이 최고의 서비스이다.

4 비즈니스 네티켓

4.1 네티켓(Netiquette)의 정의

① 네티켓이란 네트워크(Network)와 에티켓(Etiquette)의 합성어로, 네티즌(통신 사용자)들이 네트워크를 사용하면서 지키고 갖추어야 할 예의범절을 의미한다.
② 익명성, 다양성, 자발성, 쌍방향성, 다중성 등의 다양한 특징을 가지는 가상 공간도 넓게 보면 사회의 일부분이므로, 실제의 사회생활과 마찬가지로 바람직한 인간 공동체로 발전할 수 있도록 가상 공간에서의 에티켓, 즉 네티켓이 필요한 것이다.

4.2 네티켓의 기본 원칙

① 다른 사람의 시간을 존중하자.

② 전문적인 지식을 공유하자.

③ 토론을 할 때는 감정을 절제하자.

④ 다른 사람의 사생활을 존중하자.

⑤ 자신의 권력을 남용하지 말자.

⑥ 다른 사람의 실수를 용서하자.

⑦ 실제 생활과 똑같은 기준과 행동을 준수하자.

⑧ 현재 접속한 곳의 성격을 파악하고, 그곳의 문화에 어울리게 행동하자.

4.3 커뮤니티 관련 네티켓

(1) 이메일의 네티켓

① 내용을 보낼 때는 용건을 간단히 하여 보낸다.

② 용량이 큰 파일은 반드시 압축하여 첨부한다.

③ 주소가 정확한지 다시 확인하고 발송하도록 한다.

④ 첨부 파일은 꼭 필요한 경우에만 보낸다.

⑤ 내용을 쉽게 알 수 있도록 적당한 제목을 붙인다.

⑥ 보내는 사람이 누구인지 정확히 밝힌다.

⑦ 자주 점검하고 꼭 저장해야 하는 것만 빼고 반드시 지운다.

⑧ 욕설이나 험담이 담긴 메일을 보내지 않는다.

(2) 게시판 네티켓

① 게시판의 글은 짧고 명확하게 쓴다.

② 게시물 내용을 잘 설명할 수 있는 알맞은 제목을 붙인다.

③ 문법에 맞는 표현과 올바른 맞춤법을 사용한다.

④ 사실과 다른 내용을 올리지 않는다.

⑤ 다른 사람을 욕하거나 비난하는 글을 올리지 않는다.

⑥ 같은 글을 여러 번 반복해서 올리지 않는다.

⑦ 태그 사용을 자제한다.

(3) 자료실 네티켓

① 불법 소프트웨어는 올리지 않는다.

② 음란물은 올리지 않는다.

③ 자료를 올리기 전에 바이러스 체크를 한다.

④ 올릴 자료는 압축해서 용량을 줄인다.

⑤ 유익한 자료를 받았으면, 올린 사람에게 감사의 메일을 보낸다.

⑥ 자료를 올릴 때는 이름을 밝힌다.

(4) 채팅 네티켓

① 입장 혹은 퇴실할 때 서로에게 인사를 나눈다.

② 상대방의 호칭은 대화명에 '님' 자를 붙인다.

③ 진행되는 주제에 맞는 대화를 한다.

④ 상대방에게 불쾌감을 주는 대화를 하지 않는다.

⑤ 초보자를 위해 배려한다.

⑥ 불건전한 대화를 하지 않는다.

⑦ 바른 언어, 좋은 말을 사용한다.

⑧ 거짓말은 나쁜 습관, 사이버 공간에서도 진실만을 이야기한다.

⑨ 대화를 나누는 상대방을 존중한다.

⑩ 채팅방에서 만난 잘 모르는 사람을 함부로 만나지 않는다.

4.4 네티즌 윤리 강령

(1) 네티즌의 기본 정신

① 사이버 공간의 주체는 인간이다.
② 사이버 공간은 공동체의 공간이다.
③ 사이버 공간은 누구에게나 평등하며 열린 공간이다.
④ 사이버 공간은 네티즌 스스로 건전하게 가꾸어 나간다.

(2) 네티즌의 행동 강령

① 타인의 인권과 사생활을 존중하고 보호한다.
② 건전한 정보를 제공하고 올바르게 사용한다.
③ 불건전한 정보를 배격하며 유포하지 않는다.
④ 타인의 정보를 보호하며, 자신의 정보도 철저히 관리한다.
⑤ 비속어나 욕설 사용을 자제하고, 바른 언어를 사용한다.
⑥ 실명으로 활동하며, 자신의 ID로 행한 행동에 책임을 진다.
⑦ 바이러스 유포나 해킹 등 불법적인 행동을 하지 않는다.
⑧ 타인의 지적 재산권을 보호하고 존중한다.
⑨ 사이버 공간에 대한 자율적 감시와 비판 활동에 적극 참여한다.
⑩ 네티즌 윤리 강령 실천을 통해 건전한 네티즌 문화를 조성한다.

5 다른 문화의 이해

5.1 아시아

(1) 중국

넓은 영토와 세계에서 가장 많은 인구와 오랜 역사를 자랑하며 세계의 중심이라는 '중화사상'으로 표현되는 자부심이 강한 나라로서 55개 민족으로 구성되었으며 대륙적인 기질을 갖는다.

① 식사 매너

- 손님을 접대하는 경우에는 미리 음식, 좌석을 예약한다.
- 식사 중에 상대방 앞에서 생선을 뒤집으면 절교라는 뜻이다.
- 자기가 사용한 젓가락으로 음식을 집어주는 것을 정(情)의 표시라고 생각한다.
- 공용 스푼이나 젓가락을 이용해서 개인 접시에 음식을 덜어 먹는다.
- 음식을 약간 남기는 것이 예의이다.
- 계산은 식탁에서 종업원에게 시키며 팁은 없다.

② 선물 매너

- 선물 포장지는 빨간색이 좋다.
- 방문할 때는 꼭 선물을 준비한다.
- 중국인은 선물을 권할 때 선뜻 받지 않는다. 받기 전에 세 번 정도 거절을 하는 것이 예의라고 생각하므로 계속 권해야 한다.

③ 흡연 · 음주 매너

- 상담 중이나 식사 중에 수시로 담배를 권하며 친밀감 표시를 한다.
- 담배를 권하는 데 있어서는 남녀노소가 평등하다.
- 술을 마실 때 보통 건배를 한다.
- 건배한 술잔은 비워야 하며, 술에 자신이 없는 경우에는 조금만 마셔도 무방하다.

- 술은 상대방의 잔이 항상 차 있도록 남아 있는 잔을 채우는 첨잔 문화이다.
- 중국에서는 한국인들이 술을 잘 마시는 것으로 알려져 있으므로 지나치게 사양하는 것은 결례이며 상대의 불신을 초래할 수 있다.
- 술자리는 비즈니스 얘기보다는 개인의 인간관계를 쌓는 시간으로 활용하는 것이 좋다.

④ 중국의 비즈니스 매너

- 사업하는 사람들 사이에는 개인적 우정과 신용을 매우 중요하게 생각한다.
- 작은 일에도 손뼉을 잘 친다.
- 괘종시계는 장례식의 의미가 있으므로 선물하지 않는다.
- 비상구를 태평문(太平門), 자동차를 기차(汽車), 기차를 화차(火車)라고 하며 글자도 약자가 많이 쓰인다.

⑤ 금기사항

- 중국 문화에서 청색과 백색은 장례식 색깔이므로 사용하지 않는 것이 좋다. 우리에게 '장수'라는 긍정적인 의미를 갖는 거북이는 발음이 욕설과 비슷해서 선물하지 않는다.
- 꽃은 '생명이 짧음'을 의미하고 장례용이기 때문에 선물하지 않는다.
- 손수건 역시 슬픔과 눈물을 상징하므로 선물하지 않는다.
- 현금을 줄 때 축의금과 선물은 짝수로, 부의금은 홀수로 한다.

(2) 일본

일본은 바로 이웃에 위치해 있으면서도 때로는 우리와 불편한 관계에 놓이기도 한 나라로, 지금은 경제적으로나 사회적으로 매우 중요한 인접 국가이다.

① 인사

- 고개를 숙이며 인사를 할 때에는 상대방과 비슷한 높이로 한다.
- 인사할 때 상대방보다 허리를 먼저 펴면 실례가 된다.
- 자기를 소개할 때는 일반적으로 성만 이야기한다.
- 우리나라처럼 악수를 하는 경우는 드물다.

② 선물 매너

- 김치, 건어물 등의 식품과 도자기 종류의 선물을 하는 것이 좋다.
- 짝을 이루는 것이 행운을 가져온다고 생각하므로 선물은 짝으로 된 것이 좋다.
- '여우'를 상징하는 선물은 '풍부함'을, '오소리'는 '교활함'을 의미한다.

③ 일본의 비즈니스 매너

- 예의바르고 친절하며, 질서를 잘 지키고 단결력이 강한 민족으로 복수를 중시하며 배타적인 면이 또한 강하다.
- 나이, 직위, 상황 등에 따라 경어를 사용하는 것이 일반화되어 있고 철저하다.
- 명함은 아랫사람과 방문자가 먼저 건네야 한다.
- 명함을 받을 때는 공손히 받으며 명함을 주의 깊게 보면서 이름을 재차 확인하다.
- 약속 시간을 엄수하며 늦을 경우에는 용건을 말하고 첫 대면일 경우에는 명함을 교환한다.
- 접대하는 사람은 술을 따라주면서 음식 주문에 신경을 쓰고, 접대받는 사람은 정중히 상대의 접대를 이해하며 받는 것이 매너이다.

④ 금기사항

- 선물은 짝으로 된 세트를 주는 것이 좋으나 4개는 불행을 가져온다고 믿으므로 선물하지 않는다.

- 등 뒤에서 손뼉을 치지 않는다.
- 약속을 중시하며 약속을 지키지 않는 것은 명예를 훼손하는 것이다.
- 질서를 지키지 않으면 비난의 대상이 된다.
- 개인의 신상에 대한 질문은 결례이다.
- 칼은 관계의 단절을 의미하므로 선물하지 않는다.
- 흰색은 죽음을 의미하는 것으로 인식하며, 반짝이는 포장이나 리본을 사용하지 않는다.

5.2 유럽

(1) 그리스

그리스는 유럽 문화의 발상지답게 고대의 유적이 많은 나라이다. 문화유산이 많을뿐더러 이를 보호하는 정신이 투철하기로도 유명한 나라이다.

① 국민 대다수가 그리스족이며, 그리스 정교를 믿는다.
② 언변이 좋고 외국어에 능숙하며, 친절하고 관대한 민족성을 가진 나라이다.
③ 시간적 여유를 중시하는 관습이 있어서 시간 약속을 잘하지 않는다.
④ 남성 중심의 사회로 연장자의 권위를 중시하며 자녀에게 엄격한 면을 보인다.
⑤ 우리와 반대로 머리를 끄덕이는 것이 'No'의 표시이며, 좌우로 흔드는 것이 'Yes'이다.
⑥ 작별의 의미로 손을 흔드는 동작은 멸시와 모욕의 의미이다.
⑦ 오후 2시부터 5시까지는 휴식 시간이므로 상점도 문을 닫는다.

(2) 독일

독일 인구의 대부분은 기독교 신자이다. 루터의 종교 개혁이 시작된 나라인 만큼 프랑스보다 개신교의 세력이 훨씬 강하다. 특히 남부보다 북부에 더 집중되어 있는데, 전체적으로는 가톨릭과 개신교도의 수가 비슷하다.

① 질서를 잘 지키며 검소하고 합리적인 사고를 지닌 국가이다.
② 종교나 정치적 화제는 피하는 것이 좋고, 축구와 그 고장의 맥주에 대한 얘기를 하는 것이 좋다.
③ 강인하고 근검한 독일인은 매사에 철두철미하며 격식을 중시한다.
④ 물건을 만들 때도 견고성과 기능성을 먼저 고려한다.
⑤ 파티, 공연장을 갈 때만 정장을 하며 복장으로 사람을 평가하지 않는다.
⑥ 선물을 포장할 때는 홀수로 하되 13송이는 삼가며, 장미나 카네이션, 포장한 꽃은 삼간다.

(3) 이탈리아

다양한 국민성을 갖고 있으며, 다정다감하고 자유분방한 사고의 국민성으로 뛰어난 예술성을 지녔다. 반도 국가로서 흔히 지형과 국민성에 있어서 우리나라와 유사한 면이 많은 것으로 알려졌다.

① 내용보다 형식을 중시하며 체면 차리는 것을 가장 소중하게 생각하는 문화이다.
② 가족 간의 결속이 강하고 어머니에 대한 사랑이 지극하다.
③ 프랑스에 대한 화제를 좋아하지 않는다.
④ 4세기 이후 가톨릭을 국교로 삼은 이탈리아는 전 유럽으로 가톨릭을 전파하였으며 지금도 인구의 90% 이상이 가톨릭 신자이다.
⑤ 이탈리아 사람들은 낮잠을 즐기므로 오후 4시 이전에 방문을 피해야만 한다.

(3) 영국

다양한 민족, 인종이 연합 왕국을 이루어 공존하며 조화를 이루는 국가이다. 신사의 나라라는 이미지답게 대체로 온화하며 격렬한 언쟁을 싫어한다. 전통을 존중하고 질서를 잘 지키며 느긋한 여유를 갖고 있다.

① 영국인들은 대부분 성공회를 믿는데, 청교도적 규범과 영향력이 사회 전체를 지배하고 있다.

② 항상 여성에 대한 배려를 염두에 두어야 한다. 엘리베이터나 버스를 탈 때도 여성이 먼저 타도록 배려한다.

③ 영국의 기후는 연중 흐리고 비가 많이 오기 때문에 반드시 우산을 준비한다.

④ 영국인들은 프랑스인들에 비해 신체적 접촉을 싫어한다.

⑤ 공식 만찬에서는 반드시 여왕을 위한 건배를 하는데, 건배를 하기 전에 담배를 피워서는 안 된다.

⑥ 가정으로 초대받는 경우는 특별한 배려인 만큼 고맙게 받아들이고 간단한 선물을 준비한다. 일반적으로 초콜릿이나 꽃을 선물하는데, 백합은 죽음을 상징하는 것이므로 피한다.

⑦ 음주를 절제해야 하며 공식 석상에서 돈 얘기를 하는 것은 신사도에 어긋나는 일이다.

(4) 프랑스

프랑스는 유럽의 중심부에 위치하고 있으며 일찍부터 통일 국가를 세웠던 관계로 18세기까지만 해도 유럽의 중심 국가로 행세하였다. 프랑스인은 낙천적이며 다혈질적이어서 쉽게 흥분하는 편이다.

① 남의 물건에 손대는 것은 실례이다. 생선이나 육류를 살 때도 판매원의 허락을 받고 만진다. 지방을 관광할 때 주인이 없는 포도밭에 출입하는 것은 금기사항이다.

② 영국과 마찬가지로 실내에서 우산을 펴는 것은 불길한 징조로 여겨 삼간다.

③ 대화 중에 화가 났더라도 삿대질을 하는 것은 결례이다. 자신의 감정이나 생각을 솔직하게 표현하는 것을 사회적 덕목으로 인식한다.

④ 교통수단을 이용할 때는 장애인이나 노인을 배려하며 남녀평등의식이 정착된 만큼 여성을 비하하는 것은 결례이다.

⑤ 인사는 생활화되어 있으며 친한 사이에는 뺨에 가볍게 키스를 한다. 지역에 따라서 뺨을 바꿔가며 4번까지 하기도 한다.

⑥ 매일 만나는 사람과도 반드시 악수를 할 정도로 스킨십을 좋아한다. 프랑스식 악수는 손에 힘을 많이 주지 않으며 여성이 먼저 손을 내미는 것이 관례지만 사회적인 지위가 높은 경우는 예외이다.

⑦ 관공서나 공공장소에 갈 때는 정장을 한다.

⑧ 사전에 약속이 있어야 사람을 만날 수 있고, 초대를 받았을 때는 특별한 언질이 없는 한 부부 동반이 상식이다.

⑨ 꽃을 선물할 때는 죽음을 의미하는 국화를 삼가고 장미를 피한다. 음식물이나 기호품을 선물하지 않는다. 음식과 기호에 관한 한 세계 최고의 개성을 지닌 사람들이다. 같은 이유로 향수 역시 선물하지 않는다. 초대받은 다음 날에는 감사 카드를 보내는 것이 예의이다.

⑩ 식탁에서도 가장 큰 적은 침묵이라고 생각하며 와인을 마시며 대화하는 탓에 식사 시간이 길다. 질병이나 금전, 종교, 정치 등의 무거운 주제는 피하는 것이 좋다. 13명이 모여서 식사하는 것을 금기시한다. 에티켓이라는 말의 원조이고 세계 최고 수준의 음식과 와인을 먹는 나라답게 테이블 매너가 엄격하다.

⑪ 프랑스에서는 OK 사인이 '가치 없다'는 뜻으로 통용되므로 유의해야 하며, 아주 친한 사이가 아니면 집으로 초대하지 않는다.

(3) 러시아

다양한 언어와 종교를 갖고 있으며 사회주의의 실패로 분열되고 있다. 하향식 평등사상을 갖고 있으며 통명스럽고 무뚝뚝하지만 인정이 많은 민족성을 갖고 있다. 러시아는 문화 수준이 높은 나라로서 발레, 오페라, 서커스, 콘서트, 연극 등은 세계 제일의 수준을 자랑한다.

① 초면의 경우는 악수는 하지만 지인의 경우에는 남녀를 불문하고 서로 억세게 껴안는 것을 인사로 삼는다. 가까운 사이에는 볼을 번갈아 가며 세 번 볼 키스를 한다.

② 면담 약속은 금요일이나 월요일을 피한다.

③ 외국인이 먼저 말을 트자고 제안하기 전까지는 한없이 기다리는 것이 관습이다.

④ 통역자를 두고 얘기할 때도 시선은 상대를 보고 말한다.

⑤ 경로사상이 강하고 가부장적인 사회이다.

⑥ 건배를 할 때 술이 남으면 불신이 남는 것이라고 생각하며, 보드카 1잔을 마신 후에야 마음을 여는 관습이 있다.

5.3 아메리카

(1) 미국

미국 문화는 유럽에 가치관의 뿌리를 두고 있으면서 좀 더 개방적이고 자유주의적이며, 실용주의 교육을 통해 절대 강국을 만들고 지켜나가고 있다. 평등의식이 강하고 약속 시간에 철저하며, 프라이버시를 존중하는 사회이다.

① 미국은 기회와 가능성의 나라로 불리지만 다양한 인종이 어울려 사는 만큼 위험성도 많은 나라이다. 미국에서는 총기를 자유롭게 소지할 수 있다는 사실을 잊지 말아야 한다.

② 레이디퍼스트가 생활화된 곳인 만큼 공공장소에서 여성을 배려한다.

③ 실수로 인하여 남에게 피해를 주거나 몸이 부딪치거나 했을 때는 반드시 사과하는 것이 예의이다. 그렇지 않으면 신고되어 경범죄로 처벌을 당한다.

④ 초면 인사 직후라도 곧바로 퍼스트 네임으로 불러주는 것을 좋아한다.
⑤ 미국에서는 줄서기가 생활화되어 있어 새치기는 절대 금지이다.
⑥ 시간 관념이 철저하며 실용성을 강조하는 사회이다.
⑦ 팁 문화가 발달한 나라이다. 서비스를 제공하면 팁을 잊는 것은 결례이며, 팁은 금액의 10~15% 정도로 관습화되어 있다.
⑧ 식사 도중 대화가 없이 식사만 하는 것은 결례이다.

(2) 캐나다

캐나다는 이주민들이 만든 나라로서, 능력에 의한 차이는 인정하지만 출생에 의한 차별은 용납하지 않는 사회이다. 미국과 영국인의 중간쯤의 기질을 갖고 있으며, 폭력과 범죄를 증오하고 자연환경 보호에 열성적이다. 장애인에 대해 많은 배려가 생활화되어 있다.

① 공원 등 공공 휴식 공간에서의 음주는 금기이다.
② 동서 간의 대립 의식이 강하므로 언어나 정치 이야기는 피하는 것이 좋다.
③ 상대의 가정에 대한 질문도 삼간다.
④ 호텔뿐만 아니라 민박에서도 아침에 나설 때는 팁을 놓고 나오는 것이 예의이다.
⑤ 앞에서 보려고 다른 사람 앞에 서거나, 다른 사람 옆에 바짝 붙어 있는 것은 큰 결례이며 다른 사람과 60cm 이상 떨어지는 것이 좋다.
⑥ 차나 비행기, 열차 등에 개봉된 술병을 가지고 타는 것은 금지되어 있다.
⑦ 호텔에도 흡연 가능 객실을 구분하여 운영할 정도로 공공 구역에서의 흡연을 규제한다.
⑧ 술에 대한 엄격한 규제를 한다. 판매 장소와 음주 장소를 엄격하게 제한하고 차내에 뚜껑이 열린 술병을 소지할 수 없다.
⑨ 팁 문화가 일반화되어 있다.

(3) 브라질

낙천적이고 자유분방한 생활을 하기 때문에 약속 관념, 공중도덕심, 준법정신이 부족하다. 개인적이지만 친화력이 좋은 국민성을 갖고 있다. 저축하는 습관이 없는 편이고 수입은 바로 소비하는 생활관습을 갖고 있다.

① 전통적인 인사는 'Tres be jo(서로의 볼을 맞대어 소리 내어 뽀뽀를 하는 인사)'이다.
② 사업상 만날 때는 보통 악수를 한다.
③ 뷰티숍 방문 시에는 시내 교통 정체가 심하기 때문에 여유를 가지고 출발하는 것이 좋다.
④ 팁이 생활화되어 있다
⑤ 여행이나 휴식 기간에 약속은 삼가는 것이 예의이다.
⑥ 식사 중에는 이야기를 하지 않는 것이 예의이다.
⑦ 검은색이나 자주색 선물은 피한다.
⑧ 인간관계의 단절을 뜻하는 칼은 선물하지 않는다.
⑨ 첫 만남에서는 선물하지 않는다.
⑩ 거리에서 술주정을 하면 체포된다.
⑪ 가장 심한 욕은 '치노'로서 중국인이라는 뜻인데, 대체로 동양인 전체를 뭉뚱그려 욕하는 말이다.
⑫ 비즈니스에서도 정장보다는 편안한 복장을 선호한다.

(4) 멕시코

대체로 친절하고 낙천적인 국민성을 갖고 있다. 반면 자신의 잘못을 인정하는 것을 수치스럽게 생각하기 때문에 사과에 인색하다.

① 뷰티숍 방문이나 관청 방문은 비서를 통하여 약속하는 것이 예의이다.
② 경조사에 축의금 또는 조의금은 통용되지 않으니, 간단한 포장 선물을 하거

나 행사 후에 마음을 담은 인사말을 하는 것이 좋다.

③ 공식 파티 등에는 반드시 정장을 입는다.

④ 멕시코 인디언들은 사진을 찍으면 혼을 빼앗긴다고 생각하기 때문에 촬영할 때 상대의 동의를 얻어야 한다.

⑤ 노란색 꽃은 죽음을 의미하므로 선물하지 않는다.

⑥ 테킬라 술병에 들어 있는 애벌레를 버리지 않는다.

⑦ 성직자들을 경멸하는 말이나 태도를 삼간다.

⑧ 큰소리를 치거나 욕을 하지 말아야 한다.

⑨ 미국과 비교하는 말을 싫어한다.

⑩ 남아 선호 사상은 있으나 여성을 존중하는 사상도 함께 갖고 있다.

⑪ 노상이나 공공장소에서 떠들거나 주정을 하면 경찰에 고발된다.

⑫ 인사는 단정한 차림으로 하는 것이 좋으며 초면에는 악수를 하고 여성과는 목례를 한다.

⑬ 체면 문화가 발달해서 호칭을 중시한다.

⑭ 엉덩이에 손을 얹는 것은 공격적으로 받아들여지며 주머니에 손을 넣는 것도 결례이다.

5.4 아프리카

(1) 이집트

비교적 낙천적인 국민성을 가지고 있으며 감정 표현이 직접적이고 화를 잘 내며 의심을 많이 하는 편이다. 시간 약속은 느슨한 편이며 초면에도 인사를 한다. 이슬람 여성들이 쓰는 히잡(흰색이나 다양한 색상의 두건)을 쓰지 않는 경우가 많을 정도로 이슬람 국가 중 개방적인 면모를 보이지만, 이슬람의 율법을 잘 지킨다.

① 비즈니스의 프레젠테이션이나 초대에 있어서는 정식 초대장을 발송한다.

② 선물을 주고받을 때는 반드시 오른손을 사용한다.
③ 예배 중인 사람을 방해하는 것은 금기이다. 이슬람교를 비난하는 행동이나 언사를 하지 않으며 이슬람 여성들과는 대화를 자제한다.
④ 날고기나 돼지고기를 공공장소에서 먹는 것을 자제한다.
⑤ 남성은 결혼해서 살 집을 준비해야 하고 여성은 정절을 지켜야 하며, 사촌 간에도 결혼이 가능하다.
⑥ 아파트에 부부 사이가 아닌 남녀가 같이 있는 것은 금기이다.
⑦ 남자가 금반지를 끼는 것은 금기이다.
⑧ 술과 마약은 정신을 흐리게 하는 것으로 간주되어 금기시되고 있다.
⑨ 공공의 장소에서 포옹이나 키스를 하는 것과 여성에게 사진을 찍자고 요청하는 것은 금기이다.
⑩ 이집트 여성들에게 말을 건넬 때는 극히 조심해야 한다. 부인에 대해 '아름다우시군요!'라는 칭찬은 그 부인을 갖고 싶다는 의미로 받아들이므로 주의해야 한다. 대화 내용이 불순할 경우 경찰이 출동한다.

(2) 남아프리카공화국

1994년 사상 최초로 다인종 선거가 실시되어 인종주의적 편견이 사라지게 된 나라로 다양한 인종, 종교, 언어를 가진 나라이다. 기독교가 주를 이루지만 힌두교 · 이슬람 · 유대교 · 토속 신앙 등이 함께하며 17% 정도의 백인이 있다. 대체로 보수적이고 배타적이며 인종적 편견이 심한 편이지만 친절하고 정이 많으며 신용을 중시하는 문화를 갖고 있다.

① 계층화되어 있는 인종 얘기는 화제로 삼지 않는다.
② 가벼운 인사가 생활화되어 있다. 흑인과 백인 간에도 처음 만나는 사람에 대해 가볍게 웃거나 'Chi-'라고 인사하는 것이 일반적이다.
③ 만나고 헤어질 때마다 악수를 하고 가족의 안부를 묻는 등 인사가 긴 편이다.

④ 백인들은 악수를 하고, 지방에서는 친한 경우에는 손을 흔들고 나서 서로 엄지손가락을 맞대고 손을 돌려가며 세 번 악수를 한다.
⑤ 연인이 아니어도 동료 사이에 가볍게 입술을 마주치는 키스를 하며 친밀감을 표현한다.
⑥ 비교적 청렴한 사회여서 뇌물 공세는 일을 망칠 수 있게 하며 결례이다.

5.5 오세아니아

(1) 오스트레일리아(호주)

남반구에 위치한 관계로 사계절이 우리나라와 정반대이다. 국토의 면적은 한반도의 137배나 되지만 인구는 우리보다 적어 3,000만 명에 불과하다. 이민자들로 이루어진 나라로서 자존심이 강하고 지루한 토론을 싫어하며 화려한 복장의 멋쟁이들이 많은 나라이다. 광활한 국토에서 살고 있는 호주 사람들은 유럽인들보다 개방적인 편이다.

① 상대방의 프라이버시에 속하는 종교, 정치, 나이, 결혼 여부, 소득 등은 묻지 않는다.
② 다른 사람의 식사 중에는 흡연을 하지 않도록 하며, 음식물 찌꺼기는 식탁에 놓지 말고 접시의 가장자리에 놓는다.
③ 버스 이용 시 앞좌석은 보통 노약자와 장애인을 위한 좌석으로 비워 놓는 것이 예의이다.
④ 존칭 없이 이름을 부르는 것은 친근함의 표시이다.
⑤ 공공장소에서의 음주, 욕설, 방뇨, 성적 행동은 위법이다.
⑥ 보이프렌드, 걸프렌드의 의미가 우리와 다르게 연인 관계로 해석되는 만큼 사용에 주의해야 한다.

(2) 뉴질랜드

평등주의와 실용적이고 개혁적인 성향을 지녔으며 세계에서 가장 오염이 적은 나라로 천혜의 관광 자원을 가진 나라이다. 공휴일은 가족과 함께 야외에서 즐기는 문화이다.

① 인사를 나눌 때는 악수를 하거나 가벼운 포옹을 한다.
② 원주민인 마오리족은 코를 맞대고 비비는 인사인 '홍아'를 한다.
③ 외국인에 대해 우호적이고, 인구밀도가 낮아서 사람을 만나는 것을 좋아한다.
④ 영연방의 일원으로 신사도가 배어 있으며, 비즈니스에서는 신용을 중시하며 보수적인 면을 보인다.

6 비즈니스 에티켓

6.1 비즈니스 인간관계 에티켓

(1) 인사법

① 악수는 손을 마주 잡음으로써 서로에 대한 친근한 정을 나누고 관계를 돈독히 하는 행위이나 제대로 하지 않을 때에는 상대방에게 불쾌감을 줄 수도 있다.
② 악수를 할 때는 여성이 남성에게, 손윗사람이 아랫사람에게, 선배가 후배에게, 상급자가 하급자에게 먼저 악수를 청하는 것이 원칙이다.
③ 사교 모임에서 외국인을 만났을 경우에는 자신을 소개하면서 손을 내밀어 악수를 청하는 것이 좋다. 상대가 악수를 청할 때 남성은 반드시 일어서야 하는 것이 예의이나 여성은 앉은 채로 악수를 받아도 된다.

(2) 소개법

① 쌍방을 아는 소개자나 중개자가 있을 때 나이가 어린 사람이나 직위가 낮은 사람을 먼저 연장자나 높은 사람에게 소개한다. 만약 중개자 없이 자신을 직접 소개할 때는 자신의 이름을 밝히면서 상대방에게 말을 건넨다.

② 일단 상대방의 이름을 알고 나면 대화 중 상대방의 이름을 자주 사용하는 것이 예의이다.

(3) 명함 사용법

① 악수를 하기 전에 명함을 먼저 제시하는 경우가 있는데 이는 서양 예의상 바람직하지 않다.

② 서양인들에게 명함의 의미는 단지 서로 충분한 대화를 나눈 후 추후 연락할 필요가 있을 때 전화번호와 주소 등을 적는 메모 이상의 역할을 하지 않는다.

③ 일본인들과 인사를 할 때는 미리 명함을 찾아 들고 있다가 자신의 이름을 말하며 명함을 주는 동시에 허리를 굽혀 인사를 한다.

(4) 호칭

① 외국 사람, 특히 북미나 유럽 사람들은 일단 인사를 하고 조금 친숙해지면 자신의 First Name, 즉 이름을 불러달라고 한다. 예를 들면 "Call me Bob"과 같이 이름 중에서도 애칭을 부르며 일대일의 평등한 관계에서 친밀감을 나타낸다.

② 외국인과의 인간관계가 많은 사람은 자신의 이름을 외국인이 알아듣기 쉽고 외우기 쉽게 약간 변형해서 불러달라고 하면 좋을 것이다.

(5) 복장 · 몸가짐

① 항상 깨끗한 복장과 몸가짐은 인간관계의 기본이다.

② 단정하고 깨끗하면서도 시간과 장소에 맞는 옷차림에 유의하여야 한다. 정장을 하고 갈 자리에 평상복 차림으로 가거나 주말 야외 모임과 같은 비공식적인 자리에 넥타이 차림으로 가는 것은 격에 맞지 않다.

③ 일반적으로 서양 사람들은 구취, 체취와 같은 냄새에 대하여 매우 예민하므로, 지나치게 진하지 않은 향수나 방향제를 사용하여 냄새를 중화시켜 상대방에게 불쾌감을 주지 않도록 한다.

6.2 생활 에티켓

공공 예절의 기본은 타인에 대한 배려에서부터 시작되며 자기중심적인 사고로부터 타인 중심적인 사고로 전환할 때에 비로소 바른 생활 예절을 지킬 수 있다.

(1) 공공장소

① 많은 사람이 모이는 공공장소에서는 질서를 지키며 자신의 행동으로 인하여 타인에게 피해가 돌아가는 일이 없도록 유의한다.

② 목소리를 높여서 언쟁을 하거나 금연 공간에서 담배를 피우는 행위 등은 주위 사람에게 피해를 주므로 삼간다.

(2) 타인의 공간에 대한 배려

① 외국인들은 타인의 근처를(앞이나 옆) 지나갈 때는 일단 그 사람의 공간을 침해한다는 의식이 있기 때문에 항상 "Excuse me(실례합니다)."라고 이야기하여 양해를 얻는다.

② 발을 밟았거나 옷깃을 스치더라도 "I am sorry(죄송합니다)."라고 이야기하는 것이 습관처럼 되어 있다.

(3) 기사도 정신

서양에서는 남성들 사이에서 여성을 존중하고 여성을 우선으로 하는 에티켓, 즉 기사도(Lady First) 정신이 일반화되어 있다.

(4) 순서 기다리기

① 은행, 여행사, 항공사 혹은 공공기관에서는 반드시 줄을 서서 자신의 차례를 기다린다.

② 화장실 등에서 순서를 기다릴 때 유의할 점은 문쪽에서 조금 떨어진 곳에 한 줄로 기다리다가 차례가 되면 어느 화장실이든지 빈 곳으로 들어간다.

(5) 교통 수단 이용 매너

① 금연실이나 금연석(Non Smoking Area)에서는 담배를 피우지 않고, 지정된 곳에서만 담배를 피운다.

② 열차나 지하철 이용 시 장애자 및 노약자 표지가 있는 좌석에는 앉지 않도록 한다.

③ 주차 시 장애자 표지가 되어 있는 주차 공간에는 절대로 주차를 하지 않도록 한다.

④ 비행기 이용 시 상급자가 나중에 타고 먼저 내리도록 하고, 기내에서는 승무원의 지시를 따르는 것이 가장 기본적인 예의이다.

⑤ 기내의 화장실이나 세면장은 남녀 공용이므로 이용 시에는 반드시 '비어 있음(Vacant)'의 표지를 확인하도록 하며, 들어가서는 밖에서 '사용 중(Occupied)'이란 표지가 나타날 수 있도록 반드시 문을 잠그도록 한다.

6.3 초대 에티켓

(1) 가정에 초대를 받은 경우

① 초대를 받았을 때는 감사하다는 표현을 충분히 하며 준비하거나 도와줄 것은 없는지 물어본다.
② 만약 초대장을 받았는데 참석 여부를 알려달라는 요청이 있을 경우에는 빠른 시일 내에 참석 여부를 알린다.
③ 당일에는 정시에서 5분 전에 도착할 수 있도록 시간을 고려한다.
④ 초대 가정에 가서는 주인의 관심사를 살펴 공통 화제를 찾도록 한다.

(2) 초대를 한 경우

① 초대를 할 때는 최소한 1주일 전에 받아볼 수 있도록 초대장을 보내거나 전화로 연락한다.
② 가정에서 간단한 저녁 식사 정도의 모임에는 구태여 초대장을 띄울 것까지는 없으나 공적인 성격을 띨 때는 반드시 초대장을 보내도록 한다.
③ 초대받은 사람들끼리 서로 어울리는 자리가 될 수 있도록 참석자들을 선정하며 서로 아는 사람들이 2~3명 있으면 분위기가 한결 부드럽다.
④ 초대의 목적을 명확히 하여 공식·비공식을 밝혀야 한다.

(3) 초대받았을 때의 복장

① 의복은 입는 때와 장소 그리고 목적(T. P. O. : Time, Place, Occasion)에 맞추어서 적절하게 입는 것이 예의이다.
② 초대를 받았을 때 초대장에 옷차림이 표시되어 있지 않고 어떤 차림으로 가야 할지 판단이 서지 않을 경우에는 초대자에게 물어보아도 무방하다.

(4) 식사 중의 대화

① 동양식의 식사 자리에서는 이야기를 많이 하는 것이 바람직하지 않지만, 양식에서는 착석하여 식사를 마칠 때까지 대화를 계속하는 것이 예의이다.

② 대화를 할 때는 일반적으로 조용히 그리고 빠르지 않게 이야기하며 입안에 먹을 것을 넣은 상태에서는 말을 하지 않는다.

③ 화제는 심각하거나 전문적이기보다는 명랑하고 상호 관심이 있는 분야(스포츠, 날씨, 취미 등)의 공통 화제를 찾아 나눈다.

6.4 파티 매너

타인을 초대하거나 그 초대에 응해 방문하는 일은 무엇보다 세심한 배려가 필요한 일이다. 여러 사람이 어울릴 수 있는 자연스럽고 편안한 분위기를 이끌어 내며, 그러한 분위기를 함께 즐기면서도 정도껏 예의를 지켜야 하기 때문이다.

(1) 파티의 종류와 매너

① 디너파티(Dinner Party)

풀코스의 만찬을 내용으로 하는 파티 중에서도 가장 정중한 형식이다. 복장은 정장으로 하며, 초청장에 의한 초청을 원칙으로 한다. 디너파티는 초청자와 주빈이 입구 쪽에 일렬로 서서 손님을 마중한다.

② 리셉션(Reception)

리셉션은 대부분 특정한 사람이나 중요한 사건을 축하, 또는 기념하기 위해 베푸는 공식적인 모임을 가리킨다. 리셉션에는 늘 주빈이 있게 마련이며, 주최자와 주빈이 함께 입구에서 손님을 맞이하는데, 이를 리시빙 라인(Receiving Line)이라고 한다. 리시빙 라인의 위치는 문 밖에서 보아 왼쪽이며 순서는 호스트, 주빈, 호스티스, 주빈의 부인 순이다. 리시빙 라인 앞쪽에는 안내인이 있어 손님을 호스트에게 안내하여 소개하도록 되어 있으므로 손님은 안내인에게 자신의 직책과 성명을 분명히 알려 주면 안내인은 그 내용을 호스트에게 전하게 된다.

③ 칵테일파티(Cocktail Party)

칵테일파티는 국제 행사 중에 많이 열리는데, 도착은 개최 시작 시각에 정확히 하되 참석자의 사정에 따라 개최 시간 중 자유롭게 참석하고 또 자유롭게 파티장을 떠날 수도 있다.

④ 가든파티(Garden Party)

파티를 정원과 같은 야외에서 하는 형식이다. 지나치게 더울 때나 추울 때를 피하여 일기가 좋은 때를 선택하도록 하되 비가 올 경우를 대비한 계획을 미리 세워두어야 한다.

⑤ 뷔페파티(Buffet Party)

중앙에 음식을 한꺼번에 차려놓고 서서 음식을 먹으면서 파티 참석자들과 담화한다.

⑥ 포트 럭 디너(Pot Luck Dinner)

파티의 참석자들이 요리를 한 가지씩 준비해 와서 음식을 나누며 담소하는 형식으로 주로 친한 사이에서 이루어진다. 주관자는 음식이 겹치지 않게 종류별로 신청(Sign Up)을 받아 샐러드, 주 요리, 디저트, 음료 등 다양하게 차려질 수 있도록 하며, 한국 사람의 경우 잡채, 불고기 등을 준비해 가면 아주 인기가 있다.

⑦ 티파티(Tea Party)

다과회(茶菓會)라고도 하며, 홍차나 커피, 주스, 케이크, 샌드위치 등 가벼운 음식을 준비하여 보통 오후 3~5시경에 연다. 생일, 졸업, 입학 등을 축하하며 가까운 친지나 이웃들과 함께 담소를 나눈다.

⑧ 샤워 파티(Shower Party)

주로 가까운 친구들 사이나 친한 직장 동료들끼리 모이게 되며, 축하를 받을 사람을 중심으로 이야기와 음식을 나누며 간단한 파티를 가진다.

(2) 파티에서의 에티켓

① 초대된 사람들은 보통 회장 입구에서 호스트나 호스티스에게 먼저 인사를 하는 것이 에티켓이다.

② 파티 석상에서 주인이 모든 손님을 일일이 배려하기 어려우므로 모르는 사람과 함께라도 적극적으로 인사를 건네고 대화를 나눈다.

③ 파티 준비에 방해가 되므로 정해진 시간보다 먼저 들어가지 않는다. 그렇다고 늦는 것도 실례가 된다.

④ 부득이한 사정으로 리셉션이나 파티에 참석했다가 중도에 혼자 나오게 될 경우에는 접수를 보는 사람에게 먼저 그 뜻을 전달하고, 시간이 되면 부득이한 경우에 먼저 가겠다는 이유를 메모에 적어 웨이터로 하여금 주인에게 전달하게 한다.

⑤ 주인 본인에게만 알리고 주위 사람은 모르게 살짝 물러 나오는 것이 요령이다.

6.5 레스토랑 이용 매너

(1) 일반적인 레스토랑 매너

① 레스토랑을 이용할 때는 반드시 사전에 충분한 시간을 두고 예약하여야 좋은 자리를 확보할 수 있으며 양질의 서비스를 받을 수 있다.

② 레스토랑에서는 정장의 복장을 원칙으로 한다.

③ 레스토랑에 들어가기 전 화장실에 가서 손을 씻고 복장을 단정히 한 후 입장을 하여야 하며, 자리에 앉은 후 화장실에 다녀오겠다며 나가는 것은 실례이다.

④ 입장 시 여성을 앞세우며 입구에 일단 서서 좌석의 예약자 명을 밝히고 종업원의 지시를 받도록 한다.

⑤ 종업원의 안내로 테이블에 앉을 때 종업원이 가장 먼저 의자를 권하는 곳이 상석이므로 일행 중 가장 직위가 높은 사람, 연장자 혹은 여성이 앉도록 한다.

(2) 음식 주문 매너

① 식사에서의 모든 행동은 손님을 초대한 주빈을 중심으로 이루어진다.

② 주빈은 손님들이 편안한 분위기에서 식사를 할 수 있도록 배려한다.

③ 식단(Menu)을 정할 때는 손님들이 먼저 정하도록 한 뒤 자신은 나중에 정하고 와인과 같은 주류가 필요할 때는 종업원의 도움을 받아 정하도록 한다.

(3) 메뉴의 이해

① 요리 방법의 종류에 따른 메뉴의 이해

- Grilled : (석쇠로) 굽다(Grilled Cheese Sandwich)
- Cutlet : 넓고 얇게 저민 고기(Pork Cutlet, Veal Cutlet)
- Poach : 물에 찐 달걀(Poached Egg)
- Sauteed : 살짝 튀긴(Sauteed Pork)
- Broil : (불에 직접) 굽다(Broiled Pine Mushroom)
- Stew : 약한 불에 오랫동안 조리다(Beef Stew)
- Steam : (김에) 찌다(Steamed Rice)
- Roast : 팬에서 구우면서 조리다(Roasted Beef)

- Fry : 튀기다(Fried Vegetable)
- Shredded : 채썰다(Shredded Beef)
- Flavored : 향을 가미하다(Garlic Flavored)
- Diced : 깍둑썰기하다(Diced Tofu)
- Sliced : 얇게 썰다(Sliced Ham)
- Smoked : 훈제하다(Smoked Salmon)

② 전형적인 정찬 메뉴의 순서

- 전채(IAppetizer), Hors-doeuver(불어) : 입맛을 돋우는 음식으로 주로 차가운 훈제연어나 햄 혹은 상어알 등이 나온다.
- 수프(Soup, Potage) : 수프는 맑은 것과 진한 것으로 나뉘며, 맑은 것으로는 콩소메, 진한 것으로는 퓨레(채소), 크렘(크림), 벨루테(채소와 고기), 차우더(조개) 등의 종류가 있으며, 빵이 함께 나오기도 한다.
- 샐러드(Salad, Salade) : 채소가 드레싱(Dressing)과 함께 나온다. 자신이 좋아하는 드레싱의 이름을 미리 알아두도록 한다(Italian, Oil & Vinegar, French, Blue Cheese,Thousand Island 등).
- 생선(Fish, Poisson) : 새우와 같은 간단한 해산물이 나오기도 하며 생략되기도 한다.
- 고기(Meat, Entree) : 주요리(Main Dish)라고도 하며 쇠고기, 돼지고기, 양고기, 송아지 고기 등으로 만든 요리이다.
- 디저트(Sweet, Entrements) : 식후 코스로서 단맛이 나는 케이크, 아이스크림, 셔벗, 과일 등이다.

(4) 웨이터의 서비스를 받는 법

① 서비스를 요청할 때는 웨이터의 시선을 기다렸다가 가볍게 손짓으로 신호를

하여야 하며 큰소리로 부르거나 손뼉을 쳐서 부르는 것은 금물이다.

② 메뉴를 봐도 어떤 요리인지 이해가 되지 않을 때는 웨이터에게 설명을 요청하며, 먹는 방법을 모르는 생소한 음식이 나올 때 먹는 방법을 웨이터에게 물어보아도 실례가 되지 않는다.

③ 본인이 직접 먹고 난 접시의 위치를 움직인다거나 포개어 놓는 등의 행동은 삼가도록 한다.

(5) 식사 중 매너

① 식탁에 음식이 떨어졌을 때에는 당황하지 말고 태연하게 이를 집어 접시 한쪽 위에 둔다.

② 다리를 포개는 것은 금기이다.

③ 식사 중 기침을 하는 경우에는 손으로 또는 손수건을 사용하여 입을 가리며 냅킨을 사용하지 않는다.

④ 식사 중 트림을 하거나 음식을 소리 내어 씹는 것은 실례이며 식사 후 이쑤시개를 버젓이 사용하는 것도 실례이다.

⑤ 식사 도중에 대화를 나누면서 상대의 식사 속도에 맞춰 먹는 것이 서양인들의 습관이므로 상대의 식사 속도를 봐가면서 템포를 맞추도록 한다.

⑥ 원활한 대화를 위해서 음식은 조금씩 먹는 것이 좋다.

⑦ 서양에서는 빵을 손으로 집어먹는다. 따라서 식사 중에 손으로 귀, 코, 머리 등을 만지거나 긁는 것도 금기이다.

⑧ 식탁에서 큰 소리를 내거나 크게 웃는 것은 피해야 한다.

⑨ 나이프나 포크로 물건을 가리키지 않는다.

⑩ 식사 중 타인과 악수를 하여야 하는 경우는, 입안의 음식을 다 삼킨 후 냅킨으로 입을 닦고, 냅킨을 왼손으로 들고 천천히 일어나 악수를 한다.

⑪ 식사 중 자리를 뜰 때에는 냅킨을 의자 뒤쪽에 걸고 의자 왼쪽으로 일어선다.

(6) 식사 후의 매너

① 식사 후 일어날 때 냅킨은 테이블 위의 한쪽에 두면 된다.
② 식사 후에 냅킨을 의자 위에 놓지 않는다.
③ 여성의 경우 화장을 할 때는 테이블에서가 아닌 화장실을 이용한다.

(7) 계산 방법

① 계산은 적당한 때에 앉아서 한다.
② 팁은 계산을 마치고 영수증을 받을 때 자연스럽게 준다.
③ 팁은 통상 식사 요금의 10~25%를 지불한다.
④ 계산은 남성이 하는 것이 원칙이다.
⑤ 여성이 초대한 식사일지라도 돈을 미리 남성에게 건네어 대신하게 하는 것이 매너이다.

6.6 테이블 매너

(1) 냅킨 사용법

① 냅킨은 주빈이 참석하여 옆 사람과 이야기를 하면서 주빈이 먼저 들면 함께 들어 무릎 위에 둔다.
② 음식을 먹는 도중 냅킨이나 포크가 바닥에 떨어진 경우에도 본인이 줍지 않고 웨이터를 불러 새것을 가져다주도록 요청한다.
③ 식사 중 악수를 하기 위하여 일어설 때는 냅킨을 테이블 위에 놓지 말고 왼손으로 든 채 선다.
④ 식사를 마친 후에는 냅킨을 적절히 접어 탁상 위에 올려놓는다.

(2) 포크, 나이프, 스푼 사용법

① 중앙의 접시를 중심으로 나이프와 포크는 각각 오른쪽과 왼쪽에 놓이게 된다.
② 식사 중 대화를 나누다가 포크와 나이프를 바로 세워 든 채 팔굽치을 식탁에 놓고 말을 하는 것은 대단한 실례이다.
③ 나이프와 포크는 하나만 계속 사용하는 것이 아니라 코스에 따라 각각 다른 것을 사용하는데, 바깥쪽에 있는 것부터 순서대로 사용한다.
④ 나이프와 포크가 접시와 부딪쳐 소리를 내지 않도록 조심한다.
⑤ 나이프는 사용 후 반드시 칼날이 자기 쪽을 향하도록 놓으며 포크는 접시 위에 엎어 놓는다.

【올바른 기물 사용법】

종 류	내 용
냅킨 (Napkin)	• 일행이 모두 자리에 앉고 난 후 천천히 자연스럽게 펴도록 한다. • 냅킨의 방향은 두 겹으로 접힌 상태에서 접힌 쪽이 자기 앞으로 오게 편다. 비즈니스 석상에서는 목둘레에 꽂는 것을 금한다. • 입을 닦거나 핑거볼을 사용한 후 물기를 닦을 때 이용한다. • 입을 닦을 때는 접힌 반대 부분의 한쪽 끝을 이용한다. • 물이나 술을 마실 때는 미리 입술을 냅킨으로 가볍게 눌러 닦아서 컵 가장자리에 더러움을 남기지 않는다. • 식사 중에 물이나 와인잔을 마시기 전에는 입을 닦아 잔을 깨끗하게 사용하는 것이 예의이다.
나이프, 포크 (Knife, Fork)	• 접시를 중심으로 오른쪽에 나이프, 왼쪽에 포크가 세팅된다. • 나이프와 포크는 각 3개씩 놓이며 바깥쪽의 것부터 순서대로 사용한다. • 나이프는 오른손에, 포크는 왼손에 잡는다.
	• 식사 중에는 포크와 나이프를 접시 위에 八자 모양으로 놓는다. • 나이프 날은 자기 쪽으로 하며, 포크는 등을 위쪽으로 향하게 한다. • 식사를 마쳤을 대는 접시 중앙의 오른쪽에 나이프와 포크를 나란히 하여 비스듬히 놓는다. • 나이프와 포크를 동시에 사용하여 고기를 자를 때는 끝이 서로 직각이 되게 하며, 팔꿈치를 옆으로 벌리지 말고 팔목 부위만을 움직여 자르는 것이 좋다. • 채소는 반드시 포크를 사용해서 먹는다. • 디저트용 나이프와 포크는 중앙의 접시 위쪽에 올려놓는다. 경우에 따라서는 디저트가 나올 때 별도로 제공하기도 한다.
양념통 (Caster)	• 통후추나 소금을 페퍼밀에 넣어 제공하는 경우에는 몸통을 손으로 돌려 사용한 다음 한두 번 몸통을 쳐주어 여분이 테이블 위에 떨어지지 않도록 한다. • 요리가 나오면 먼저 맛을 보고 조미료를 사용한다. 요리는 주방장이 계속 맛을 보면서 장시간의 노력을 기울인 것으로 레스토랑과 주방장의 수준을 가늠하는 것이다. • 습관적으로 스프에 소금과 후추를 넣는 경우가 있는데 이는 매너에 어긋나는 행동이다.
핑거볼 (Finger Bowl)	• 말 그대로 손가락 끝을 담갔다가 냅킨을 이용하여 닦아낸다. • 굴, 가재, 과일 등 손으로 먹는 음식이 나올 때 제공되며 대개 레몬을 띄워 제공된다.
스푼 (Spoon)	• 수프, 디저트, 차를 마실 때 사용한다. • 서양의 스푼은 크고 둥글다. 수저를 입에 넣지 않으며 입술 끝에 올려놓고 기울여 흘러내리는 것이 올바른 매너이다.
와인잔과 물잔 (Glasses)	• 와인잔을 잡을 때는 엄지와 인지를 주축으로 중지가 보조하는 형태로 쥐며, 다른 손가락들은 중지 옆에 가지런히 붙이고 다리 부분을 잡는다. • 잔은 식전주로부터 와인잔, 그리고 물잔에 이르기까지 왼쪽에서 오른쪽으로 일자형으로 배열한다. • 나이프와 포크의 사용 순서처럼 바깥쪽에 놓인 잔부터 차례로 사용한다. • 와인잔이 먼저 놓이는 것은 물보다 와인이 식욕을 돋우는 데 우선하기 때문이므로 식사 중에는 물 마시는 것을 자제하는 것이 좋다.

(3) 테이블에서의 흡연 매너

① 중요한 자리라면 어떤 경우이건 흡연을 삼가는 것이 좋다.

② 금연석과 흡연석을 구분해서 앉고 흡연석에서도 식사 후 흡연 시에는 다른 사람에게 양해를 구한다.

③ 코스 중간에 흡연을 하는 것은 음식을 즐기는 데 방해 요인이 된다.

④ 미국에 비해 일본이나 유럽은 흡연에 대해 관대한 편이다.

6.7 비즈니스 상담 에티켓

(1) 방문 약속

① 상담을 하기 위해 약속을 할 때에는 방문 목적을 자세히게 설명해 주어 충분한 시간을 가지고 상담할 수 있도록 부탁해 놓아야 한다.

- 언제(When) - 정확한 날짜와 시간
- 어디서(Where) - 장소
- 누가(Who) - 참가할 사람
- 왜(Why) - 이유 어떻게(How - 방법)
- 무엇을(What) - 내용

② 상담 장소는 가능하면 상대방의 사무실로 정하는 것이 좋다. 왜냐하면, 뷰티숍의 분위기도 알 수 있으며, 인원 구성과 취급하는 상품에 대한 정보도 입수할 수 있기 때문이다.

③ 상담 일자 약속은 전화나 팩스로 하며, 약속 장소가 현지라면 최소한 일주일 전에 해야 한다. 약속 일자 하루 전에는 재확인을 해 놓는다.

④ 약속한 시간을 반드시 지켜야 하며 10분 전에 도착하여야 한다.

(2) 상담 전 준비

① 국내 상담이 아닐 경우 현지에 도착해 방문할 뷰티숍의 위치와 만날 시간을 사전에 재확인해 둔다.

② 방문할 뷰티숍의 위치는 시내 지도를 구입해 미리 알아두고 숙소에서 걸리는 시간을 세심하게 확인해 두어야 실수가 없다.

③ 상담에 들어가기 전 필요한 준비물(명함, 소개 자료 등)을 다시 확인하고 정확한 목적과 주제를 요약 정리해 두는 것이 좋다.

④ 상담을 할 때 나올 수 있는 질문에 대한 해답을 준비해 가면 실제 상담에서도 유연하게 대처할 수 있다.

(3) 상담 시 에티켓

① 인사가 끝나면 바로 딱딱한 본론에 들어가지 않는 것이 좋다.

② 가벼운 화제로 분위기를 부드럽게 한 후 상담을 시작하는 것이 좋다.

③ 목표를 분명하게 정하고 상담을 진행한다.

④ 상대방의 말 도중에 끼어들어 다른 화제로 바꾸는 것은 실례이다.

⑤ 여러 사람과 함께 있을 때 두 사람 사이에서만 통하는 말이나 은어를 사용하는 것도 피해야 한다.

⑥ '만약에'라는 가정법을 자주 사용하는 것은 좋은 대화법이 아니다.

⑦ 자신의 의사를 정확히 표현해야 한다.

⑧ 외국인과 이야기를 할 때에는 약간 과장되게 하는 것이 좋다.

⑨ 상대방의 이야기에 관심을 기울이고 경청한다.

⑩ 상담이 마무리될 때는 요점을 요약한 후 합의 사항을 문서로 작성해 서로 나눠 갖는다.

쉬 어 가 기

로하스의 목표

심플하면서 자연적인 풍요로움으로 살아간다

↓ 자연에 대한 존경(경외심)

건강 · 일 · 가족 인간관계 · 재정

↓ 인생의 만족도가 상승

타인에 대한 배려 · 사랑 · 참여 · 지구환경을 배려

↓ 공감과 행동

로하스가 당연하게 된다

심플하면서 자연적인 풍요로움

로하스라이프는 심플하고 자연적인 동시에 마음이 풍요로운 삶이다. 정말로 자기가 좋아하는 물건이나 좋아하는 것에는 심혈을 기울이며 유행에 좌우되지 않는 제대로 된 제품을 지향하는 것이 중요하다.

건강, 일, 생활, 재정 등 모든 면에서 균형 잡힌, 스트레스가 없는 생활을 목표로 하는 것이 진정한 로하스다.

로하스가 일반화 되는 날

자기가 좋다고 생각한 것, 사용하고 좋았던 것을 자연스럽게 가족이나 주위 사람에게 전하고 공유하자.

자신의 내면이 풍요로워지고 타인을 배려하는 마음이 생겨난다. 환경활동이나 빈곤퇴치를 위해 활동하는 NPO(시민단체)에 소속되어 활동하거나 수입의 일정 금액을 기부하는 등 실제 활동으로 이어지는 것도 중요하다.

우리들 한 사람 한 사람이 로하스적인 가치관을 가지고 공감의 유대를 넓히고 행동으로 이어가는 것에서 로하스가 일반화되는 날이 오지 않을까.

제6장

서비스 리더십

LOHAS

Lifestyle of Health Sustainability

제6장 서비스 리더십

1 서비스 리더십의 의의 및 목표

1.1 서비스 리더십의 의의

① 공동의 목표를 설정하고 이를 달성하기 위해 구성원들의 협력을 가져오는 영향력을 리더십이라고 한다.

② 서비스 리더십이란 내부 고객(직원)이 리더에게 고객으로 대접받고 서비스를 받을 때 만족을 느끼며, 그 만족을 토대로 외부 고객에게 만족과 감동을 느낄 수 있는 서비스를 제공한다는 현실을 구조화한 이론이다.

1.2 서비스 리더십의 목표

서비스 리더십의 목표는 고객 만족이다. 고객 만족이라는 목표는 서비스업에 종사하는 리더의 경우 변할 수 없는 목표라고 할 수 있다. 물론 여기서 고객 만족은 내부 고객(고객 서비스 제공자) 만족과 외부 고객(서비스 구매자) 만족을 동시에 의미한다. 서비스 행위를 통하여 리더는 파트너라는 내부 고객을 만족시키고 그 파트너는 또 다른 파트너인 외부 고객을 만족시키는 선순환의 사이클 관계가 성립됨을 의미한다.

2 서비스 리더십의 핵심 요소

2.1 C · M · S의 의의

C · M · S는 서비스 리더로서 갖추어야 할 서비스 신념(Concept), 태도(Mind), 능력(Skill)을 이야기한다. 이 세 가지 요소가 상호 조화를 이룰 때 고객 만족이 이루어질 수 있게 된다. 이것을 공식으로는 'C×M×S=고객 만족'으로 표현할 수 있다.

2.2 C · M · S의 9가지 세부 구성 요소

C · M · S에 대한 연구는 현장 조사 및 리더십에 대한 다양한 연구를 통해 이루어졌다. C · M · S는 각각 3개의 하위 요소를 가지고 있기 때문에 총 9개의 하위 요소로 구성된다. 서비스 리더는 이들 9개의 요소를 개발 육성해 나가야 한다.

(1) 신념(Service Concept)

① 서비스 신념(Service Concept)은 서비스 리더십의 기초를 세워주는 철학과 전체가 공유해 나가고자 하는 비전, 그리고 이를 위해 현재를 어떻게 고쳐 나갈 것인가 하는 혁신으로 설명할 수 있다.
② 신념은 철학, 비전, 혁신이라는 세 가지 하위 요소로 구성되며 사람의 인체에 비유를 한다면 머리에 해당되는 영역이라고 할 수 있다.

(2) 태도(Service Mind)

① 태도는 파트너십을 형성하고 만족을 주고 싶은 마음 상태나 자세를 말한다. 이러한 마음이 갖추어질 때 리더의 행동은 자연스럽게 고객의 만족을 유도

하는 쪽으로 이루어지게 된다.

② 서비스 리더가 가지고 있어야 할 마음, 태도, 심적 자세를 말하며 머릿속에 자리 잡은 개념이 가슴으로 내려온 상태를 말한다.

③ 태도의 영역은 열정, 애정, 신뢰라는 세 가지 요소로 구성되어 있다. '어떻게 파트너에게 보다 더 다가갈까?, 파트너십을 형성할까?, 고충을 해결해 줄까?' 하는 마음 혹은 자세를 말한다. 파트너에게 더 다가가 사랑과 기쁨, 만족을 주고 보람을 창조해 주고 싶은 마음 상태나 자세를 말한다.

(3) 능력(Service Skill)

① 이는 고객의 욕구를 파악하는 능력과 충족시키는 능력으로 나뉘는데, 파악된 고객의 욕구를 충족시키기 위하여 서비스 창조 능력, 관리 운영 능력, 인간관계 형성 및 개선 능력을 가질 필요가 있다.

② 서비스는 기계와 기계의 문제가 아니라 인간과 인간 사이에서 발생하는 문제이기 때문에 인간관계 능력을 확보하지 않으면 서비스가 제대로 이루어질 수 없다. 서비스 능력은 사람의 인체에 비유하면 손발에 해당된다고 할 수 있으며 서비스 능력의 영역은 창조 능력, 운영 능력, 관계 능력의 3가지 요소로 정리된다.

- 신념(Service Concept) : 철학, 비전, 혁신
- 태도(Service Mind) : 열정, 애정, 신뢰
- 능력(Service Skill) : 창조 능력, 운영 능력, 관계 능력

3 서비스 리더의 역할

3.1 리더십의 중요성

서비스 리더는 곱하기의 관계를 갖는 C · M · S를 고루 갖출 때만이 바람직한 리더의 행동을 하게 되고 그 리더의 행동은 파트너 만족으로, 외부 고객의 만족으로 연결된다.

3.2 커트 라이맨의 우수한 리더십 특성

(1) 고객에 대한 접근성

리더가 고객을 염두에 두고 리더십을 발휘한다.

(2) 솔선수범과 정확한 지식의 결합

리더가 무엇을 어떻게 해야 하는지 잘 알며 동시에 그것을 솔선수범한다.

(3) 일에 대한 열정

리더는 업무에 누구보다도 열정을 가지고 있다.

(4) 도전적 목표

리더는 다소 달성하기 어려운 도전적 목표를 세운다.

(5) 강력한 추진력

리더는 강력하게 일을 추진하는 능력을 가지고 있다.

(6) 뷰티숍 문화의 변화

리더는 조직원들에게 뷰티숍에서 추구할 가치가 무엇인지 알려주어 궁극적으로 원하는 방향대로 미용 문화를 바꾸어 간다.

(7) 조직화

리더는 이상의 모든 요소를 잘 조직화하여 조직적으로 실천한다.

3.3 미래 사회의 바람직한 리더십 행동 덕목

① 리더는 그 단체에서 가장 겸허하고 감사할 줄 아는 사람이어야 한다.
② 리더는 최신 지식에 뒤지지 말아야 한다.
③ 리더는 진실을 직관적으로 간파하는 감각을 길러야 한다.
④ 리더는 복잡하고 애매한 상황을 견딜 수 있는 능력을 길러야 한다.
⑤ 리더는 활동적인 인간형이어야 한다.
⑥ 리더는 무엇보다 통합자의 기능을 수행해야 한다.
⑦ 리더는 상위 리더에게의 접촉과 상위 리더에 대한 설득을 할 수 있어야 한다.
⑧ 리더는 타의 모범이 되고 희생을 고려한다.
⑨ 리더는 자신에 대한 비판을 참고하고 다원적 정보 통로를 가져야 한다.
⑩ 리더는 자기의 모든 하급자들이 개개의 독특한 잠재능력을 갖고 있음을 인식하여야 한다.
⑪ 리더는 하급자들이 자발적으로 복종할 수 있게 하는 권위가 있어야 한다.
⑫ 리더는 항상 나아감(進)과 물러섬(退)을 분명히 해야 한다.

3.4 서비스 리더의 역할 수행

(1) 리더 자신에 대한 파악

리더는 무엇보다도 먼저 자기 자신에 대한 파악을 통하여 강점 및 약점을 파악하여야 한다. 이를 통하여 강점은 살리고 약점은 제거하기 위하여 변화를 시도하고 이를 통하여 한층 발전된 리더십을 발휘할 수 있게 된다.

(2) 리더와 구성원

① 리더는 구성원에게 조직의 성공은 구성원 전체의 일치된 호흡에 의한 상부상조의 결과이지, 어느 한 개인의 뛰어난 재능에 의한 결과는 아님을 인식시켜야 한다.

② 리더는 구성원에게 권한 이양을 통하여 조직과 고객 모두에게 만족을 줄 수 있는 의사결정을 스스로 할 수 있도록 훈련시킴으로써, 리더로서의 역량을 발휘할 수 있도록 하여야 한다.

③ 고객은 리더십을 갖춘 구성원을 통해 수준 높은 서비스를 제공받길 원하므로, 내부 고객은 리더십을 개발하는 데 최선을 다해야 한다.

(3) 공식적 리더와 비공식적 리더

① 공식적 리더는 어느 조직에서 공식적으로 책임과 권한이 부여된 리더이다.

② 비공식적 리더는 책임과 권한이 공식적으로 존재하지 않는 비공식적으로 리더로 간주되는 자이다.

③ 공식적 리더와 비공식적 리더가 대립하는 경우에는 공식적 리더십이 쇠퇴하는 것이 일반적이다.

④ 공식적 리더와 비공식적 리더가 화합하는 경우에는 공식적 리더십은 훨씬 강화된다. 이 경우 비공식적 리더도 고객 서비스 향상에 도움이 되는 역할을 할 수 있고 공식적 리더들의 업무 수행을 돕는 역할도 한다.

(4) 구성원에 대한 상담자(Counselor) 또는 조언자(Coach)로서의 리더

① 리더는 구성원들을 끊임없이 훈련시키고 칭찬하고 격려함으로써 고객에게

감동할 만한 서비스를 제공할 수 있도록 하여야 한다.

② 리더는 구성원들의 업무상 고충 등에 항상 관심을 갖고 대처해야 한다.

③ 코치로서의 리더는 자신의 임무에 대하여 확실하게 터득한 구성원에게는 권한 이양을 통하여 권한과 책임을 부여함으로써 좀 더 책임감 있게 서비스를 제공하도록 한다.

④ 상담자로서 리더가 개방적인 태도로 여러 사람들의 의견을 수렴함으로써 참신하고 창의적인 업무 수행을 가능하게 하면, 구성원들이 고객들에게 만족할 만한 지원을 하는 데 큰 도움이 될 것이다.

3.5 서번트 리더십(Servant Leadership)

(1) 의의

직원을 가장 중요한 재원으로 보고 리더의 모든 경험과 전문 지식을 제공하면서 극진하게 섬기는 리더십을 말한다. 따라서 리더는 통제와 상벌보다는 경청, 감정 이입, 칭찬과 격려, 설득에 의하여 그의 리더십을 발휘한다.

(2) 섬기는 리더들(Servant Leaders)이 보여주는 10가지 특징

① 경청하는 자세

섬기는 리더는 말로 표현된 것이나 그렇지 못한 것 모두 수용적으로 귀를 기울인다. 즉 경청은 외적으로 표현되지 않은 개인의 내면 깊은 곳에서 나오는 음성을 듣는 것을 포함한다. 묵상의 시간과 짝을 이루는 경청은 섬기는 리더를 올바르게 성장시키는 데 필수적이다.

② 공감하는 자세

섬기는 리더는 직원들을 이해하고 그들과 공감하기 위해 노력한다. 사람들이 갖고 있는 각자의 독특하고 특별한 모습은 누구나 인정받아야만 한다. 섬기는 리더는 바로 이런 각자의 독특성을 인정하고 공감하는 자세를 가지고 사람들을 대한다.

③ 치유에 대한 관심

많은 직원은 낙담한 영혼을 가지고 있으며 다양한 감정적 상처로 인해 고통받고 있다. 섬기는 리더가 보여주는 가장 강력한 영향력 가운데 하나는 바로 사람들이 갖고 있는 상처와 고통의 치유에 관심을 갖고 있다는 것이다.

④ 분명한 인식

섬기는 리더는 무조건 섬기지 않는다는 점에서 '종(Servant)'과 다르다. 섬기는 리더는 상황에 대한 분명한 인식을 기반으로 타당한 대안을 제시한다. 섬기는 리더가 보여주는 결정과 태도는 그의 분명한 인식을 통해 나타나는 것들이다.

⑤ 설득

섬기는 리더가 갖는 또 다른 특징은 지위의 권위에 의존하기보다는 설득에 의존한다는 점이다. 섬기는 리더는 순종을 강요하기보다는 타인을 납득시킨다. 이것은 전통적인 권위주의적 모델과 섬기는 리더를 구분 짓는 확실한 차이점이다.

⑥ 폭넓은 사고

전통적인 리더는 단기적인 목표를 성취하기 위하여 에너지를 소진한다. 그러나 섬기는 리더는 좀 더 폭넓은 사고를 통해 미래에 대한 비전을 가지고 현실에 적합한 조치를 취하기 위해 노력한다.

⑦ 통찰력

섬기는 리더들은 그들이 갖고 있는 통찰력을 통하여 직원들이 과거로부터의 교훈을 이해할 수 있도록 돕는다. 그 결과 그들로 하여금 현실을 제대로 인식하게 하며, 어떤 결정으로 인해 수반될 수 있는 미래의 결과에 대한 예측을 가능하게 한다.

⑧ 청지기 의식

섬기는 리더들은 자신이 다른 사람들을 섬기기 위해 현재의 직분을 맡고 있다고 생각한다. 따라서 그들에게 있어서 최우선적인 일은 다른 사람들을 위한 헌신이다.

⑨ 사람들의 성장에 대한 헌신

섬기는 리더는 사람들이 일하는 부분만큼의 실제적인 기여를 넘어서서 본질적인 가치를 갖는다고 믿기 때문에 다른 사람의 발전이나 그를 돕기 위한 기금을 마련하기, 모든 구성원들이 제시한 아이디어와 제안들에 대해 관심을 표현하기, 의사결정 과정에 직원의 개입을 적극 권장하기, 정리해고된 직원이 다른 일을 찾도록 활발히 돕기 등의 구체적인 행동들을 실시하기도 한다.

⑩ 공동체 형성

섬기는 리더는 조직 안에서 일하는 사람들 사이에 공동체 의식을 형성할 수 있는 수단을 찾기 위해 노력하며, 참다운 공동체란 직장에서 일하는 사람들 사이에서도 형성될 수 있다고 생각한다.

3.6 감성 서비스 리더십

(1) 의의

① 감성지능(EQ) : 자신의 한계와 가능성을 객관적으로 판단해 자신의 감정을 잘 다스리며, 상대방의 입장에서 그 사람을 진정으로 이해하고 타인과 좋은 관계를 유지할 수 있는 능력을 말한다.

② 감성 리더십 : 조직원들의 감성에 집중하고 이를 기반으로 감정적인 공감대를 형성하여 이를 시스템으로 체계화함으로써, 조직원들이 온전히 자신의 능력을 발휘하여 조직의 목표를 달성할 수 있도록 하는 리더십을 말한다. 감성지수를 처음 창안한 다니엘 골먼은 그의 저서 《감성의 리더십》에서 위대한 리더를 자신과 다른 사람들의 감정의 주파수를 맞출 수 있는 사람이라고 설명하였다. 즉 진정한 리더를 만드는 것은 '감성'이며, 구성원들로부터 반응이 아닌 '공감'을 이끌어 낼 때 자신이 목적한 바를 달성할 수 있고, 함께하는 이들은 변화를 경험할 수 있다는 것이다.

③ 성공한 리더와 실패한 리더 : 다니엘 골먼은 성공한 리더와 실패한 리더 간의 차이가 기술적 능력이나 지능지수(IQ)보다는 감성지능에 의해 크게 좌우된다는 연구결과를 발표하였다. 약 80% 정도의 감성지능과 20% 정도의 지적 능력이 적절히 조화를 이룰 때, 리더는 효과적으로 리더십을 발휘할 수 있다는 것이다.

(2) 감성 역량 4대 요소

감성 역량이란 '자신과 구성원의 감성 코드를 맞추고, 관리해 나가는 역량'이라고 할 수 있으며, 다음과 같이 4가지 요소로 구성되어 있다.

① 자기 인식 능력(Self-awareness) : 자신의 가치관, 감정 상태, 장·단점, 목표 등을 냉철하고 객관적으로 명확히 이해하고 긍정적인 확신을 갖는 정도를 뜻한다. 즉 자기 자신에 대해 잘 파악하는 정도를 의미한다.

② 자기 관리 능력(Self-management) : 자신의 감정을 적절히 통제하고 다스리는 능력으로, 감성적인 리더가 되기 위해서는 자신에 대한 이해에서 그

치지 않고 스스로를 관리할 수 있어야 한다는 것을 의미한다. 특히 조직원에게 불안감을 줄 수 있는 부정적인 감정(분노, 불만 등)을 자제하고, 낙관적이고 즐거운 태도를 유지할 수 있어야 한다.

③ 사회적 인식 능력(Social-awareness) : 조직원의 감정이나 상태를 깊이 이해하는 능력으로, 타인에 대한 애정과 배려의 능력이라고도 한다. 이 능력은 먼저 조직들의 상황부터 경청하고 이해하려는 노력을 보인 후에, 리더의 입장을 조직원들에게 설득력 있게 전달하는 커뮤니케이션 능력이 필요하다.

④ 도전과 열정(Challenge Spirit and Passion) : 감성적 리더십 발휘의 원천은 높은 도전정신과 열정에 있다. 리더가 샘솟는 열정과 끈기로 도전적인 목표를 향해 매진하는 모습을 보여줄 때 비로소 조직원들은 충성심을 가지고 믿고 따르게 된다.

4 서비스 기업의 특징

4.1 전통적 제조업체에서 서비스 기업으로 새롭게 탈바꿈한 GE

'생산' 위주의 경영 패러다임이 '서비스' 중심으로 변화하면서 전통 제조업체들은 유통·호텔 등 서비스 기업의 마케팅 기법을 적극 벤치마킹할 필요성이 대두되었다.

현대경제연구원은 '서비스 기업이 주는 10가지 교훈'이라는 보고서를 통해 세계 굴지의 기업인 제너럴일렉트릭(GE)도 월트디즈니·리츠칼튼호텔 등 서비스 기업의 신종 마케팅을 벤치마킹하는 데 주력하고 있다면서 서비스 기업의 '고객만족 경영'에 대한 중요성을 지적했다.

4.2 서비스 기업이 주는 10가지 교훈

(1) 독자적이면서도 강력한 서비스 문화를 창출하고 유지하라

독자적이고 강력한 문화 창출은 기업이 요구하는 업무와 직원이 생각하는 업무의 차이를 제거하여 통일적이고 바람직한 업무의 수행을 가능함으로써 이윤 극대화를 이룰 수 있다.

(2) 고객의 총체적 경험을 존중하여 소비자 위주의 서비스를 펼쳐라

소비자가 경험하고 가장 선호하는 방식의 서비스를 발굴하여 시행하는 것이 필요하다.

(3) 고객의 총체적 경험을 수용하고 밀착 관리를 통하여 개선을 도모하라

서비스를 경험한 고객이 부족하다고 느끼는 점이나 불만 사항 등을 체크하고 개선점을 모색하여야 한다.

(4) 관리자를 최일선에 파견하라

관리자를 최일선에 파견하여 소비자의 불만 요소를 현장에서 곧바로 불식시키는 것이 필요하다. 아울러 관리자를 최일선에서 종업원과 같이 동고동락함으로써 종업원들로 자신의 업무에 긍지를 갖게 하는 효과도 거둘 수 있다.

(5) 모든 고객을 귀빈으로 접대하라

귀빈처럼 접대받고 만족한 고객은 나중에 다시 서비스를 재구입하는 충성 고객으로 전환될 가능성이 높다.

(6) 고객과 우호적인 관계를 가질 수 있는 종업원을 채용하라

고객의 만족은 현장의 종업원과의 접촉에 크게 좌우되므로, 고객과 우호적인 관계를 가질 수 있는 종업원을 채용하여야 하며, 고객관리에서 창의적인 종업원과 새로운 방법을 제시한 종업원에게 칭찬과 보상을 통하여 격려해야 한다.

(7) 종업원의 감정적 태도를 없애는 데 노력하라

종업원이 업무 과정에서 느끼는 불만이나 불평을 겉으로 나타나지 않도록 교육시켜야 하고 항상 즐겁고 상냥한 모습으로 고객을 접대하도록 한다.

(8) 고객의 기대하는 욕구를 바탕으로 근본을 결정하라

고객이 기대하는 욕구를 충실히 수행할 때만이 고객은 만족을 느끼고 다시 그 서비스를 이용한다.

(8) 고객의 참여를 적극적으로 유도하라

고객의 경험을 효과적으로 반영시키기 위해서 고객의 참여를 적극적으로 유도하고 고객을 기업의 가족으로 인식시켜 충성도를 높여야 한다.

(10) 같은 실수를 되풀이하지 마라

같은 실수의 반복은 기업의 이미지를 떨어뜨리는 등 부정적인 영향을 끼치므로 같은 실수는 반복하지 않도록 해야 한다.

5 서비스 기업의 변화

5.1 의의

20세기 산업화 시대를 거쳐 21세기 정보화 시대에 들어서면서 인터넷, IT 산업 등을 중심으로 한 급격한 사회 변동은 서비스 기업에도 많은 변화를 가져왔다.

5.2 21세기에 요구되는 서비스 경영

(1) 고객 중심의 경영

무한 경쟁 시대에서 고객의 욕구를 미리 파악하여 원하는 서비스를 제공하고, 서비스 제공 과정에서의 불만 사항 등을 즉시 처리하는 등의 고객 중심 경영에 맞는 서비스가 요구된다.

(2) 가치 중심의 경영

고객 중심의 경영도 궁극적으로는 기업과 주주의 이익을 창출하는 것이므로 가치의 창출을 위한 서비스가 요구된다.

(3) 인터넷 중심의 경영

과거에는 오프라인을 통하여 하나의 기업과 다수의 고객이 대면하는 형태의 경영이었지만 최근에는 온라인상에서 하나의 기업과 하나의 고객이 일대일로 대면하는 경영 환경으로 바뀜에 따라 변경된 온라인 경영 환경에 맞는 서비스가 요구된다.

(4) 혁신적 경영

안정적인 경영보다 사고의 혁신을 통한 신경향의 경영 방식 도입은 기업을 한 단계 새롭게 도약시킬 수 있는 전기가 될 수도 있으므로 필요할 때는 과감하게 경영 혁신을 가져올 수 있는 서비스가 필요하다.

(5) 전문지식의 습득

매일 쏟아지는 새로운 지식의 홍수 속에서 리더는 관련 부서의 새로운 지식들에 관심을 갖고 남보다 먼저 습득하고 활용할 줄 알아야 한다.

(6) 글로벌 경제 시대에의 적응

인터넷 및 각종 교통 · 통신의 발전은 세계를 일일생활권화 시키면서 글로벌 경영이 가능하게 되었으며 이에 알맞은 서비스가 요구된다.

(7) 이해 집단 등과의 관계성

조직 경영 과정에서 관계되는 여러 단체 등과 유리한 관계 설정을 통하여 조직의 궁극적인 목표를 달성할 수 있는 서비스가 요구된다.

자신과 지구를 배려하는 삶

로하스는 자기 자신과 지구를 배려하는 삶을 말한다. 그렇다면 구체적으로 무엇을 먹고, 무엇을 입고, 어떤 집에서 사는 것이 로하스적인 것일까.

키워드 중 하나가 '유기농'이다. 로하스가 우리를 에워싸는 보다 큰 개념이라면 유기농은 법률적으로 정해진 기준에 의해 검사와 인정을 받은 인증제도가 기본이 된다. 유기농 인증제도는 세계 각국, 특히 유럽 국가에 정비되어 있다.

또 하나의 키워드는 '제대로 된 진짜의 상품을 선택하는 고집'이다. 20세기는 대량생산, 대량소비의 시대였다. 생활은 비약적으로 편리하게 된 반면 자연에는 존재하지 않았던 화학물질이 식품첨가물, 합성세제, 농약 등에 사용되고 있다. 선택하는 것은 우리들 소비자이다. 사실을 알고 자신만의 독자적인 '안전기준'에 따라 저렴한 가격이 아니라 가능한 옛날부터 내려오는 전통적 제조법, 무첨가, 무농약 등을 꼼꼼하게 따지는 제대로 된 상품을 선택하도록 하자.

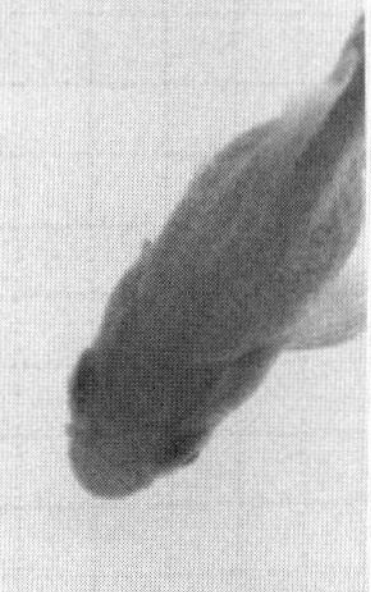

☆자신만의 독자적인 '안전기준'을 가진다

- 이 상품을 아이들이나 가족에게 먹일 수 있을까를 생각한다.
- 반드시 식품의 성분 표시를 확인한다.
- 착색료, 보존료 등의 식품첨가물은 가능한 피한다.
- 공업제품과 같은 방식으로 만들어진 자연적이지 않은 야채는 피하도록 한다.
- '이 식품은 왜 상온에서 상하지 않는가?' 등의 의문을 가진다.

오감(五感)으로 느낀다

정크푸드에 익숙해진 혀나, 마요네즈를 뿌려 먹는 미각으로는 모처럼 제대로 된 유기농 식품을 먹어도 그 맛을 구별할 수 없다. 실제 엄마가 해 주는 된장국보다 인스턴트 된장국이 더 맛있다고 대답하는 아이들이 증가하고 있다고 한다. 유기농으로 기른 제철 채소의 맛, 전통적인 방식으로 발효시킨 간장이나 된장 등 첨가물로 조절한 조미료로는 맛을 낼 수 없는 맛을 자신뿐만 아니라 가족들이 체험할 수 있도록 하자.

그리고 유기농으로 만들어진 자연 염색 셔츠의 소매를 통해 느껴지는 '피부가 즐거워하는' 감촉을 느껴보자. 천연성분의 화장품을 발랐을 때 '세포가 활성화' 되는 감각을 소중히 하자. 규조토(硅藻土 : 규조가 바다 밑이나 호수 밑에 쌓여서 이루어진 흙)를 사용해 온도가 적당히 조절된, 통풍이 잘 되는 방은 여름에도 에어컨이 필요없다.

로하스라이프는 도시생활로 둔해진 오감을 연마해 감각적이고 직감적인 즐거움에 귀를 기울이는 것부터 시작된다.

제7장

서비스 차별화 사례 연구

LOHAS

Lifestyle of Health Sustainability

제7장 서비스 차별화 사례 연구

1 고객 인지 프로그램

1.1 리츠칼튼 호텔의 고객 인지 프로그램

(1) 개요

리츠칼튼 호텔은 모든 고객에게 규격화된 획일적 서비스를 제공하는 것이 아니라, 차별화된 개별적 서비스를 제공하는 것으로 유명하다. 리츠칼튼 호텔이 제공하는 고도의 개별적 서비스를 가능하게 해주는 것이 바로 '고객 인지 프로그램'이라고 불리는 고객 정보관리 시스템이다. 이는 리츠칼튼 호텔에 단 한 번이라도 방문한 고객이 전 세계의 어느 곳에 있는 지점에 묵게 되더라도 이미 데이터베이스에 저장된 정보에 의해 고객이 좋아하는 것, 즐기는 것, 관심 있는 것을 호텔이 파악하고 있어 고객의 취향에 맞게 제공하는 것이다.

(2) 고객 코디네이터

리츠칼튼 호텔의 모든 체인점에는 한두 명의 고객 코디네이터가 근무하고 있는데, 이들의 주요 업무는 자기 호텔에 머무르는 고객의 개인적 취향에 대해 조사하고 고객별로 차별화된 서비스의 제공을 위해 이를 활용하는 일이다. 예약 고객 명단이 입수되면 고객 코디네이터는 고객과 리츠칼튼 호텔 체인 지점 사이에서 일어났던 일을 저장해 놓은 고객 이력 데이터베이스에 접속한다.

(3) 고객 만족의 극대화

리츠칼튼 호텔은 고객 인지 프로그램을 활용하여 고객이 말하지 않아도 원하는 것을 미리 실천해 주는 서비스를 제공하고 있는데, 이러한 서비스는 전통적인 서비스에서 진일보한 개념이라 볼 수 있다. 고객의 정보를 이용하여 고객에게 진심과 정성을 바탕으로 서비스해 줌으로써 리츠칼튼 호텔은 고객 만족도를 극대화하고 있다.

1.2 리츠칼튼 호텔의 황금 표준

(1) 신조(The Credo)

① 우리의 가장 중요한 임무는 고객에게 진정으로 편하고 안락한 공감을 제공하는 것이다.
② 우리는 고객이 언제나 따뜻하고, 편안한 고품격의 분위기를 즐길 수 있도록 고객 한 분 한 분에게 최고의 서비스와 시설을 제공할 것을 다짐한다.
③ 리츠칼튼 호텔에서의 경험은 고객의 삶에 활기를 불어넣고, 참다운 웰빙을 깨닫게 해주며, 고객의 숨은 욕구와 희망까지 충족시켜줄 것이다.

(2) 사훈(The Motto)

우리는 신사숙녀를 모시는 신사숙녀이다.

(3) 3단계 서비스(3 Steps of Service)

① 따뜻하고 진실 되게 맞이하고, 가능한 한 고객의 이름을 부른다.
② 고객이 원하는 바를 미리 예측하고 이에 부응한다.
③ 따뜻한 작별 인사로 감사드리고, 되도록 고객의 이름을 부르며 따뜻하게 배웅한다.

2 서비스 수익 체인(Service Profit Chain)

2.1 개요

최근에 대두되는 서비스 경영의 주요 개념 중에 '서비스 수익 체인'이 있다. 이는 하바드 대학의 헤스켓(Heskett)과 사서(Sasser), 그리고 슐레징거(Schlesinger)가 제창한 것으로 그들은 수익성이 시장점유율에 의해 좌우된다고 하는 것은 오류이며, 매출 성장 및 수익성은 고객의 충성도에 의해 좌우된다고 이야기한다. 또한, 만족도가 높은 종업원은 충성도가 높고 생산적이며, 충성도가 높은 고객을 이끌어낸다고 본다.

2.2 의의

서비스의 수익 체인은 고객 서비스가 수익의 원천이 되는 논리적 구조를 말한다. 즉 서비스 수익 체인은 수익성, 고객 충성도, 직원 만족도, 직원 유지, 생산성을 연결시키는 일련의 관계를 말한다. 기업의 수익성의 증가는 고객의 충성도로부터 파생되고, 고객의 충성도는 고객들이 인지한 서비스의 가치에 영향을 받은 만족도의 결과라고 할 수 있다. 서비스의 가치는 직무에 만족하고, 매진하는 생산성을 지닌 직원들에 의해 창출된다. 내부 고객인 직원들이 만족하지 못하면 가치가 높은 서비스가 나올 수 없다.

2.3 서비스 수익 체인의 구조

(1) 내부

내부 서비스 품질 → 종업원 만족도 → 종업원 충성도 → 종업원 생산성

① 내부 서비스 품질은 종업원 만족을 가져온다.

② 종업원 만족도는 종업원의 충성도를 가져온다.

③ 종업원 충성도는 종업원 생산성을 가져온다.

(2) 서비스 가치

종업원의 생산성은 서비스 가치의 창출을 가져온다.

(3) 외부

고객 만족 → 고객 충성도 → 수익과 성장

① 서비스 가치는 고객 만족을 가져온다.

② 고객 만족은 고객 충성도를 높인다.

③ 수익과 성장은 고객 충성도에 연결되어 있다. 고객의 충성도가 5% 상승하면 수익은 25~85% 증가한다.

2.4 만족 거울

만족 거울이라는 용어는 벤자민 쉬나이더(Benjamin Schneider)와 데이빗 보웬(David Bowen)의 논문에서 사용되었다. 이들은 은행 · 보험기업, 병원 등에서의 조사를 통하여 고객과 종업원 만족 수준 사이에 밀접한 관계가 있다는 보고서를 1985번 발표하였는데, 이에 따르면 일선 창구에서 고객을 접촉하는 직원들의 봉사 수준이 형편 없으면 그 기업의 만족도도 같이 하락하여, 매상도 자연

적으로 감소한다고 하였다. 반대로 종업원들이 자기가 하는 일에 의미를 느끼고 열심히 하여 만족을 갖게 되면 그 결과 고객들도 만족을 느낄 수 있도록 서비스를 제공함으로써, 자연히 매상도 증가하게 된다는 것이 만족 거울 이론이다.

3 토털 서비스

3.1 개요

토털 서비스는 기업이 다른 경쟁 기업과 차별되게 제공되는 서비스로 이를 통하여 고객과 사회로부터 긍정적인 평가를 받아 이익을 극대화하려는 전략이다. 이러한 개념은 이미지 마케팅 또는 CI(Cooperate Identity)의 확립을 말하는데 더 나아가서는 고객의 구매 심리를 개발, 창조하는 것까지 포함한다.

3.2 사례

① 대한항공의 토털 서비스, 고객은 단순히 비행기를 타고 내리는 데 만족하지 않는다며 각각 고객에게 개별 서비스를 제공해 주는 One-to-one 서비스 마케팅으로 고객의 감동을 이끌어내었다. 주요 토털 서비스로는 임산부, 노약자, 장애우를 위한 전동차 서비스, 항공권 예약 구매 채팅 · 문자 서비스, 국제선 웹 체크인 서비스, 코트룸 서비스, 기내 AVOD 서비스, 고객들에게 각종 이벤트 및 사은 행사를 제공하는 서비스 등이 있다.

② 아시아나 항공의 토털 서비스, 고객의 가려운 곳을 긁어주는 토털 서비스를 목표로 한다. 주요 토털 서비스로 에쿠스 유료 의전 서비스, 입국 고객에 대한 대중교통 대신 고급 세단 이용 서비스, 유명인사 경호 서비스, 외국 승객 전문 통역인 서비스 등을 제공하고 있다.

4 고객 위주의 제품 차별화

4.1 제품 차별화 전략의 의의

경쟁 제품과 구별되는 특성을 강조함으로써 경쟁상의 우위를 확보하는 전략으로 차별화에 성공하는 경우 시장의 특정한 부분에서 국지적인 독점을 창출할 수 있고, 이로 인하여 소비자들에게 가격을 높이 받을 수 있는 힘도 생길 수 있다. 제품의 기술적인 품질 수준은 거의 차이가 없는 상황에서, 현대 소비자의 니즈는 매우 다양화되어 제품 감각의 작은 차이에 가치를 두는 사람들이 점점 증가함에 따라 고객 위주의 제품 차별화 전략의 중요성도 점점 커지고 있다.

4.2 제품 차별화 전략의 유형

(1) 고객 세분화 전략

고객을 비슷한 욕구를 가진 집단으로 구분하여 각 집단별로 마케팅 전략을 수립하는 것이다. 예전에는 단순하게 성별, 연령, 지역, 소득 등과 같은 인구통계학적 요소에 의하여 세분화하였는데, 최근에는 개개인의 고객에게 상품과 서비스가 맞춰지려면 고객의 기호나 성격, 생활 방식 등을 섬세하게 세분화해야 한다.

(2) 모델 고객의 다원화

복잡한 형태로 전개되는 소비자 세분화에서 기업의 가장 효과적인 대응책은 모델 고객의 다원화이다. 앞으로 소비자는 커다란 동질 집단으로 존재하지 않을 것이다. 단순한 인구통계학적 기준을 초월해 다양한 변수를 중심으로 여기저기에 흩어진 점처럼 존재하게 될 것이다. 따라서 기업은 여러 점의 중심적 역할을 하는 소비자를 가려내 이들의 심리와 행태에 주의를 기울여야 한다. 이렇게 함으로써 보다 개성화되고 다양화되는 소비자들의 변화를 효율적으로 파악하여 세분 고객별 니즈에 적절한 대응 방안을 마련할 수 있다.

(3) 극단화하는 시장의 변화에 적응

새로운 사회 풍조인 개인화 성향은 소비에서도 양극화를 가져왔다. 앞으로 소비자들은 감정적 관여도가 낮은 기본적 생필품 등에 대해서는 최저가 위주의 소비 행태를 보일 것이다. 반면, 자신이 중요하다고 생각하는 제품, 예를 들어 자신의 가치관이나 사회적 지위를 드러내 준다고 생각하는 제품에 대해서는 아낌없이 높은 가격을 지불할 것이다. 문제는 이런 차별화 추세에 적응하지 못하고 '일반적인 대중'을 타겟으로 하는 기업은 살아남지 못할 것이라는 점이다. 저가 시장은 글로벌 소싱 능력을 갖춘 유통 기업의 세상이 될 것이고, 고가 시장은 확실한 포지셔닝과 브랜드 파워를 가진 기업의 지배를 받을 것이다. 따라서 기업의 공략 시장을 확실히 정하고, 이에 맞게 차별화하는 전략이 시장에서 살아남기 위한 필수 요건이 될 것이다. 이런 상황은 최근의 시장조사 결과에서도 잘 드러난다. 미국 보드카 시장의 경우 고가인 Ketel One과 저가인 McCormick의 시장 점유율은 점점 상승하는 반면, 중저가인 Smirn off의 점유율은 1%대를 벗어나지 못하고 있다.

(4) 대량 맞춤(Mass Customization)의 적용 확대

앨빈 토플러가 이미 1970년에 그의 저서 《미래의 충격(Future Shock)》에서 예견했던 것처럼 생산 효율화로 원가를 낮추고 규모의 경제로 이윤을 다져가던 시대는 지나갔다. 이러한 시장에 대한 인식의 변화는 스탠 데이비스(Stan Davis)가 저서 《완벽한 미래(Future Perfect)》에서 대량맞춤(Mass Customization)이라는 용어로 체계화시켰다. 대량맞춤이란 대량생산(Mass Production)과 고객화(Customization)의 합성어로서, 개별 고객의 다양한 요구와 기대를 충족시키면서도 대량생산을 통해 낮은 원가를 유지할 수 있는데, 이는 정보기술과 생산기술이 비약적으로 발전함으로써 가능해진 것이다.

다시 말하면 표준화된 대량생산 시대에는 최고의 부유층이 아닌 일반 고객은 자신의 기호를 기꺼이 포기하고 대신에 표준화된 적정 수준의 제품을 받아들였다. 하지만 그렇다고 개별 고객의 독특함이 완전히 사라진 것은 아니었다. 고객들은 여전히 자신의 필요에 맞는 제품을 원했고, 또한 각각의 고객 안에는 다양한 필요가 형성될 수밖에 없었다. 이제 기업은 개별 고객 내부에 여러 필요가 존재한다는 사실을 인정하고 그것이 기업의 시장이 될 수 있다는 점을 인식하고, 더 나아가 개별화된 고객에게 접근할 가장 적합한 방법을 찾아내야만 고객과의 연결이 가능하게 되었다. 이것이 Mass Customization이 중요하게 대두된 이유이며 이 개념 없이는 세계 시장에서 도태될 수밖에 없다.

제품 차별화 원리	차별화 수단	비 고
동일한 제품이라도 선택의 폭을 넓힘	소포장 분할 판매 묶음 판매	똑같은 제품이라도 소용량 컵라면, 대용량 컵라면, 낱개 판매, 묶음 판매 등 다양한 유형의 판매 방법을 도입하여 소비자의 선택의 폭을 확대
대량 판매 이용	1+1 행사 이중가격제도 덕용포장	생산할수록 원가가 줄어드는 내부경경제가 존재하거나 원가 증가가 거의 없는 경우 이용
친환경 제품 개발	유기농 제품 무공해 제품 웰빙 제품	웰빙에 관심이 높은 고소득층에게 차별화된 제품을 제공
개별 고객 욕구를 충족시켜줌	마켓니치 경쟁 제품 분석 제품 개량	특정 계층의 욕구를 충족시킬 수 있는(거인들이나 소인들만의 옷이나 신발 등) 시장을 개척
기본적인 요소의 차별화가 곤란할 경우 하이터치 요소나 서비스를 강화	디자인 개선 서비스의 보강	디자인을 개선한다거나 무상 서비스 기간을 대폭 연장하는 등의 정찰 사용
중류층이나 저소득층도 소비할 수 있는 제품의 개발	소형 제품화 염가 제품화	제품 크기를 줄이거나 가격을 대폭 낮춰 수요를 늘림
시장이 포화 상태에 이른 경우 새로운 기능이 추가된 제품을 개발	기능성 제품의 추가	소화가 잘되는 우유 등과 같은 제품을 개발
고객 목적에 대한 새로운 해결 방법 제시	기능 요소 차별화	보다 효율적으로, 보다 편리하고 신속하게, 보다 적은 노력을 들여 경제적으로 해결할 수 있는 제품을 제공
다른 사람과 차별화되는 높은 의미와 가치 제시	상징 요소 차별화	제품 기능 자체보다는 자아 이미지와 준거 집단의 가치 표출에 의해 차별화를 꾀하는 경우, 고급 골프웨어 브랜드나 고급 승용차 등은 그 기능상에는 큰 차이가 없지만 사회적 계층의식과 권위의식을 부각하는 경우 고가의 공공적 사치품(겉으로 드러나는 고가 제품)에 적용할 때 효과적
따뜻한 감성이나 이미지 브랜드를 이용하여 차별화	감성 요소 차별화	오리온 초코파이의 '정'이나 경동보일러의 '부모님께 보일러 놔 드리기' 등이 감성 마케팅으로 성공할 대표적 케이스

쉬어가기

로하스 실천은 한 번 더 생각하기부터!

한 생명으로 태어나 새 생명을 낳아 기르며 엄마라는 이름을 하나 더 가지게 되면서 세상을 바라보는 나의 눈은 변하기 시작했다. 그리고 내 머릿속에는 삶의 과제가 하나 더 생기게 되었다. 그것이 바로 로하스다.

나에게는 교육도 중요했지만 이 사랑스런 아이가 앞으로 살아갈 터전의 오염, 기본생활권이 위협받는 현 시대라는 것이 더 걱정스러웠다. 아무리 좋은 교육을 해 줘도, 환경폐해로 인해 발생되는 예상치 못한 자연재해로 생을 잃는다면 얼마나 비참한 일인가. 아무리 똑똑하고 건강하게 키워도 상생(相生)하고 나누는 삶을 살지 못하는 인격으로 성장한다면 그 아이의 미래가 과연 아름다울 수 있을까?

내가 아이를 키우는 데 있어서 최대의 관심사는 자연을 사랑하고 보존해 갈 수 있는 사람으로 키우는 것이다. 그리고 나부터 실천해서 조금이나마 우리 아이와 사랑스런 아이들이 살아갈 터전의 황폐가 막아지기를 바라는 간절한 소망이 생겼다. 그래서 난 로하스적인 삶에 더 관심을 가지게 된 것이다.

'로하스적인 삶을 실천하기 위해서 내가 시작할 수 있는 것은 무엇일까?'

내 마음에서 내린 답은 '한 번 더 생각하기'였다.

하루를 지내고 피곤이 몰려오니 집안의 적막함을 달래기 위해 TV를 켜놓는다. 아이의 방에는 음악, 영어 CD 소리가 계속 흘러나온다. 아이가 다니며 온 방에 불을 켜놓은 건 잊은 채 저녁준비에 바쁘다.

바쁘게 요리하다 보니 음식물 쓰레기는 한 봉지가 나온다. 처음에 그릇의 음식물 찌꺼기를 불리기 위해 틀어놓은 수도꼭지는 설거지가 끝날 때까지 틀어져 있다. 세탁기, 전기밥솥, TV, 전자렌지, 컴퓨터 코드는 웬만해서는 플러그를 뽑지 않고, 한겨울에도 에어컨 코드가 꽂혀있다.

10분만 서두르면 되는데 늦어서 택시를 타고, 승용차를 몰고 나가게 된다. 잠시 귀찮아서 고민되는 쓰레기는 일반쓰레기로 모두 담아버린다. 나들이 할 때 작은 가방하나만 준비하면 되는데 사먹는 음료수, 사먹는 식품으로 쓰레기를 꼭 만들어 버리고 온다.

생각하다 보면 밤새워 이야기해도 항목은 줄줄이 이어질 것이다.

무심코, 잠시 귀찮아서, 바쁘니까, 이번만, 한번인데… 등의 말로 나의 생활을 합리화하는 부끄러운 내 행동을 깨닫게 되었다. 그리고 한 번 더 생각해 보았다

'나부터, 나만큼은, 이제는, 더 이상'으로 생각이 바뀌게 되었다.

로하스 실천의 항목은 나열하기 나름이고 그 범위도 넓다. 그렇지만 중요한 건 이런 수 십 가지 항목 중 내가 하나라도 더 실천하는 것이다. 그러기 위해 가장 기본이 되어야 하는 것은, 한 번 더 생각하기! 그리고 내 마음에 인류애를 담아보자. 내 가족과 나만을 생각지 말고 인류애를 담아 한번 만 더 생각하는 생활을 한다면 우리 아이들의 미래는 희망적이지 않을까!

제8장

콜센터 운영

LOHAS

Lifestyle of Health Sustainability

제8장 콜센터 운영

1 전화 서비스

1.1 전화 응대의 중요성

뷰티숍에서 전화는 고객 또는 거래처와 연결하는 중요한 커뮤니케이션 수단으로 전화 응대를 하다 보면 다양한 직종, 직급, 성격의 사람들과 통화를 하게 된다. 상대방이 뷰티숍 고객일 수도 있고, 상사나 직원의 친척이나 친구, 또는 저명인사일 수도 있으며, 심지어는 외판원이나 전화를 잘못 걸어온 사람일 수도 있다.

【전화의 특징과 유의사항】

전화의 특징	유의사항
목소리만의 커뮤니케이션	언어는 정확히, 천천히, 정중히, 밝게, 적당한 음량으로 인사를 잊지 말아야 한다.
상대방의 표정, 태도, 주변 환경을 알기 어렵다.	통화가 길어질 때는 상대방의 형편을 반드시 물어보아야 한다("약간 더 시간을 주실 수 있겠습니까?" 등).
비용이 든다.	통화는 간결하게 한다. 필요한 자료와 메모는 곁에 갖추어 둔다. 조사하는데 시간이 걸릴 듯한 경우, 상대방을 기다리게 할 경우 등에는 일단 끊은 다음에 다시 건다.
증거를 남기기 어렵다.	용건의 확인이나 복창은 반드시 한다.

	상대방의 성명, 소속 부서를 확인한다. 메모는 반드시 한다. 자기 이름을 알린다(특히 전달을 의뢰받았을 때).
아무런 예약도 없이 불시에 걸려온다.	형편이 나쁠 때는 정중히 그 뜻을 전달하고 다음에 이쪽에서 다시 건다. 초조하더라도 목소리로는 나타내지 않는다.

1.2 전화 응대의 기본 자세

(1) 기본 자세

전화 응대는 보이지 않는 뷰티 산업의 첫인상이며, 서비스 창구이고 고객 만족의 첫걸음임을 인식하고, 고객과 자리를 하고 있다는 생각을 가지고 예의바르게 하여 친절한 이미지를 향상시킬 수 있도록 전화 응대 예절을 몸에 익혀 실천해야 한다.

① 뷰티숍을 대표하고 있다는 책임의식과 주인의식을 가지고 전화 주신 분께 감사하는 마음을 갖는다.

② 한 사람의 전화 응대가 뷰티숍 전체의 이미지와 서비스의 좋고 나쁨을 좌우한다는 의식을 갖고 응대한다.

③ '바로 앞에 고객이 계신다' 하는 마음으로 응대한다.

(2) 전화 의사소통

전화는 업무에서 가장 빈번하게 이용하는 의사소통 수단이면서도 상대방을 보지 않고 의사를 전달하기 때문에 의사소통에 주의해야 한다.

① 음성의 높낮이 : 음성이 너무 낮거나 단조로우면 듣는 사람이 지루해지거나 주의를 집중해서 경청하기 어렵게 하므로 활발하고 생기 있는 목소리로 대화한다.

② 크기 : 너무 크거나 작게 말하면 상대방의 기분을 상하게 하거나 통화 내용을 제대로 이해하기 어렵게 만든다.

③ 말하는 속도 : 전문 용어나 중요한 정보의 전달이 필요할 때 너무 빠르게 말하면 듣는 사람이 메시지를 알아듣기 어렵다. 반면에 간단한 메시지를 너무 천천히 말하면 듣는 사람이 지루해하므로 적당한 속도로 말한다.

④ 올바른 어법, 어휘, 발음 : 목소리와 속도 못지않게 올바른 어법, 어휘, 발음법을 사용하는 것이 중요하다. 평소 말하는 습관이 입안에서 웅얼거리거나 발음이 명확하지 않은 사람은 단어를 또박또박 분명하게 발음하는 훈련을 해야 한다.

(3) 기본적인 전화 응대 태도

① 되도록 출근 직후나 퇴근 직전, 점심시간 전후 등 바쁜 시간은 피한다.
② 자신의 불쾌한 감정을 목소리에 나타내지 않는다.
③ 고객과의 언쟁은 피하고 말대꾸를 하지 않는다.
④ "여보세요"를 연발하지 않는다.
⑤ 상대방의 말이 끝나지도 않았는데 전화를 끊지 않는다.
⑥ 수화기를 '꽝' 하고 소리 나게 끊지 않는다.
⑦ 불필요한 긴 통화로 뷰티숍 경비를 낭비하지 않는다.
⑧ 사적인 전화는 하지 않는다.

1.3 전화 응대의 3요소

(1) 신속

① 신속히 받고 원가 의식을 갖고 간결하게 통화한다.
② 인사나 필요한 농담이라도 길어지지 않도록 한다.

③ 전화를 걸기 전에 용건을 5W1H로 써서 말하는 순서와 요점을 결정한다.
④ 불필요한 말은 반복하지 않는다.

(2) 정확

① 발음을 명확히 또박또박 한다.
② 천천히, 정확히 하여 상대가 되묻는 일이 없어야 한다.
③ 상대가 이해하지 못할 전문 용어나 틀리기 쉬운 단어는 사용하지 않는다.
④ 중요한 부분은 강조한다.
⑤ 상대의 말을 지레짐작하여 응답하지 않는다.

(3) 친절

① 친절을 느끼도록 하려면 정성을 다해야 한다.
② 상대가 누구이건 차별하지 말고 경어를 쓰도록 한다.
③ 상대의 말을 끊거나 가로채지 않는다.
④ 필요 이상으로 소리를 크게 낸다든지 웃지 않는다.
⑤ 상대의 기분을 이해하도록 하여 상대의 심리를 긍정적으로 만들어야 한다.
⑥ 상대의 언성이 높아지거나 불쾌해하면, 한발 물러서서 언쟁을 피한다.

1.4 전화 응대 예절

(1) 시작 인사

① 인사하기

전화 대화의 첫 부분에서는 어느 쪽이든 먼저 인사와 함께 자신을 밝힌다.

- "안녕하십니까? 아름다운 뷰티숍, 이아름입니다."

- "감사합니다. 아름다운 뷰티숍 이아름입니다."

상대의 이름을 알 수 없거나, 상대방이 신원을 밝히지 않는 경우에는 상대가 누구인지 정중하게 물어보아야 한다.

- "실례지만, 어느 분 전화라고 여쭐까요?"
- "죄송하지만, 성함을 말씀해 주시겠습니까?"

(2) 통화 사정

상대가 전화를 받을 수 없거나 중요한 일을 하고 있는 상황일 수 있으므로 상대방의 통화 사정을 물어본다. 특히 휴대전화일 경우 회의 중이거나 운전 중일 수 있으므로 반드시 통화 가능 여부를 물어본다.

- "지금 통화해도 괜찮으시겠습니까?"
- "지금 전화받기 어려우십니까?"

전화를 받을 수 없을 때에는 전화받은 사람이 통화가 불가능하다는 것을 밝히고 다시 걸어줄 것을 요청해야 하며, 거는 사람은 언제 다시 전화를 걸어도 되는지를 물어보아야 한다.

- "죄송합니다. 지금 운전 중이라 통화하기가 어려우니 30분 후에 다시 걸어 주시겠습니까."
- "제가 언제 다시 전화를 드리면 되겠습니까?"

(3) 용건 주고받기

인사를 교환한 후에는 곧바로 통화 목적으로 들어가야 한다.

① 용건 표현

- 전화를 거는 사람은 예의 바르고 조리 있게 자신의 용건을 이야기하고 상대방이 응답할 기회를 주어야 한다.

- 용건을 표현할 때에는 전화를 건 목적, 이유, 설명의 순으로 이야기한다.
  - "2시 회의가 3시로 변경되었습니다. 지방에서 오시는 분들이 3시면 모두 도착하실 수 있기 때문입니다."
  - "제품 종류를 알고 싶습니다. 계약하기 전에 살펴보고 싶습니다."

② 메모 및 용건 확인

- 전화받는 사람이 메모를 하는 이유는 상대방의 전화 건 목적을 정확하게 기억하기 위함이다.
- 숫자나 글자 중에서 통화 발음상 혼동되기 쉬운 것은 확인하며 적는다.
- 전화 통화 중 많은 용건이 교환되었다면 용건을 요약하는 것이 좋다.

(4) 마무리 인사

용건에 대한 대화가 끝나면 마지막으로 전화 건 사람의 요구를 어떻게 처리할 것인지에 대해 언급하고 끝인사로 전화를 마친다.

① 용건에 대한 수행 사항 알리기

전화를 받는 사람이 상대방의 용건을 듣고 자신이 수행할 행동에 대해 언급하는 이유는 상대방이 말한 내용을 어떻게 처리할 것인지를 미리 알려 줌으로써 잘못될 수 있는 의사소통의 오류를 막기 위함이다.

- "말씀하신 대로 27일 목요일 오후 3시로 일정표에 기입해 놓겠습니다."
- "요청하신 대로 오늘 즉시 변경해드리겠습니다."

② 끝인사

- 모든 대화가 끝나면 작별 인사를 하고 전화를 끊는다.
- 용건이 끝났는데도 전화 건 사람이 계속 이야기를 할 때에는 상대방이 기분 상하지 않도록 주의해서 받는 사람이 전화를 끊도록 해야 한다.

- "전화 주셔서 감사합니다. 안녕히 계십시오."
- "다시 전화드리겠습니다. 감사합니다."

※ 전화를 끊을 때는 전화를 건 사람이 먼저 끊는 것이 원칙이나, 상대방이 상사 또는 연장자인 경우에는 상대방이 먼저 끊고 난 후 끊는다.

2 바람직한 경어 사용법

2.1 효과적인 대화

(1) 호감을 주는 말씨

다른 사람으로부터 호감을 받을 수 있게 말하는 방법은 언제나 상대방의 입장에 서서 그를 존중한다는 자세에서 비롯된다.

① 교양 있게 이야기한다.
② 요령 있게 이야기한다.
③ 재치 있게 이야기한다.
④ 상황에 맞게 이야기한다.
⑤ 성실하게 관심을 표명한다.
⑥ 듣는 태도의 성실성을 갖는다.
⑦ 진실하게 칭찬을 해준다.

(2) 상대를 설득하는 말씨

① 논쟁을 피한다.
② 결점을 들추지 않는다.

③ 온화하게 대화를 한다.

④ 상대의 입장에서 생각한다.

(3) 인간관계를 돈독하게 하는 말씨

인간관계를 돈독하게 하는 방법은 상대가 받기 쉽고 받기 좋아하는 말씨를 사용하는 것이다. 그러기 위해서는 화제가 풍부해야 하며 공통된 화제를 이끌어내야 한다.

① 풍부한 화제 : 주고받을 만한 화제를 풍부하게 하기 위해선 예리한 관찰력, 많은 사물을 접하고 예리하게 생각하는 습관, 문제의식 등을 길러야 한다.

② 공통된 화제 : 대화가 즐겁게 되려면 화제가 공통적이면서 상대방에게 흥미를 주어야 한다. 할일(의무), 여행, 출신지, 계절, 날씨, 동료, 아는 사람, 가족, 가정 뉴스, 건강(병), 취미, 잡기, 성(Sex), 연애, 결혼.

2.2 적절한 경어의 사용법

적절한 경어의 사용법은 익혀두면 품위 있는 말씨를 구사하는 데 필요하다.

(1) 존경어

존경어는 말하는 상대, 즉 듣는 사람이나 또는 화제 중에 등장하는 인물에 대한 경의를 나타내는 말이며 그 사람의 소지품이나 행동에 대해서 사용한다. ○○씨, ○○ 여사, 귀하, 어느 분, 사장님께서 가십니다. 훌륭하신 말씀입니다.

(2) 겸양어

겸양어는 말하는 사람의 입장을 낮추고 상대방이나 화제에 등장하는 사람에게 경의를 나타내는 말이다. 우리들, 여쭙다, 저희들, 뵙다, 저희, 드리다.

(3) 공손어

공손어는 상대방에게 공손한 마음을 표현할 때 또는 말하는 사람의 자기 품위를 위하여 쓰는 경우를 의미한다. 보고드립니다. 말씀해 주십시오. 안녕하십니까?

2.3 호칭

호칭은 특정의 사람을 가리켜 말하는 명칭으로 상대의 주의력을 한 곳으로 유도하거나 자기를 상대에게 인식시키거나 대화 중에 특정의 대상에 대한 인식을 높이기 위해 쓰인다. 따라서 호칭은 상대의 유형에 따라 다르고 같은 사람이라도 누구에게 그 사람을 말하느냐에 따라 달라진다.

(1) 직장에서의 호칭

① 상급자에 대한 호칭

- 부장님, 과장님 : 직속 상급자는 직급의 명칭에다 '님'을 붙여 부르고 말한다.
- ○○ 부장님, ○○ 과장님 : 다른 부서의 상급자는 직책과 직급의 명칭에다 '님'을 붙여 부르고 말한다(경리 과장님, 총무 과장님).
- ○ 부장님, ○ 과장님 : 직속이 아니고 직책이 없이 직급만 있는 상급자는 직급 위에 성을 붙이고 직급 아래에 '님'을 붙여 부르고 말한다(김 부장님, 박 과장님).

② 하급자에 대한 호칭

- 과장, 계장 : 같은 직급의 사람이 여럿이 아닐 때의 직속 하급자는 직급명만 부르고 말한다.
- ○○ 과장, ○○ 계장 : 직속 하급자나 타부서 하급자에 같은 직급 명의 경우에는 직책 명과 직급 명을 부르고 말한다(경리과장, 서무계장).
- ○ 과장, ○ 계장 : 직책이 없이 직급만 있는 하급자는 '성'을 붙여 직급

명을 부르고 말한다 (김 과장, 이 계장).

- ○○ 씨, ○ 여사 : 직책과 직급 명이 없는 하급자는 성과 이름에 '씨'를 붙여 부르고 말한다. 기혼 여성은 '여사'를 붙인다.
- ○ 군, ○ 양, ○○○ 군, ○○○ 양 : 나이가 10년 이상 아래이며 미혼인 남녀 하급자의 경우 남자는 성이나 이름에 '군'을 붙이고, 여자는 '양'을 붙여 부르고 말한다.

③ 동료 · 동급자의 호칭

- ○○ 과장님 : 동급자라도 연령이 위이면 직급에 '님'을 붙인다.
- 선생님 : 나이가 10년 이상 위이면 '선생님'이라 부른다.
- 선배님 : 나이가 10년 이내의 위이면 '선배님'이라 부른다.
- ○○○ 씨 : 같은 또래로서 친숙한 사이면 성이나 성명에 '형'을 붙인다.
- ○ 군, ○ 양 : 나이가 10년 이상 아래인 미혼자 또는 미성년자는 남자는 '군', 여자는 '양'이라 부른다.

(2) 사회생활에서의 호칭

① 아는 사람에 대한 호칭

- 어르신네 : 부모의 친구 또는 부모같이 나이가 많은 어른
- 선생님 : 학교의 선생님이나 존경하는 어른
- 노형(老兄) : 11년 이상 15년까지의 연상자
- 형 : 6년 이상 10년까지의 연상자, 또는 아직 친구 사이가 되지 못한 아래위로 10년 이내에 드는 상대
- 이름, 자네 : 아래위로 10년 이내의 나이 차로 친구같이 지내는 사이
- ○○○ 씨 : 친숙한 관계가 아닌 10년 이내의 연상자와 기혼 · 성년의 연하자

- ○○ 님 : 상대가 위치한 직책 · 직급 명에 '님'을 붙인다(사장님, 박사님, 교수님).
- ○○ 아버님, ○○어머님 : 친구의 부모는 친구의 이름에 아버님, 어머님을 붙인다.
- ○○ 형님, ○○ 누님 : 친구의 형이나 누이도 친구의 이름을 붙여 말한다.

② 모르는 사람의 호칭

- 노인 어른, 노인장 : 할아버지, 할머니같이 나이가 많은 어른
- 어르신네 : 부모같이 나이가 많은 어른
- 선생님 : 존경할 만큼 점잖거나 나이가 많은 어른
- 노형, 선생 : 자기보다 10년 이상 연상자인 상대(남자끼리)
- 형씨 : 자기보다 아래위로 10년 이내에 드는 상대(남자끼리)
- 부인 : 자기의 부모보다는 젊은 기혼의 여자
- 댁 : 같은 또래(10년 이내)의 남자와 여자
- 젊은이, 청년 : 자기보다 15년 이하인 청년
- 총각 : 미성년자
- 아가씨 : 미성년인 여자 또는 미혼인 젊은 여자
- 학생 : 학생 신분의 남녀
- 소년, 애 : 초등학생 이하의 아이들

우리 아이들을 위한 변화, 로하스

홍연초등학교 교사 백 목 련

환경과 건강. 학교에서 아이들과 생활하면서 그 중요성을 절감하게 된다. 최근 환경교육이 중요한 화두이기도 하지만, 교실에서 문제행동의 증가라던가 아토피와 같은 각종 질병에 시달리는 아이들을 보면 문제의 심각성을 느끼게 된다. 특히 하루 종일 안절부절 못하고 돌아다니거나, 멍한 표정으로 집중하지 못하는 아이와 마주할 때면 과연 저 아이의 먹을거리, 살거리는 어떠한지 의심스러워 진다. 매일 독한 화학물질에 노출되고, 마시는 물, 숨쉬는 공기조차 오염을 벗어날 수 없는 아이들에게 로하스 배우기는 지금 당장 필요한 일이라는 생각이 든다.

환경 문제에 대해서는 교과서 내용으로도 다루고 있지만, 생활 속에서 우리의 건강과 지구의 건강에 대해 체험하고 자연스럽게 배우는 것이 중요하다고 생각한다. 우리가 먹는 것이 그대로 우리의 몸을 구성하고, 나아가 사고와 행동을 결정한다고 하면 아이들에게 너무 어려운 이야기일까. 인스턴트식품 안 먹기 운동은 학교 전체의 구호로 되었지만, 여전히 아이들에게는 손쉬운 간식거리가 인기이다. 각종 불량식품을 팔아 아이들의 건강을 해치는 어른들이 없으면 좋으련만, 하굣길에 입에 물고 가는 간식들을 보면 모양새부터 한심하다. 과연 저 속에 어떤 화학물질이 들어있을지, 아이들 몸에 얼마나 해로운 물질들이 쌓여갈지를 생각하면 씁쓸해진다. 언젠가 초콜릿에 입혀진 색소를 직접 추출해보는 실험을 하였다. 아이들은 전혀 향기롭지 않은 그 냄새에 얼굴을 찌푸리며 다시는 먹지 않겠다는 다짐을 하기도 하였다.

학교에서 배우는 로하스 생활은 비단 먹을거리 고르기에만 한정되지 않는다. 아이들과 함께 실천하는 분리수거나 물 절약하기, 음식물쓰레기 줄이기 등 지구를 위해 우리가 큰 힘을 낼 수 있다는 이야기를 자주 한다. 사람들이 일회용품을 한 번 쓸 때마다 쓰레기가 얼마나 늘어나는지, 지구가 얼마나 파괴되는지는 간단한 놀이를 통해서도 경험해볼 수 있다. '지구를 위해서!' 라며 전등을 끄거나 일부러 몽당연필을 펜대에 끼워 쓰는 것은 아이들이 일상의 실천을 즐겁게 생각하기를 바라는 마음에서다. 또 새 것, 화려한 것을 좋아하고 소비에 익숙한 아이들에게 어떻게 하면 절약이나 절제가 멋진 생활습관이라는 것을 알려 줄 수 있을지도 고민하는 문제 중 하나이다.

몇 년 전만 해도 로하스를 전혀 몰랐던 나에게 환경을 우선으로 생각하는 생활은 커다란 변화이다. 필요 없는 소비를 줄이고, 재활용이 가능한 소재를 선택하고, 건강한 먹을거리를 찾는다. 주변에 로하스를 알리기 위해 노력하고 공정무역, 유기농에 대해 적극적으로 이야기한다. 이렇게 개인적인 생활이 변화하면서 학교에서 아이들과 활동하는 주제도 환경에 초점을 맞추는 일이 잦아진 것이다. 아이들은 매일 조금씩 변하며 성장한다. 그 변화를 긍정적으로 이끄는 것이 나에게 주어진 일이다. 지식을 새롭게 배워 아는 것도 중요하지만, 나와 지구를 위한 행동을 당연한 것으로 받아들이고 실천하는 것 역시 중요하다고 생각한다. 다양한 영역에 걸쳐 생활습관을 긍정적으로 바꾸는 로하스로의 변화를 우리 아이들과 함께 만들어 갈 결심이다.

제9장

프레젠테이션

LOHAS

Lifestyle of Health Sustainability

제9장 프레젠테이션

1 강의 기법

1.1 프레젠테이션의 개념

(1) 정의

프레젠테이션이란 짧은 시간 내에 이루어지는 송신자와 수신자 간의 효과적인 의사소통의 한 형태이다. → "한정된 시간 내에 정보를 정확하게 전달, 그 결과로서 판단과 의사결정까지 초래하는 커뮤니케이션 방법이다."

(2) 프레젠테이션의 구성 요소

① 프레젠터(Presenter) : 프레젠테이션을 실행
② 청중(Audience) : 프레젠테이션을 청취
③ 메시지(Message) : 전달하고자 하는 목적

(3) 프레젠테이션의 목적

사람(청중)들을 설득하고 동기를 자극하여 어떠한 행동이나 의사결정을 원하는 목적대로 이끌어 가는 것

① 정보 전달
② 동기 유발
③ 의사결정 설득
④ 행동 촉구
⑤ 엔터테인먼트

(4) 프레젠테이션 소프트웨어

컴퓨터를 활용하여 발표 자료를 쉽게 만들고, 시청각 효과를 주어 정보를 효과적으로 전달할 수 있도록 도와주는 응용 소프트웨어이다.

1.2 프레젠테이션 4P 분석

3P[사람(People), 목적(Purpose), 장소(Place)] + 사전 준비(Preparation)

(1) 사람(People) 전략

프레젠테이션에 참석하는 사람이 누구인지 확인하고 분석하는 일이 선행되어야 한다.

① 청중의 수준 : 청중의 수준을 확인하는 것은 어려운 일이고, 모든 청중을 동시에 다 이해시킨다는 것은 불가능한 일이기 때문에 참석자들의 50~80% 이상만 이해시킬 수 있다면, 비교적 성공적인 프레젠테이션이라고 볼 수 있다.
② 청중들의 반응 및 자세 : 프레젠테이션을 하는 동안 청중들이 설명을 어느 정도 이해하고 있는지 가늠하기 위한 가장 좋은 방법은 청중의 표정이나 몸동작을 보는 것이다.
③ 청중에게 질문을 던져 주제를 정함 : 예기치 않은 연설이나 프레젠테이션을 요청받은 경우 어떤 주제로 무엇을 전달해야 할지 당황하지 말고, 청중들에

게 몇 가지 질문을 던져 청중의 요구가 무엇인지 확인하여 프레젠테이션의 방향을 잡는다.

(2) 목적(Purpose) 전략

프레젠테이션의 목적이 무엇인지 파악하는 것은 무엇보다도 중요하다.

① 정보 전달 : 신제품, 새로운 정보, 신기술 등에 대한 내용을 직원들에게 알리거나 고객들에게 소개하는 것

② 설득/제안 : 새로운 기획안이나 사업 계획 등을 준비하여 관계자들에게 발표함으로써 기존의 기준이나 가치관을 바꾸어 그들의 동의와 지원을 얻어내는 것

(3) 장소(Place) 전략

① 프레젠테이션의 4P 중 가장 소홀하기 쉽고 프레젠테이션이 실패로 끝나는 원인 가운데 가장 빈번하고 치명적인 원인을 제공한다.

② 정전, 소음, 전기 및 전자 기구의 불량, 좌석 배치, 통행로 등을 사전에 확인하고 이에 철저히 대비해야 한다.

③ 발표 장소만 확인하는 것으로 안심해서는 안 되고, 주변 장소가 발표장에 영향을 미치지는 않는지 확인하고, 만일 행사에 방해가 된다고 판단되면 다른 장소를 선택한다.

④ 주차장, 엘리베이터, 화장실, 흡연 장소, 자판기 등의 편의 시설 위치도 사전에 충분히 확인한 뒤 청중들에게 안내하도록 한다.

⑤ 프레젠테이션의 끝난 뒤 마무리나 질문 또는 보충 설명, 상담 등이 이어질 경우에 장소 이용 시간을 연장할 수 있는지 확인하고, 만일 예약이 되어 있다면 발표 후 상담이나 설명을 할 수 있는 장소를 미리 확보해 두는 것이 좋다.

⑥ 프레젠테이션을 진행하면서 가장 중요한 기기는 컴퓨터, LCD 프로젝터,

포인터, 마이크 등이므로 이들을 사전에 준비하고 점검해야 한다.

(4) 사전 준비(Preparation) 전략

① 정보와 자료 수집 : 다양하고 중요한 정보와 자료를 모은 뒤, 이것을 철저히 분석하고 잘 가공하여 프레젠테이션에서 사용할 발표 자료를 만든다.

② 발표 자료 제작 : 일반적으로 정보나 자료 분석과 가공에 많은 시간이 소요되며, 이것이 완벽하게 준비될수록 발표 자료 제작 시간은 줄어들어 효율적으로 진행할 수 있다.

1.3 프레젠테이션 자료 준비 및 제작

(1) 자료 및 정보 분석과 요약

전문성과 능력이 가장 많이 요구되는 작업이 바로 자료 및 정보 분석과 요약이다. 성공적인 프레젠테이션을 위해서는 자료 분석에 최선을 다해야 한다.

(2) 시각화

① **시각화 사용의 중요성** : 시각화는 청각과 시각을 동시에 자극함으로써 그 말과 이미지가 함께 전달되어 강력한 영상으로 오랫동안 기억되게 만드는 기능을 한다. 사람이 가진 오감 중 정보 전달력과 기억력은 시각을 자극하고 활용하는 것이 가장 효과가 크다.

② **시각화의 장점**

- 강력한 전달 효과
- 확실한 설득 효과
- 명쾌한 비전 제시 효과

• 모두의 공감을 얻는 동기 부여 효과

③ **시각화를 활용하는 요령**

• 하나의 시각화 자료에는 하나의 콘셉트(주제)만 넣어라.
• 시각화 자료와 텍스트를 함께 사용하라.
• 시각화는 단순하게 하라.
• 목적이나 내용과 연관되는 시각화를 만들어라.
• 숫자는 그래프로, 문자는 차트로 만들거나 도형화하라.

④ **시각화 체크리스트** : 시각화를 보여줄 때 한꺼번에 다 보여주지 말고, 단계별로 하나씩 보여준다.

⑤ **시각화를 위한 3단계 접근법**

• 사물이나 정보를 새로운 관점에서 재구축한다.
• 각 부분은 분해하고, 재조립한다.
• 기존의 체계를 무너뜨리고, 새로운 각도로 분석하여 재정리한다.

(3) 발표 노트의 작성

① 발표 노트는 청중에게 보여주기 위한 것이 아니라, 발표자가 청중에게 말로만 전달할 내용을 잊어버리지 않고 상기할 수 있도록 별도로 만든 자료이다.

② 프레젠테이션을 시작할 때 인사말이나 개괄적인 설명 또는 프레젠테이션을 마치고 마무리 정리나 인사말을 하는 경우를 위해 준비한다.

③ 프레젠테이션은 청중들에게 필요한 내용을 정확하게 빠짐 없이 전달하는 것이 목적이므로 부드러운 진행을 위해서나 중요한 내용을 건너뛰지 않기 위해서 미리 발표 노트를 준비하는 것이 필요하다.

(4) 배포 자료 준비

① 배포 자료는 발표 내용에 대한 이해를 높이기 위해 청중에게 미리 나눠주는 자료를 말한다.

② 배포 자료의 내용과 분량은 프레젠테이션의 목적과 종류에 따라 달라진다. 신제품이나 신기술의 경우에는 상세한 내용의 자료로, 설득이나 제안의 경우에는 중요하고 핵심적인 내용만 발췌한 것으로, 동기 부여나 강연의 경우에는 요약된 자료 위주로 준비하는 것을 기준으로 한다.

1.4 효과적인 프레젠테이션 전달 기술

(1) 전달 기술이 중요한 이유

① 실제로 프레젠테이션을 진행할 때는 발표 자료의 내용과 구성, 그리고 발표자의 역량이 중요한 요소가 된다.

② 발표자가 갖추어야 할 자질 가운데 '전달 기술 능력'이 바로 프레젠테이션의 성공 여부를 결정하는 핵심 능력이다.

(2) 전달 기술 습득을 위한 5단계

① 한 번에 한 가지 기술만 연습하라.

② 한 가지가 몸에 익어 자연스러워질 때까지 충분히 반복 연습하라.

③ 하나가 익숙해지면 다음 기술로 넘어가라.

④ 새로운 기술이 익숙해지면, 먼저 익힌 기술과 함께 연습하라.

⑤ 이와 같은 방식으로 모든 기술을 하나씩 확장하라.

(3) 발표자의 태도 · 자세

① 태도 · 자세

- 발표자는 양 발을 어깨 넓이로 벌린 자세로 서서 이야기하되 필요에 따라 자세에 변화를 주도록 한다.
- 어깨나 등이 굽은 자세로 이야기하거나 호주머니에 손을 넣는 등의 행위는 금한다.

② 옷차림

- 옷차림은 지나치게 색상이 화려한 것은 피하고, 단순하면서도 감각이 돋보이는 비즈니스 정장 차림이 무난하다.
- 지나치게 요란한 목걸이나 귀걸이 같은 장신구도 피함으로써, 시선이 발표자의 옷차림에 가는 경우가 없도록 유의한다.

③ 제스처

발표 시에는 시각적 · 청각적인 의사 전달 수단뿐만 아니라 몸짓, 손짓 등의 표현(Body Language)이 의외로 상대에게 강렬하게 전달될 수 있기 때문에 적절한 제스처를 쓰되 과다하게 사용하지 않도록 유의한다.

④ 목소리

- 목소리는 힘 있는, 그러나 낮은 톤이 무난하다.
- 강조할 곳에서는 목소리의 크고 작음을 활용하고 명확하고도 또렷한 목소리를 유지하도록 노력한다.

⑤ 시선 맞추기

- 청중과 시선 맞추기는 청중의 관심과 전달력을 높이고, 청중의 반응을 확인하는 측면에서 매우 중요한 요소이다.
- 몸은 시선을 주는 사람을 향하고, 그 사람 쪽으로 시선 맞추기를 하는 동시에 설명하면서 이동한다.
- 한 사람에게 시선을 주는 시간이 너무 짧거나 길지 않게 한다(한 줄 정도

의 문장 길이를 말하는 시간이 적당하다).

- 반드시 청중에게 말을 하면서 시선 맞추기를 해야 한다.

(4) 무대 활용 기술

청중의 시선에 변화를 주어 지루함을 없애고, 발표 내내 새로운 분위기를 연출할 수 있는 방법이다.

① 무대를 골고루 이용한다.

② 적당한 보폭으로 천천히 이동한다.

③ 방향을 바꾸어 움직일 때는 반드시 몸의 방향을 그쪽으로 돌리고 이동한다.

④ 청중 쪽으로 이동한 뒤 다시 무대 쪽으로 돌아오는 경우, 청중에게 등을 돌린 채 걷지 말고 자연스럽게 천천히 옆으로 걸으면서 이동한다.

(5) 말하기 기술

① 말하기보다는 손동작과 시선 맞추기 연습이 우선 : 말을 자연스럽게 하기 위해서는 제일 먼저 서 있는 자세, 손동작, 시선 맞추기 등에 익숙해지는 훈련을 해야 한다.

② 잘못된 말 습관 : 발표자들이 평소 습관대로 불필요한 단어를 자주 사용하는 경우 청중의 귀에 거슬리는 것은 물론 발표자의 전달력과 품위에 좋지 않은 영향을 미친다.

(6) 발표 시간 조절 기술

① 정해진 발표 시간을 지키는 것은 매우 중요하다. 뒤이어 다음 프로그램이 예정되어 있을 경우에는 더욱 그렇다.

② 프레젠테이션 진행 중에 예상치 못한 질문이나 상황으로 시간이 지연될 경

우 대응 기법

- 발표 자료를 검토할 때 설명을 줄이거나 생략해도 큰 문제가 없는 부분을 미리 확인해 둔다.
- 일찍 끝날 경우에 대비해 유머나 재미있는 이야기를 몇 가지 준비해 두었다가 필요할 때 사용하여 시간을 조절한다.
- 중간에 예상치 못한 질문으로 시간이 지연되는 것을 막기 위해 시작할 때 질문 시간은 따로 갖겠다고 청중들에게 알린다.
- 늦게 끝나는 것보다 차라리 일찍 끝나는 것이 좋다.

(6) 청중과의 대화 기술

프레젠테이션을 진행할 때 발표자의 일방적인 설명은 청중을 지루하게 만들고 집중력을 떨어뜨리므로 발표 중간에 청중에게 질문을 던지고 대화를 유도하는 것은 매우 중요한 기술이다.

① 결정권자나 주요 인물을 선택한다.

② 긍정적이고 열성적으로 경청하는 사람을 선택한다.

③ 산만해 보이는 사람을 선택한다.

④ 너무 부정적인 의견을 가진 사람은 선택하지 않는다.

2 스피치와 호흡 기법

2.1 스피치(Speech)의 정의

스피치는 목적에 맞추어진 주어진 시간과 장소에서 다수의 사람들을 대상으로 기술적으로 말하는 것이다. → 커뮤니케이션 스킬

2.2 스피치의 조건

① 심리적 안정감 : 관중 앞에서 긴장, 떨림, 불안을 극복하고 심리적 안정감을 갖는 것이 매우 중요하다.

② 내용을 효과적으로 전달할 수 있는 능력 : 음성의 고저 강약, 완급, 감정이입, 표정과 시선, 연단 매너 등을 익혀야 한다.

③ 적절한 사례와 예화를 적용하여 상황을 묘사 : 일상생활에서 흔히 느끼고 볼 수 있는 사례들을 발굴하여 관중의 동감을 불러일으켜야 한다.

④ 주제에 몰입 : 자신의 언어 구사에 몰입할 수 있을 때 관중을 감동시키고 변화를 유도할 수 있다.

⑤ 시작과 끝이 중요 : 자신감을 가지고 당당하게 시작해야 하며, 결론 부분도 그동안 말한 내용을 정확하게 요약 설명해 감동적으로 마무리해야 한다.

2.3 효과적인 스피치 방법

① 철저한 준비로 두려움을 극복하라.

② 단순한 언어를 사용하라.

③ 목소리를 힘 있고 부드럽게 하라.

④ 일상적인 대화처럼 사용하라.

⑤ 목소리에 변화를 주어라.

2.4 스피치의 원칙

① 목소리 및 속도 변화 : 표현을 잘하는 사람과 못하는 사람의 가장 중요한 차이는 말의 억양이나 속도에 변화를 주며 말하느냐, 아니냐이다.

② 음성의 강약 및 고저 변화 : 처음부터 끝까지 단조롭게 표현하면 듣는 사람을 지루하게 만들고, 의미 전달을 효과적으로 할 수도 없다. 음성의 강약과 높고 낮음, 그리고 빠르고 느림이 잘 조화된 언어 표현을 익혀야 한다.

③ 띄어 말하기 : 글을 쓸 때는 단어 중심으로 띄어 쓰지만, 말에서는 그 의미나 흐름에 맞추어 어구를 한 단위로 묶어서 말하는 게 보통이다. 즉 한 어구 안에서의 낱말은 붙여서 표현하는 것이 물 흐르듯 자연스럽다는 뜻이다.

④ 감정 이입 : 말할 때 내용과 일치되는 감정을 목소리와 표정에 담아야 한다.

2.5 호흡기법

(1) 음성

① 음량 : 목소리가 얼마나 크고 적음를 말한다. 풍부한 음량은 스피치의 절대적인 원동력이 된다.

② 음폭 : 목소리가 굵고 가는 정도를 말한다. 일반적으로 굵직한 음성은 남성의 특징이며 가는 음성은 여성의 특징이다.

③ 음질 : 목소리가 맑은가, 탁한가를 말하는 것으로 보통 여자의 음질은 맑고 남자의 음질은 여자보다 탁하다.

④ 음색 : 음색이란 다른 사람과 구별되는 목소리이다. 여러 가지 색이 합해져 어떤 사물의 색깔을 결정하듯, 음성 표현의 여러 가지 요소가 작용하여 음색이 결정된다.

(2) 복식 호흡법

스피치에서의 호흡법은 숨을 들이 마시면 배가 자연스럽게 나오고 말을 할 때에는 배에 힘이 들어가는 복식 호흡이 바람직하다.

(3) 발음

명료하고 세련된 발음을 위해서는 평소에 자기 발음에 관심을 갖고 꾸준한 연습으로 표준말 발음을 습관화해야 한다.

3 자기주장법

3.1 자기주장의 개념

자기주장은 상대방이 반드시 내 의견을 받아들이도록 하는 가장 어려운 말하기이다. 설득처럼 상대방의 동의를 얻어내는 말하기나 토론처럼 반대 의견을 가진 사람과 충분히 의견을 절충하는 말하기보다 자기주장을 관철하는 말하기가 더욱 어렵다. 따라서 주장에는 힘이 실려야 하고, 자기주장을 뒷받침하는 뚜렷한 근거가 있어야 주장을 관철하기 쉽다.

3.2 자기주장적 행동

(1) 주장적 행동의 개념

① 의사소통 과정에서 상대방의 권리를 침해하거나 상대방을 불쾌하게 하지 않는 범위 내에서 자신의 권리, 욕구, 의견, 생각, 느낌 등 자신이 나타내고자 하는 바를 직접적이고 정직하며 적절한 방법으로 자신을 표현하는 행동으로서 공감적 주장 행동을 의미한다.

② 공감적 주장 행동에는 자기의 요구를 표현하고 자신의 권리를 방어하는 자기자신에 대한 존경과 타인의 요구와 권리를 존경하는 것이 포함된다.

(2) 주장적 행동과 소극적 행동/공격적 행동

① 소극적 행동은 자신의 솔직한 감정, 사상, 신념을 표현하지 못함으로써 자

기의 권리를 타인으로 하여금 침해하도록 허용하는 경우로서 자기 자신에 대한 존경의 결핍을 나타낸다. 소극적 행동은 말하고 싶은 것이 있어도 잘 표현하지 못하기 때문에 참을성 있고 얌전하다는 평을 받으나, 자신은 힘들고 불쾌하며 상대방에게 좋지 못한 감정을 갖게 되는 경우가 많다.

② 공격적 행동은 타인의 인격과 권리를 침해하면서 자신의 주장을 하는 행위를 의미한다. 상대방에게 피해를 주면서까지 자신이 말하고 싶은 것을 표현하기 때문에 주변 사람들이 싫어하게 된다.

③ 주장적 행동은 소극적 행동과 공격적 행동의 문제점들을 최소화하고 좋은 점을 살린 행동이다.

(3) 주장적 행동의 연습

① 공감적인 자기주장법

- 상대방의 말을 잘 듣고 이해했다는 자세를 보여준다.
- 자신의 생각과 느낌을 말한다.
- 자신이 원하는 바를 분명하게 말한다.

② 부정적인 감정을 주장하는 방법

- 마음의 안 드는 상대방의 행동이나 일을 명확히 밝힌다.
- 그것이 어떤 영향을 미치는지 지적한다.
- 그것에 대한 당신의 느낌을 표현하고, 당신이 원하는 것이 무엇인지를 말한다.

(4) 주장적인 행동을 할 때 주의사항

① 자기 입장과 주장 목적을 혼동해서는 안 된다.

② 지나친 배려는 삼간다.

③ 당신의 문제로 상대방을 비난해서는 안 된다.
④ 자기주장을 방어하기 위해 무리수를 두어서는 안 된다.
⑤ 성급하게 해결책부터 내놓지 않는다.
⑥ 너무 긴 배경 설명과 불필요한 말을 해서는 안 된다.
⑦ 사람과 문제를 뒤섞어서는 안 된다.

3.3 자기주장 기술

(1) 회의에서의 자기주장 기술

① 시작 전에 주장할 내용을 문장으로 작성해 숙지한다.
② 최근 이슈에 대한 데이터 등을 사전에 모아서 검토해 둔다.
③ 복잡한 주장일수록 쉽고 간단하게 말한다.

(2) 프레젠테이션에서 자기주장 기술

① 말하면서 떨지 말아야 한다.
② 의상 · 구두 · 헤어스타일로 신경 쓰는 일이 없도록 한다.
③ 장소를 친숙하게 만들어 놓는다.
④ 지나치게 많은 데이터와 시각 자료 준비 등에 시간을 빼앗겨서는 안 된다.

(3) 제안서에서 자기주장 기술

① 한눈에 결론이 보이는 간결하고 핵심이 드러나는 보고서를 작성한다.
② 육하원칙, 즉 "누가, 언제, 어디서, 무엇을, 어떻게, 왜"를 빠트리지 말고 적어야 한다.
③ 제안서를 작성할 때에는 한 가지 내용은 한 장 안에 요약한다.

④ 제안서 내용은 문제점이 아닌 해결책 위주로 써야 한다.

(4) 구두 제안으로 자기주장을 관철하는 기술

① "내가 상사라면 이 부분에 대해서는 어떻게 생각할까?" 하고 스스로 물어본다.

② 내용이 많으면 보고서 작성하듯 명료하고 알아듣기 쉽게 설명한다.

③ 주장을 관철하려면 당당한 목소리로 자신감 있게 말한다.

〈자료 : 대한민국 30대를 위한 자기주장 기술, 이정숙 지음, 한국경제신문사〉

LOHAS의 Health | '마음의 건강'

로하스의 기본정신은 건강한 마음과 신체의 조화를 갖춘 최고의 자신을 목표로 한다.
이번 호에는 로하스의 H가 의미하는 신체와 마음의 건강 중 마음의 건강에 대해 알아본다.

마음과 신체는 밀접하게 서로 연관되어 있다. 예를 들면 운동을 하면 정신적으로도 상쾌한 기분이 되고 스트레스 해소에도 큰 효과가 있다. 반대로 스트레스가 쌓이면 머리나 어깨가 딱딱해지고 두통이 생기거나 위와 장의 상태가 나빠지는 등 신체의 여기저기에 이상한 징후가 나타난다. 일반적으로 일이 바쁘거나 뭔가에 신경 쓰고 있을 때는 몸 상태를 잊어버리기 쉽다. 특히 스트레스 상태가 심하게 되면 몸은 반복해서 SOS 신호를 보내는데도 불구하고 그러한 몸 상태를 깨닫지 못하는 경우도 있다. 로하스는 마음과 신체의 균형 잡힌 생활을 유지하는 것을 중시한다. 현대인의 병이라 할 수 있는 스트레스에 대한 극복으로 정신적 건강을 추구함으로써 마음과 신체의 건강을 조화롭게 유지시켜가는 것이 로하스에서 말하는 진정한 건강이다.

스트레스의 내성을 높인다

빠른 속도로 진행되는 현대 생활, 만원버스나 지하철 속에서 흔들리며 출퇴근, 매일 바쁘게 해치우듯 처리하는 일, 인간관계, 돈, 건강 등 스트레스를 느끼는 원인에는 여러 가지가 있다. 눈만 뜨면 피곤이 쌓이고 딱딱한 어깨는 거의 만성화가 되었다.

스트레스란 '외부로부터의 자극에 적응하고자 하는 반응'이다. 같은 자극을 받아도 그에 대한 반응에는 개인차가 있다. 그러나 나쁜 스트레스는 사람의 마음에서 건강을 빼앗는다. 그 상태가 오래 지속되면 자율신경에도 변화가 나타나 신체적으로 병을 부르게 된다. 스트레스의 내성을 높여 셀프컨트롤의 방법을 몸에 익히면 항상 안정된 기분으로 매일을 보낼 수 있게 된다.

스트레스를 느끼는 커다란 원인 중 하나는 본래 컨트롤할 수 없는 것을 컨트롤하려는 데 있다. 이를테면 자기 이외의 타인에 대해 "저 사람은 ~해야 한다"고 생각하더라도 남을 자신의 생각대로 바꿀 수 없다. 마찬가지로 과거에 일어난 일도 바꿀 수 없다. 있는 그대로를 받아들이며 바꿀 수 있는 것은, 자신이 컨트롤할 수 있는 범위 내에서 자기자신이 먼저 바꾸어 가고자 할 때 마치 버드나무와 같이 유연하게 스트레스의 내성을 몸에 익히게 된다.

마음의 건강 진단

신체에 관해서는 적어도 1년에 한번 정기적인 건강검진을 받는 사람은 많다. 하지만 마음에 관해서는 어떠한가? 유럽이나 미국과 같이 아무렇지 않게 심리 상담이나 치료를 받는 습관은 우리나라에서는 아직 낯설다.

심리 상담을 받는다 해도 실제로 우울증과 같은 증상이 나타나야 겨우 받는 정도다. 우리나라도 연간 자살자가 만 명이 넘을 정도로 정신적 건강상태가 심각한 상황에 놓여있다.

바쁜 일상 속에서 스트레스는 점점 더 많이 쌓이고 있다. 심리 상담은 자신의 마음 상태를 객관적으로 살펴봄으로써 자신의 마음의 징후를 캐치할 수 있는 지표다. 마치 에스테틱에 가듯이 가벼운 마음으로 상담을 받아본다. 신체의 산화에는 항산화물질이 효과가 있듯이 마음의 씁쓸함에는 정기적인 상담이 효과적이다.

제10장

고객 만족(CS) 관리

LOHAS

Lifestyle of Health Sustainability

제10장 고객 만족(CS) 관리

1 CS 관리의 개념

CS(Customer Satisfaction) 관리란 공급자가 고객에게 제품이나 서비스를 제공하고 고객의 기대를 충족시켜 그 제품(서비스)에 대한 선호도가 지속되도록 하는 관리를 말한다.

공급이 수요를 초과하는 현대의 대량생산 시대에서 고객 만족 관리의 중요성은 더욱 커져가고 있으며, 실제로도 신 고객을 창출하는 비용이 기존 고객을 유지하는 비용보다 4~5배에 이르는 것을 감안할 때 고객 만족 관리는 뷰티숍의 생존과 직결되는 문제이다.

2 CS 관리의 역사

2.1 무관심 단계(1990년대 이전)

① 뷰티숍 중심의 경영 단계로 아직까지 고객 만족 개념이 도입되기 전의 단계이다.

② 1970년대 미국의 소비자주의가 성숙기에 접어들면서 고객 만족 경영이 대두되었다.

③ 1980년 세계적인 스칸디나비아 항공의 젊은 사장 얀 칼슨이 진실의 순간(MOT : Moment Of Truth) 개념을 도입하면서 전 세계로 널리 확산되었다.

④ 1980년대 후반 엔고 가치의 급등으로 신음하던 일본 경제계에서 도요타가 경제 위기 타개책으로 '고객 만족 경영'을 도입하였다.

2.2 CS 도입기 및 침체기(1990~2000년대 이전)

① 고객 중심 경영 단계로 고객 만족 경영이 도입된 후 침체기와 상승기를 동시에 겪던 시기이다.

② 우리나라에서는 1992년 LG에서 처음 도입한 이래 1993년 삼성, 1990년대 중반 KT, 철도청 등에서 잇따라 도입하였다.

③ 1997년 후반 IMF로 고객 만족 경영은 다시 침체되었다.

2.3 2000년대 CS 전면 도입기(2000년 이후)

① 고객 감동 경영의 단계이다.

② 2000년대 이후 업종을 불문하고 대부분의 미용 산업에 CS 경영이 도입되었다.

3 서비스 프로세스

3.1 의의

① 미용 산업의 측면에서 보면 뷰티숍 내의 원재료, 정보, 사람들을 투입(In-put)하여 행하는 미용 산업의 활동과 이로 인한 서비스 등의 산출물(Out-put)로의 변환 과정을 표시한 것이다.

② 고객의 측면에서 보면 고객을 위한 결과물 또는 고객을 위해 가치를 창출하는 모든 관련 활동들의 집합을 말한다.
③ 프로세스는 궁극적으로 과업 성과를 제고할 수 있어야 한다.
④ 프로세스에서의 규율은 통제하기 위한 규율이 아니라 창의성과 효율성 제고를 위한 규율이어야 한다.
⑤ 결국 프로세스는 목적론적, 전체론적 입장에서 모든 미용 활동이 고객 만족을 위하여 진행될 때 미용이 추구하는 목적을 성취할 수 있다.

3.2 비즈니스 프로세스

(1) 마이클 해머 교수는 비즈니스 프로세스를 "고객을 위한 결과물 또는 고객을 위해 가치를 창출하는 모든 관련 활동들의 집합"이라고 하였다.

(2) 비즈니스 프로세스의 유형

① 핵심 프로세스는 조직의 기능의 경계를 넘어 외부 고객에게 전달되는 최종 제품과 서비스를 창출하는 프로세스이다.
② 지원 프로세스는 조직 내부에서 이루어지지만 핵심 프로세스의 성과에 영향을 주는 프로세스이다.

(3) Edwards & Peppard 교수의 비즈니스 프로세스 분류

조직 내의 모든 프로세스들이 뷰티숍의 사업 전략을 수행하는 데 동일하게 공헌하는 것은 아니다. 결국, 조직은 조직의 성과 창출에 효과성이 높은 프로세스를 선택하고 이에 집중하며, 프로세스의 재구축 또한 여기에 초점이 맞추어져야 한다. 이를 위해 영국의 Edwards & Peppard 교수는 비즈니스 프로세스를 다음과 같이 구분하였다.

① 경쟁 프로세스

- 경쟁 프로세스는 경쟁자보다 우수한 고객 가치를 제공하는 프로세스이다.
- 고객의 니즈를 만족시키는 데 포커스를 맞추므로, 고객의 기대 수준과 대비하여 판단 가능하다.

※ 예를 들어 고객이 요구하는 가치가 고객 각각의 취향에 맞도록 제품의 다양화(Diversity)라면 뷰티숍의 경쟁 프로세스는 개별화(Customization) 프로세스이다. 반면에 경쟁자와 가격에 의한 경쟁이라면 조직의 경쟁 프로세스는 경쟁자보다 낮은 가격으로 생산하는 프로세스가 된다.

② 변혁 프로세스

- 급속히 변화하는 환경 속에서도 조직의 지속적인 경쟁 우위 확보를 위한 프로세스를 의미하며 사람, 기술 그리고 프로세스를 결합해 조직의 미래의 경쟁력을 구축해 나가는 과정이다.
- 신제품 개발, 새로운 지식의 습득을 위한 학습 조직 구축 프로세스 등이 있다.

③ 기반 프로세스

- 핵심 프로세스는 아니지만 프로세스의 결과물이 고객에게 가치 있다고 파악되는 프로세스이다.
- 경쟁자와 경쟁 여부를 떠나 고객에게 필요한 최소한의 가치만 제공하면 되는 프로세스이다.
- 예컨대 초기에는 제품의 품질이 주요 경쟁 요소였지만, 품질이 평준화되어 품질은 기본적인 요소가 되고 디자인, 가격 등이 주요 경쟁 요소가 된다면 이때 품질은 기반 프로세스로 분류된다.

④ 지원 프로세스

- 위의 세 가지 프로세스가 제대로 진행되도록 지원하는 프로세스를 의미한다.

- 고객에게 직접적으로 가치를 전달하는 프로세스는 아니며, 프로세스라기보다는 오히려 과거의 기능적 활동으로 파악되는 경우가 많다.
- 예컨대 인적자원관리, 재무회계, 교육훈련 등이다.

(4) 프로세스 분류의 유용성

① 뷰티숍 내의 프로세스를 분류함으로써 비즈니스 프로세스의 중요도에 따른 자원 배분을 통한 운영의 효율성을 제고할 수 있다.
② 비즈니스 프로세스 분류는 리엔지니어링 노력의 집중을 가져온다. 현재의 경쟁 우위를 가져오는 경쟁 프로세스에 우선적으로 초점을 맞추고, 더 나아가 미래의 경쟁력의 원천을 확보하는 변혁 프로세스에 눈을 돌리게 하는 식으로 조직의 역량 집중이 이루어지게 되는 것이다.

(5) 서비스 프로세스의 표준화 및 개별화

① 표준화 : 미국 사우스웨스트 항공사는 타 항공사와의 연계 운영, 중심 기지 시스템보다는 공항 기점 간 시스템, 소규모 공항, 저렴한 요금으로 단거리 운행, 음료·식사 제공 프로세스 생략, 지정 좌석제 폐지 등으로 프로세스의 표준화 전략에 성공하였다.
② 개별화 : 싱가포르 항공사는 고객의 취향에 맞는 서비스, 직원에게 권한 부여, 다소 높은 가격으로 고품위 서비스 제공 등의 개별화 전략을 적용하여 성공하였다.

3.3 서비스 프로세스의 분류

(1) 의의

서비스 프로세스는 노동 집약도, 고객과의 상호작용, 개별화를 기준으로 4가지로 구분할 수 있는데 이를 서비스 프로세스 매트릭스라고 한다.

① 노동집약도란 서비스 전달에 필요한 장치나 설비 등 자본에 대한 의존도와 사람에 의존하는 정도인 노동에 대한 의존도의 상대적인 비율을 말한다.

② 고객과의 상호작용이란 고객이 서비스 프로세스와 상호작용하는 정도를 말한다.

③ 개별화는 서비스가 고객에 의해 개별화되는 정도를 말한다.

(2) 서비스 프로세스 매트릭스 분류

구 분		고객과의 상호작용/개별화	
		높 음	낮 음
노동집약도	높음	전문 서비스 (변호사, 의사, 컨설턴트, 건축가 등)	대중 서비스 (소매금융업, 학교, 도매업 등)
	낮음	서비스 숍 (병원, 수리센터, 기타 정비, 뷰티숍 등)	서비스 팩토리 (항공사, 운송업, 호텔, 리조트 등)

3.4 서비스 프로세스의 진행

(1) 프로세스의 흐름

프로세스는 "하나 이상의 입력(In-put)을 이용하여 고객에게 가치 있는 출력(Out-put)을 만들어 내는 부가가치 있는 행동의 총합"으로 정리할 수 있다. 이에 따라 흐름을 표시하면 다음과 같다.

- In-put : 사람, 설비, 재료, 방법, 환경 등
- Process : 부가가치가 있는 행동
- Out-put : 고객에 가치 있는 출력(제품 또는 서비스)

(2) 프로세스 설계의 기본 원칙

① 평가의 주체는 고객이다.
② 평가는 상대적이며, 절대적이 아니다.
③ 평가 내용은 기대 대비 성과이다.
④ 고객의 기대를 관리하여야 한다.
⑤ 고객의 개별 니즈에 적응하는 것이 중요하다.
⑥ 고객의 개별 니즈에 적응하는 효율적인 방법은 일선 직원이나 지원 시스템이다.
⑦ 모든 의사결정 시 고객을 고려하여야 한다.

(3) 서비스 프로세스에서 고객의 역할

① 임시 직원 : 고객이 서비스의 생산과 전달 과정에서 참여할 경우에 임시 직원과 같은 역할을 하지만, 정식 직원처럼 관리하는 것은 불가능하므로 불확실성의 문제에 직면하게 된다.
② 인적 자원 : 서비스 프로세스 과정에서 고객에게 역할을 부여하면 고객은 더욱 적극적으로 자신의 생산 역할을 담당하게 된다. 이에 따라 생산성의 원천, 품질, 가치, 만족에의 공헌자로 부상하게 된다.
③ 능력의 원천 : 정보기술의 발전과 함께 고객이 습득하는 정보가 뷰티숍과 거의 차이가 없게 됨에 따라 미용인들도 이에 맞추어 서비스 프로세스를 재구성해야 할 필요가 있다.
④ 혁신자(Innovator) : 고객이 신상품과 서비스 개발의 전면에 등장함에 따라 미용서비스 혁신자로서의 역할도 하고 있다.

(4) 불만 고객의 발생과 대처

① 의의 : 모든 고객에게 100% 만족을 주는 서비스는 존재할 수 없기 때문에, 서비스 제공 과정에서 발생하는 불만 고객에 적절히 대처하여 불만 고객을 충성 고객으로 만드는 것이 중요하다.

② 불만 고객의 발생 원인 : 서비스 자체가 훌륭함에도 불구하고 고객 개인의 독특한 취향에 맞지 않은 경우에도 발생하지만 주로 잘못된 투입, 잘못된 진행, 잘못된 명령, 부정확한 시행, 조직원의 실수 등이 원인이 된다.

③ 불만 고객에 대한 대처 방법 : 뷰티숍은 항상 고객 모니터링을 통해 불만 고객의 발생 원인, 제거 방법에 대한 올바른 매뉴얼을 정립하여야 하고, 사전에 고객의 니즈를 파악하여 고객의 니즈와 서비스 제공 사이의 갭을 정확하게 파악하여 최적의 프로세스를 설계하고 실천하는 것이 중요하다.

3.5 서비스 구매 과정에 따른 관리

(1) 구매 전 과정 – 대기 관리

① 의의 : 고객이 구매하기 위해 대기하는 시간은 대부분 부정적인 경험이 되기 쉬우며, 대기 시간을 효과적으로 관리하는 것은 고객 만족과 함께 재구매로 이어지므로 매우 중요하다. 영국의 경영학자 데이비드 마이스터(David Maister)는 고객의 이러한 대기를 효과적으로 관리하여 만족을 주기 위해 다음과 같은 8가지 원칙을 제시하고 있다.

- 아무 일을 안 할 때 대기가 더 길게 느껴진다.
- 구매 전 대기가 더 길게 느껴진다.
- 근심은 대기를 더 길게 느껴지게 한다.
- 언제 서비스를 받을지 모른 채 무턱대고 기다리면 대기는 더 길게 느껴진다.
- 원인을 모르는 대기는 더 길게 느껴진다.

- 불공정한 대기는 더 길게 느껴진다.
- 대기는 가치가 적을수록 더 길게 느껴진다.
- 대기는 혼자 기다리면 더 길게 느껴진다.

② 대기 관리 방법 : 대기 관리는 크게 뷰티숍의 서비스 방법을 변화시켜 고객의 대기 시간을 감소시키는 생산관리 방법과 서비스 방법의 변화는 없지만 고객이 느끼는 체감 대기 시간을 줄여주는 고객 인식관리 방법으로 구분할 수 있다.

〈생산관리 방법〉

- 예약의 활용 : 병원, 패밀리 레스토랑, 항공사 등
- 커뮤니케이션의 활용 : 혼잡한 시간/한가한 시간의 안내, 업무 프로세스의 E-mail 안내
- 공정한 대기 시스템의 구축 : 공평한 대기선의 활용, 번호표 활용, Express Line 활용
- 대안의 제시 : 내방 고객에게 인터넷 등록 및 사용 안내, ARS, ATM, 자동이체, 전화, 인터넷 등의 활용

〈고객 인식관리 방법〉

- 서비스가 시작되었다는 느낌을 제시 : 도우미를 활용한 안내, 접수 대행 및 상담
- 예상 대기 시간의 안내 : 무작정 기다리기보다는 예상 대기 시간을 알려주는 것이 체감 대기 시간을 단축시킴
- 고객의 유형에 따른 대응 : 고객 창구 업무별로 처리, 단순 지급 업무는 ATM기로, 상담이 필요한 고객은 창구로, VIP 고객은 직접 VIP룸으로 안내하여 처리하는 방법
- 이용되지 않는 자원 숨기기 : 고객과 상호작용하지 않는 활동은 고객이 볼 수 없는 곳에서 수행하고, 일하지 않는 직원과 사용되지 않는 시설은 보

이지 않게 하기

(3) 구매 과정 – MOT(Moments Of Truth)

① MOT : 진실의 순간은 고객이 뷰티숍의 종업원 또는 특정 자원과 접촉하는 순간으로 그 서비스의 품질에 대한 인식에 영향을 미치는 상황으로 정의할 수 있다.

② 스칸디나비아(SAS) 항공사의 얀 칼슨(Jan Carlson)사장 : 진실의 순간에 여부가 SAS 항공사의 성패를 좌우한다고 하였다.

③ MOT 사이클 전체를 관리하여야 한다. 진실의 순간은 서비스 전체에서 비즈니스 프로세스 리엔지니어링(BPR : Business Process Reengineering) 기법 한 순간만은 아니며, 고객과 만나는 직·간접의 순간순간들이 진실의 순간이 될 수 있다. 이 진실의 순간들이 합해져서 서비스 전체에 대한 평가가 내려짐을 명심하여야 한다.

④ 곱셈의 법칙(97×95×93×91×0=0) : 각 서비스 항목에 있어서 처음부터 점수를 우수하게 받았어도, 마지막 단계의 마무리에서 0이면 결과는 0으로서 형편없는 서비스가 된다. 즉 처음부터 끝까지 각 단계마다 잘해야 한다는 뜻이다.

⑤ 서비스 제공자는 자신이 고객에 대해 잘 알고 있다고 예단하지 말고, 오히려 서비스 제공자와 고객의 요구가 서로 다른 경우가 매우 많으므로 항상 고객의 입장에서 고객의 요구에 귀를 기울이는 자세가 필요하다.

(3) 구매 후 과정

• 피쉬본 다이어그램(Fishbone Diagram)

① 개요 : 피쉬본 다이어그램(특성 요인분석기법)은 일본의 카오루 이시가와에 의해서 개발된 것으로 인과관계 도표라고도 한다. 어떤 결과가 나오기 위하

여 원인이 어떻게 작용하고 어떤 영향을 미치고 있는가를 볼 수 있도록 생선뼈와 같은 그림을 이용하여 이러한 원인이나 결과들을 체계적으로 종합한 것을 말한다.

② 피쉬본 다이어그램의 목적 : 문제점의 근본 원인을 파악함으로써 보다 바람직한 방향으로 업무를 개선할 수 있으며, 해당 내용이 문제인지, 문제가 일어나게 된 원인인지, 아니면 그것의 결과인지 등을 파악해 낼 수도 있다.

③ 예시

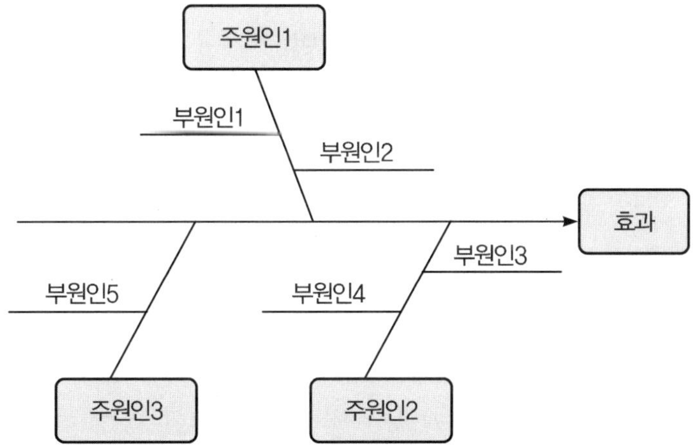

④ 구성 요소 : 문제점과 원인으로 구성되며 드러난 문제 원인에 대해서는 다시 계속적으로 왜 그렇게 되었는지를 질문해 봄으로써 근본 원인과 그에 관계되는 부수적인 요소들을 파악해 낼 수 있다.

【문제점(효과, 특성)】

근본 원인을 도출하기 위해 분석 대상이 되는 문제점을 물고기의 머리에 해당하는 부분에 기술한다.

【원인(주원인 및 부원인)】

문제점에 대한 원인들을 식별하기 위하여 브레인스토밍을 사용하며, 증상과 원인 간의 구별에 주의를 기울인다. 원인은 문제를 야기시키는 근본 원인을 나타내며 피쉬본 다이어그램에서 생선뼈 모양의 사선으로써 표시하며 근처에 원인 명을 요약하여 기술한다.

⑤ 특징 : 피쉬본 다이어그램은 생각을 방사형으로 정리하는 마인드 매핑과 자유로운 아이디어를 핵심만 기록하는 브레인 라이팅의 장점을 혼합한 것으로도 볼 수 있다.

3.6 서비스 프로세스 개선을 위한 기법

서비스 프로세스 개선을 위한 기법에는 수많은 방법이 있지만 여기에서는 품질 기능 전개(QFD ; Quality Function Deployment)에 대해서 설명한다.

(1) 품질 기능 전개의 철학

처음부터 끝까지 소비자의 만족과 가치를 보장하는 제품을 디자인하는 것을 추구한다.

(2) 품질 기능 전개의 기본 개념

고객의 요구사항을 제품의 기술 특성으로 변환하고, 이를 다시 부품 특성과 공정 특성, 그리고 생산에서의 구체적인 사양과 활동으로까지 변환하는 것이다. 품질 기능 전개가 가능하기 위해서는 시장조사 결과는 정확하여야 하고, 모호한 고객의 니즈가 구체적이고 실행 가능하게 문서화될 수 있어야 한다.

(3) 품질 기능 전개의 목적

신제품의 개발 기간을 단축하고 동시에 제품의 품질을 향상시키는 것이며, 이런 목적을 달성하기 위하여 신상품 개발의 초기 단계부터 마케팅부서, 기술부서 및 생산부서가 서로 밀접하게 협력하는 것을 말한다.

(4) 품질 기능 전개의 단계

품질 기능 전개는 크게 기획 · 설계 단계, 부품 전개, 공정 전개 부분으로 나눌 수 있다.

〈기획 · 설계 단계〉

설문조사 등의 방법으로 요구 항목과 중요도를 산출해서 전개표에 기입하고 기획 품질과 요구 품질의 중요도를 산출한다.

〈부품 전개〉

부품 전개의 목적은 전 단계에서 도출한 중요 품질 특성과 관련된 서브 시스템 또는 부품을 전개하여 품질 특성 전개표와 부품 전개표 간의 매트릭스를 통하여 각 부품이 해당 시스템에 미치는 영향을 평가함으로써 중요 품질 특성의 목표 달성을 위하여 어느 부품을 중점적으로 관리해 나갈 것인가를 명확히 하는 단계이다.

〈공정 전개〉

전 단계에서 얻는 주요 부품을 주요 공정 중 중점적으로 관리하여야 할 공정을 도출하는데 사용한다. 품질 특성과 관련된 공정을 도출하는 것이 목적이다.

(5) 품질의 집(House of Quality)

① 의의 : 품질의 집은 QFD를 분석할 때의 핵심 도구로, 시장조사에서 밝혀진 고객의 요구를 기술의 세계에 있는 생산 기술자들에게 효율적으로 전달하기

위하여 매트릭스 형태로 배치한 것이다.

② 구성 요소 : 품질의 집의 구성 요소에는 고객의 요구, 상호작용, 품질의 특성, 상관관계, 설계의 품질, 경쟁사 비교 등이 있다.

3.7 서비스 프로세스 재설계의 5가지 노력 방안

① 가치 창출에 기여하지 않는 단계의 제거

② 셀프서비스로의 전환

③ 서비스를 고객에게 직접 전달

④ 일괄 서비스

⑤ 서비스 프로세스의 물리적 측면의 재설계

쉬어가기

로하스라는 용어의 탄생

폴 레이에 의해 문화창조자층의 존재가 알려지자 비즈니스와 투자에 관련된 많은 사람들이 이에 관심을 가졌다. 콜로라도주 볼더시에는 이전부터 지구 환경문제와 식량문제에 대해 위기의식을 가진 대안적인(alternative) 생활 방식과 비즈니스가 성장하고 있었다. 1988년에 창업된 가이암(GAIAM, www.gaiam.com)도 그 중의 하나였다. 가이암은 지구 환경과 건강을 주제로 한 상품들, 예를 들어, 요가와 자기계발과 관련된 DVD, 서적, 가정용품, 의료품 등을 선별하거나 독자적으로 만들어 판매해 왔다.

가이암(GAIAM)을 경영하던 지루카 리사비(Jirka Rysavy)는 문화창조자를 대상으로 한 새로운 마케팅 개념을 만들고자 폴 레이를 방문하였다. 이들은 오랫동안 브레인스토밍을 거치면서 50여 개 이상의 아이디어를 만들었는데, 그 중 가장 발음하기에 좋고 의미도 좋다고 합의한 것이 로하스(LOHAS)였다. 로하스라는 용어는 사회학에서 발견한 문화창조자의 가치관을 비즈니스의 측면에서 나타내기 위해 만들어진 것이다. 로하스라는 용어가 만들어진 이후, 가이암은 판매하는 제품을 모두 로하스라는 카테고리로 묶어 사업을 하였고, 그 후 나스닥에 상장되는 등 높은 성과를 이루었다.

한편, 내추럴 비즈니스 커뮤니케이션(Natural Business Communication)사는 1997년부터 '내추럴 비즈니스 마켓 트렌드 컨퍼런스(Natural Business Market Trend Conference)'를 개최하였다. 이 회의는 내추럴 비즈니스와 금융업계간의 교류를 촉진함으로써 자연 식품과 제품에 대한 관심과 투자를 유치하기 위한 것이었다. 회의를 통하여 실제로 많은 투자가 이루어지는 등 성과가 좋아 이후 매년 개최되어 왔다. 로하스라는 용어가 만들어진 이후에는 회의명을 '로하스 컨퍼런스(LOHAS Conference)'로 바꾸었다. 로하스 컨퍼런스는 오늘날까지 매년 개최되며, 전 세계의 로하스 관련 사람들이 모이는 커뮤니케이션의 장이 되고 있다.

문화창조자 체크리스트

- 자연을 사랑하고, 자연파괴를 매우 우려한다.
- 지구 온난화, 산림 파괴 등의 지구 환경문제를 인식하고, 그에 대해 경제 성장의 억제 등을 포함한 대응이 이루어지기를 바란다.
- 환경보호와 지구 온난화 방지를 위해 사용된다면, 현재보다 많은 세금을 지불하거나 고액의 상품을 지불한다.
- 인간관계를 넓히고 만들어 가는 것을 매우 중시한다.
- 타인을 돕거나 타인의 독특한 소질을 이끌어 내는 것은 매우 중요하다.
- 하나 이상의 봉사 활동을 하고 있다.
- 내면적인 성장을 매우 중시한다.
- 정치와 종교가 연결되어서는 안 되지만, 생활 속의 정신성과 종교적 요소가 향후 더욱 중요해질 것으로 생각한다.
- 직장에서의 남녀평등이 더욱 진전되어야 하고, 직장과 정치의 장에서 보다 많은 여성 리더가 등장해야 한다.
- 세계의 폭력과 여성에 대한 학대를 우려한다.
- 정치와 정부 지출은 어린이의 교육과 건강, 지역재생, 지속 가능한 지구 환경의 창조에 중점을 두어야 한다.
- 기존의 보수파와 진보파 중심의 정치 시스템에 만족하지 않고, 세력이 약한 중간파도 아닌 새로운 방식을 원한다.
- 장래를 낙관하고, 미디어의 냉소적이고 비관적인 견해를 믿지 않는다.
- 새롭고 보다 나은 생활을 만들어 나가는데 참여하기를 원한다.
- 합리화와 환경파괴, 개도국의 착취 등 대기업의 이익을 올리기 위한 행동을 우려한다.
- 가계를 잘 관리하고 쓸데없는 낭비를 하지 않는다.
- 성공과 출세, 화려한 물품을 가지기 위해 돈을 사용하는데 열중하는 현대 문화를 좋아하지 않는다.
- 미지의 지역과 사람들을 좋아한다. 자신과는 다른 라이프스타일을 체험하거나 배우기를 즐긴다.

출처 Paul H.Ray and Sherry Ruth Anderson, The Cultural Creatives, 2000

제11장

고객 만족 경영

LOHAS

Lifestyle of Health Sustainability

제11장 고객 만족 경영

1 고객 만족 경영의 기본 개념

1.1 고객 만족의 개요

(1) 고객 만족의 의의

① 고객 만족이란 고객이 제품 또는 서비스에 대해 원하는 것을 기대 이상으로 충족, 감동시킴으로써 고객의 재구매율을 높이고 고객의 선호가 지속되도록 하는 것이다. 즉 기대에 대한 실제 서비스가 만족을 느낄 만큼의 수준에 이르렀을 때 고객이 받는 감정 상태를 말한다.

- 고객의 기대 > 제품 또는 서비스 : 고객 불만
- 고객의 기대 = 제품 또는 서비스 : 고객 만족
- 고객의 기대 < 제품 또는 서비스 : 고객 감동

② 웨스트브룩과 노이만(Westbrook & Newman)은 고객 만족을 결과에 초점을 두고 개념화(결과 지향적 접근)하여, 고객의 포괄적인 감정에 대하여 고객이 상품 및 서비스를 구매 · 비교 · 평가 · 선택하는 과정에서 고객이 경험하는 호의적인 감정을 고객 만족, 비호의적인 감정을 불만이라고 하였다.

③ 앤더슨(Anderson)은 고객 만족을 과정에 초점을 두고 개념화(과정 지향적

접근)하여, 고객의 만족과 불만족을 하나의 과정으로 이해하여 고객의 사용 전 기대와 사용 후 성과를 평가한 결과로 고객 만족을 이해하였다.

④ 햄펠(Hempel)은 소비자가 만족을 기대했던 제품의 효익이 실현되는 정도라고 정의하고 실제 성과와 기대했던 결과 사이의 일치의 정도를 나타낸다고 하였다.

⑤ 밀러(Miller)는 소비자의 만족, 불만족은 제품에 대한 기대 수준과 지각된 성과 수준과의 상호작용으로부터 생긴다고 정의하였다.

⑥ 고객 만족을 높이기 위해서는 고객의 기대를 충족시킬 수 있는 품질을 제공해야 하고 고객의 불만을 효과적으로 처리해야 한다.

(2) 고객 만족 10대 포인트

① 고객의 욕구를 파악하고 능동적으로 대처하라.
② 고객의 심리에 민감하라.
③ 고객이 보고, 듣고, 냄새 맡고, 맛보고, 만져보게 하라.
④ 고객에게 주목받는 서비스 기업을 만들라.
⑤ 고객에게 친절한 서비스 요원이 되어라.
⑥ 고객의 사후관리를 철저히 하라.
⑦ 고객에게 많은 정보를 제공하라.
⑧ 고객의 불만을 잘 들어라.
⑨ 고객이 친밀감을 느끼는 서비스 기업을 만들어라.
⑩ 고객으로부터 받은 이익의 일부를 고객에게 돌려주어라.

(3) 고객 만족의 3대 핵심 요소

고객 만족의 3대 핵심 요소는 제품 요소, 서비스 요소, 기업 이미지 요소로 구분할 수 있다.

① 제품(직접 요소)

시대적으로 보면 이전에는 상품의 하드적인 가치로서의 품질, 기능, 가격 등의 비중이 컸고 상품의 품질이 좋고 가격이 저렴하면 고객은 그것으로 만족하였다. 그러나 풍요의 시대가 되고 고객은 그것만으로는 만족하지 않게 되고 상품의 소프트적 가치로서의 디자인, 사용 용도, 사용의 용이성, 배려 등을 중시하게 되었다.

② 서비스 요소(직접 요소)

감성의 시대로 전진됨에 따라 상품만이 아니고 서비스 구매 시점의 뷰티숍의 분위기, 헤어 디자이너의 접객이 영향을 미치게 되었고 점차로 서비스가 차지하는 비중이 높아지게 되었다. 따라서 뷰티숍으로서는 헤어 디자인 서비스 방법에도 세심한 주의를 기울이고 쾌적한 서비스 방법을 택하지 않으면 고객이 만족하지 않게 되었다. 이제 상품의 측면에서는 그다지 차이가 없게 되었기 때문에 헤어 디자인 서비스 시점의 서비스의 차이가 뷰티 산업의 우열을 결정하게 되었다. 고객 만족의 비중이 상품에서 서비스로 이행하고 있는 것이다.

③ 미용 시장 이미지 요소(간접 요소)

고객 만족의 구성 요소는 직접적으로는 상품과 서비스 등 두 개이지만, 간접적으로 앞으로 중요시되는 것은 미용 시장 이미지이다. 미용 시장 이미지의 내용으로는 사회 공헌 활동 및 환경보호 활동 등이 있고, 이 활동을 적극적으로 펼치는 것에 의해 사회 및 환경 문제에 진정으로 관계하는 미용인으로서의 이미지가 향상되어 고객에게 좋은 인상을 주게 된다. 바꿔 말하면 아무리 상품 및 서비스가 우수하다 하더라도 사회 및 환경 문제에 진심으로 관계하지 않는 미용 시장은 평가가 하락하고 고객의 만족도는 낮아지게 되는 것이다.

(4) 질적인 만족과 심적인 만족

고객이 기대하는 상품 가치 구성의 중요 요소로는 질적인 만족과 심적인 만족이 있다.

① 질적인 만족은 제품의 특성에 대한 만족이다.
② 심적인 만족은 제품의 사용에 부가적으로 제공되는 서비스에 대한 만족이다.
③ 정보화 사회로 진입하면서 제품의 사용 외에 부가적 요소인 서비스에 대한 고객의 기대를 미용 시장이 어떤 식으로 파악하여 이를 경영에 반영하는가에 따라 고객 만족의 크기를 다르게 할 수 있다.

1.2 고객 만족 효과

(1) 고객의 충성도를 높여 재구매 고객을 확보할 수 있다

구매 과정이나 구매를 통하여 만족한 고객들은 미용 시장 및 제품에 대한 좋은 이미지를 가지게 되어, 같은 종류의 제품을 다시 구매해야 할 경우 이전에 구매할 때 만족했던 제품을 다시 구매할 수 있게 한다.

(2) 비용을 절감할 수 있다.

신규 고객보다 기존 고객의 재구매가 매출에 더 큰 영향을 미치는 반면에, 신규고객을 갖는 것보다 기존 고객을 관리하는 비용이 훨씬 적게 들어 비용을 절감할 수 있다.

(3) 최대의 광고 효과를 가져온다

만족한 고객은 구전을 통하여 여러 명의 신규 고객을 창출함으로써 뷰티숍은 광고비를 들이지 않고도 최대의 광고 효과를 얻을 수 있다.

(4) 시장 우위를 가져와 타 뷰티숍의 진입을 막을 수 있다

고객이 만족하는 경우 그 뷰티숍은 가격 우위 효과를 지니고 다른 경쟁사의 진입을 어렵게 하는 효과도 가져온다.

(5) 불만족한 고객도 잘 활용하면 뷰티숍의 성장에 큰 도움이 된다

① 구매에 대하여 불만족한 고객이 있더라도, 고객의 불평불만을 취사선택하여 미용 경영에 반영하면 뷰티숍의 성장에 많은 도움이 된다. 반면에 불평불만을 가지고 아무 말 없이 다른 뷰티숍을 찾는 경우에는 미용은 점차 몰락할 수밖에 없게 된다.

② 고객이 불평불만을 늘어놓을 때 뷰티숍이 어떻게 대처하느냐에 따라 고객은 충성 고객이 될 수도 있고, 영원히 그 고객을 상실할 수도 있다.

(6) 차별화된 서비스의 필요성

① 의의

차별화된 서비스란 한 뷰티숍의 서비스가 다른 뷰티숍의 서비스에 비해서 구매자에게 독특하다고 인식될 수 있는 그 무엇을 창조하는 것을 말한다.

② 필요성

- 다양한 고객의 기호와 고객 간의 이질성 : 고객의 기호가 다양해지고 고객 간의 이질성이 커지면서 각각의 고객에 맞는 서비스의 제공이 필요하게 되었다. 과거 소형차, 중형차, 대형차로 나뉘던 시장도 지금은 경차, 소형차, 준 중형차, 중형차, 중 대형차, 대형차 시장으로 세분화되고, 냉장고도 김치냉장고, 와인냉장고, 화장품냉장고, 생선냉장고 시장 등으로 세분화되는 것이 그 예이다.

- 뷰티숍 간의 기술 수준의 평준화 : 뷰티숍 간의 기술 수준이 평준화되고 모방이 용이해지면서 제품 간 차별성은 떨어지고 유사성은 증가하는 제품의 범용화 현상이 나타나면서, 차별화된 서비스의 필요성이 커지게 되었다.
- 다양해진 고객의 니즈 : 뷰티숍이 제공하는 서비스 안에서도 고객의 니즈는 다양하므로 각각의 고객에 맞는 서비스의 제공이 필요하다.
- 접점별 다양한 고객의 니즈 만족 : 고객 접점별 다양한 고객의 요구에 대한 고객의 니즈에 맞는 실제 서비스를 제공하여 서로 다른 고객의 니즈를 충족시켜 편안한 서비스와 신속한 서비스로 고객의 차별화된 서비스를 제공해 줄 수 있다.

1.3 고객 만족 경영시대의 도래

(1) 고객 만족 경영의 의의

① 고객 만족 경영의 실체는 뷰티숍이 실현하고자 하는 제품의 가치에 대하여 고객이 만족하는 상태를 만들어 충성 고객의 확보를 추구하는 경영 방식 및 전략이다.

② 고객이 필요한 재화와 용역을 사용하고 원래 기대했던 것과 비교해 만족하도록 한다는 것이 한 뷰티숍의 목표이자 경영 기준이 된 상태를 의미한다.

③ 고객 만족 경영의 목표는 뷰티숍의 이익 창출의 극대화에 있다. 즉 고객 만족경영을 통하여 신규 고객 및 충성 고객을 늘림으로써 미용 시장의 경쟁력을 강화하고, 원가 구조를 개선함으로써 이익을 극대화할 수 있는 것이다.

(2) 공급자 우위 시장에서 고객 우위 시장으로 변환

① 산업혁명 이전의 소량 생산 시대에서는 공급 부족으로 공급자 우위의 시장이 형성되어 고객 만족이라는 개념은 존재조차 하지 않았다. 그러나 산업혁

명 이후 대량생산 시대를 거치면서 공급이 수요를 초과하게 되자 각 미용 시장들은 생존을 위해서 고객 만족에 눈을 돌리게 되었다.

② 이제 고객을 사로잡지 못하는 뷰티숍은 바로 도태되어 사회에서 퇴출되기 시작하면서 고객 만족이 경영의 최고 화두가 되었다. 아울러 종전의 생산 지향적, 판매 지향적 경영도 고객 지향적, 사회 지향적 경영으로 변환되었다.

(3) 4P에 4C를 동시에 고려

마케팅의 4P[Product(상품), Price(가격), Place(유통), Promotion(촉진)]는 생산자 혹은 뷰티숍의 입장에서 마케팅의 접근 방법을 일컫는다. 그리고 정보사회가 되기 이전에 수요가 공급을 초과하는 '만들기만 하면 팔리는' 상황이었기 때문에 미용 산업은 주로 기술 개발이나 제품 생산 효율성에 치중한다.

하지만 시대가 변하면서 교육 수준이 높아지고 정보기술이 발달하게 됨에 따라, 제품을 구매하거나 소비하는 이들은 자신의 지식이나 정보력을 바탕으로 보다 효율적인 소비를 하려는 행태를 보이게 된다. 미용인들 또한 기술의 평준화 혹은 격차 감소로 인해 심화된 경쟁에 직면하게 되며, '잉여 자본'이 생기게 된 것이다. 즉 결과적으로 생산과 소비의 관계에서 현재의 소비자들이 헤게모니를 쥐게 된다.

이러한 점에서 기인하여 미용인 중심의 근시적인 4P에서 벗어나 소비자 중심으로 마케팅을 바라봐야 한다는 4C가 태동하게 되었다. 이제 고객 만족 경영은 마케팅 믹스의 핵심 요소인 4P에 4C를 동시에 고려하여 활용하기 시작했다.

4P 관점 [Product(제품)/ Price(가격) / Place(유통)/ Promotion(판매촉진)] => 4C 관점[Customer Needs(소비자 욕구 충족)/ Cost(비용 → 가치)/ Convenience(소비자 편리)/ Communication(쌍방향의 커뮤니케이션)]

① 종전의 마케팅 개념 : 마케팅은 개인과 조직의 목적을 충족시키는 교환을 창조하기 위해서 상품, 서비스, 아이디어 등을 개념화하여 제품(Product)을

생산하고, 가격(Price)을 결정하며, 판매 촉진(Promotion) 및 유통(Place)을 계획하여 수행하는 전 과정이다.

② 최근의 마케팅 개념 : 소비자의 욕구를 충족(Customer Needs)시키기 위해 소비자의 비용(Cost)을 줄여주면서 소비자가 원하는 편리한 곳에서(Convenience) 구매할 수 있도록 함과 아울러 고객과 지속적인 관계를 유지하기 위해 소통(Communication)하는 활동이다.

(4) 총체적 · 전사적 품질관리(TQM) 기법

전통적 관리 기법에서 총체적 · 전사적 품질관리(TQM) 기법으로의 변환과 고객 만족 전통적 관리 기법이 단순 재고 파악, 품질 개선, 유통 구조에 관련한 기법이라면, TQM(Total Quality Management)은 고객 만족을 이루기 위해 최고위 관리층에서부터 하위 계층에 이르기까지 조직의 모든 계층에서, 특히 모든 종업원들이 계속적으로 조직의 작업 과정을 개선시키는 데 관여하게 하면서 관리하는 방법으로, 고객 만족을 달성하기 위한 전략적 · 통합적 관리 체제라고 할 수 있다.

(5) 고객 범위의 확대를 통한 고객 만족 경영

종전 외부 고객 이외에도 내부 고객(종업원), 주주, 경영자까지도 고객 범위를 확대하는 바라보는 인식의 전환이 필요하며, 내부 고객과 외부 고객이 동시에 만족할 때에만 미용 시장의 지속적인 성장이 가능하다고 할 수 있다.

(6) 고객 만족 경영의 유의점

고객 만족 경영(CSM)은 고객 중심적 사고를 바탕으로 모든 경영 활동을 전개해 나가는 신 경영 조류의 하나다. 고객 만족 경영을 함에 있어서는 다음과 같은 사실을 명심해야 한다.

① 고객은 자기가 받은 최고의 품질, 서비스 등을 기준으로 서비스를 판단하며, 한 번 높아진 고객의 기준은 낮아지지 않는다.
② 고객의 기준에 미치지 못한 서비스의 제공은 고객을 불만 고객으로 만들고 다시는 서비스를 제공할 기회를 주지 않는다.
③ 고객의 기준과 경쟁 뷰티숍의 서비스 수준은 항상 변화하고 있는데, 시설 투자, 인건비 등의 문제로 요구 수준을 맞추기는 어려운 것이 현실이다.

1.4 고객 만족 경영의 변천

(1) 도입기(1980년대)

① **도입 업체** : 인적 설비를 주로 이용하는 식당, 호텔, 백화점 등과 국내의 일부 미용 산업 등에서 도입하기 시작하였다.
② **주요 내용** : 판매 증진을 위한 제품 사용 안내 등의 초보적인 친절 서비스에 국한되었다.
③ **활용도** : 소극적, 타율적, 보조적으로 사용

(2) 성장기(1990년대)

① **도입 업체** : 공공기관을 비롯한 국내의 대부분의 미용 산업에서 도입하기 시작하였다.
② **특징** : 경쟁이 치열해지면서 각 미용 시장은 전사적 고객 만족 경영 프로그램을 개발하고, 적극 활용하기 시작하였다.
③ **주요 내용**
- 미약하지만 처음으로 내부 고객의 중요성도 인식하기 시작하였다.
- 고객 만족 경영팀을 신설하고, 고정 고객의 이탈을 방지하기 위한 DB를 구축하여 관리하였으며, 인터넷의 발달과 함께 사이버 고객에 대하여도

관심을 갖기 시작하였다.
- 전사적 고객 만족 경영체제 개념과 A/S 제도가 도입되었다.

④ **활용도** : 자율적, 적극적으로 사용

(3) 완성기(2000년대)

① **도입** : TQM 체제를 통하여 고객관리 시스템 경영 기법이 활성화되었다.

② **특징** : 리콜 제도의 강화, 제조물 책임법과 집단 소송제 도입 등으로 미용인의 책임과 고객 만족을 동시에 강화하였다.

③ **주요 내용**
- 글로벌 시대를 맞아 내부 고객, 외부 고객 이외에 글로벌 고객에까지 고객 만족 경영을 확대하고 있다.
- 기존의 고정 고객관리도 고객 생애가치까지 고려한 고객 만족 경영을 시행하고 있다.
- 활용도 : 고객 만족 경영의 생활화 및 선도 역할을 수행하고 있다.

1.5 고객 만족 경영의 패러다임의 변화

(1) Push 마케팅에서 Pull 마케팅으로 변화

① 과거의 마케팅은 고압적인 마케팅으로 표준화와 규격화에 의해서 대량으로 생산된 상품을 소비자에게 강매하는 것이 기본 방침으로 소비자의 욕구는 무시한 채, 미용 산업의 내부적인 관점에서 생산 가능한 제품을 생산하여 마케팅하는 Push 마케팅이었다. 즉 내부에서 외부로 행해지는 경영 전략이라고 할 수 있다.

② 과학기술·정보기술의 눈부신 발전으로 세계가 하나의 네트워크 속에서 글로벌화·디지털화·무한 경쟁화되면서, 고객들이 스스로 정보 공유를 할 수

있는 힘이 생기게 되었다. 이에 따라 마케팅의 중심이 고객으로 넘어가면서 고객이 미용 산업의 마케팅에 참여하는 Push 마케팅이 새롭게 각광받고 있다. 즉 외부에서 내부로 행해지는 경영 전략이라고 할 수 있다.

(2) 생산자 위주에서 소비자 위주로의 변화

① 세계 경제가 단일화 · 정보화 · 무한 경쟁화되면서 고객 만족 경영이 경영의 중심이 되었고, 고객 만족 경영에 실패한 뷰티숍은 미용업 자체가 살아남을 수 없게 되었다.

② 과거에는 생산자 중심이었다면 새로운 소비 패턴과 신세대 소비층의 증가는 소비자의 파워가 뷰티숍과 대등한 위치에까지 도달하였다.

(3) 패러다임의 변화

과거(기업 중심적)	패러다임	현재(고객 중심적)
기업이 왕	힘의 우위	고객이 왕
일방적	커뮤니케이션	쌍방향적
시장점유율, 매출액	마케팅 목표	고객점유율
제품	관리 및 지식 기반	고객
기업의 현재 가치	중시되는 가치	고개의 평생 가치
표준화 마케팅	마케팅 방법	개별화 마케팅
비차별적 마케팅		데이터 베이스 마케팅
집단(매스)마케팅		일대일 마케팅
제품	판매 대상	서비스
100% 마켓, 10% 고객	BSC(Balanced Score Card, 균형성과표) 내지 조직의 목표	100% 고객, 10% 마켓
획득하는(A : Acquisition) 선락	고객 경영의 주요 목표	개발하고(D : Development), 유지하고(R : Retention), 공유하는(S : Sharing) 전략

2 CS 경영 사례 연구

2.1 고객 만족 경영 실천 10단계와 일본능률협회의 5가지 고객 만족 경영의 원리

(1) 고객 만족 경영 실천 10단계

① 1단계

- 고객 만족의 이념 확립을 전사적으로 확립하기 위해서 우선 최고경영자의 뜨거운 열정과 이들 경영진의 이념을 성문화하여야 한다.
- 고객 만족이 "사업의 목적"이 되어야 하고, 반드시 명시되어야 한다.

② 2단계

- 고객 만족 책임자를 선정하고 컨설팅 기관과 협력하여 고객 만족 추진팀을 발족시켜야 한다.
- 고객 만족팀은 몇 개의 기본 업무와 관계된 라인을 거쳐 주요 기능으로 모으고 각 부문의 관리자들을 새롭게 통합한다.
- 책임자는 가장 먼저 고객의 욕구를 파악하고 이를 만족시키기 위해 고객이 어떻게 하고 있는가, 당사 및 타사의 고객 만족 점수는 얼마인가를 알아야 한다.

③ 3단계

- 객관적, 정기적인 고객 만족도 조사를 실시하고 조사 결과를 분석하여야 한다.
- 고객 만족도 조사는 일반적인 시장조사와는 달리 고객 만족도만을 집중적

으로 조사하며, 경쟁사와 대비하여 만족 여부를 지수로 표시한다.

④ 4단계

- 최고경영진의 의지, 경영 이념, 고객 만족도 조사의 결과를 감안하여 새로운 경영 목표를 수립한다.
- 특히, 고객 만족도 향상 목표와 부문별 중점 사항을 검토, 실천 방안을 모색한다.
- 목표는 고객의, 고객에

⑤ 5단계

- 고객 만족에 대한 교육 및 홍보 활동을 전개하며 필요에 따라 비디오에 의한 특성을 반영한 고객 만족 매뉴얼을 제작하는 방법, 고객 만족 추진 결성대회 등으로 전 사원이 고객 만족 Mind를 갖도록 노력해야 한다.

⑥ 6단계

- 실천 프로그램을 작성하여 부문별 실천 프로그램, 개인별 실천 계획을 수립하여야 한다.

⑦ 7단계

- 상품 및 서비스를 개선하여 고객 만족은 나로부터 실천한다는 의지를 다진다.

⑧ 8단계

- 결과에 대한 점검을 하고 개선 활동을 평가한다.

⑨ 9단계

- 성과에 대한 인식과 보상을 강조하여 우수 개선 사례를 발굴하고, 개선 결과에 대한 조직 내 홍보에 주력한다.

⑩ 10단계

- 고객 지향적 문화 형성에 힘써 대내적으로는 고객 지향적인 문화를 형성하고, 대외적으로는 고객 지향적인 이미지를 창출한다.

2.2 일본능률협회의 5가지 고객 만족 경영의 원리

① 미용 산업의 최종 상품은 고객 만족이라고 정의하는 것

② 고객 만족을 조직적으로 창조할 수 있는 경영의 실현이 필요하다는 것을 인식하는 것

③ 고객 만족도를 정기적, 정량적으로 측정해서 경영의 지표로 삼는 시스템을 구축하는 것

④ 이 만족의 측정 결과를 경영자가 직접 선두에 서서 검토하고 제품과 서비스, 그리고 사내 풍토와 미용 산업 활동 전체를 조직적, 계속적으로 쇄신하고 개혁하는 것

⑤ 고객 만족의 향상을 새로운 시대에 어울리는 경영 구심점으로 삼는 것

2.3 미국 노드스트롬 백화점 사례 연구

사실 우리에게 노드스트롬(Nordstrom)이라는 이름은 낯설기만 하다. 그러나 노드스트롬의 고객 만족을 위한 최고의 서비스는 이미 세계적으로 많은 미용 산업들의 표본이 되어 왔으며 우리나라의 삼성, LG 등과 뷰티숍도 노드스트롬을 벤치마킹한 것으로 알려져 있다. 노드스트롬은 창업에서부터 고객 만족이라는 미용 산업 문화로 다른 뷰티숍과의 차별화를 통해 크게 성공을 이루었고, 이러한 노드스트롬의 성공 요인은 역피라미드 조직 구조와 가족 경영과 같은 미용 산업 문화이다.

(1) 경영 철학

노드스트롬의 경영 철학은 최고의 서비스(Exceptional Service), 다양한 선

정(Selection), 품질(Quality) 및 가치(Value)였다. 철저한 고객 봉사주의를 기초로 한 것이다.

(2) 가족 경영 노드스트롬 문화

경쟁 업체에 비해 노드스트롬의 최고의 강점은 백화점이 노드스트롬 일가에 의해 지금까지 관리·운영되어 왔다는 점이다. 노드스트롬은 이미 4대에 이르고 있는데, 가족 경영은 백화점 연혁에 대한 이해와 변함없는 메시지, 장기 계획의 안정성을 가져온다. 노드스트롬을 떠받치는 문화와 철학인 "고객에게 최상의 서비스를 제공하라"는 다음 세대에도 꾸준히 이어질 것이다.

(3) 역피라미드 조직

노드스트롬의 조직 구도는 역피라미드 형식이다. 고객이 맨 상단에 있으며 그 다음에는 판매 사원 및 판매 지원 사원이 있다. 그 밑에 매장 지배인, 상점 지배인이 있다. 그리고 그 밑에는 구매 담당자, 머천 다이징 매니저, 지역 지배인, 총 지배인이 있다. 그리고 맨 아래에 이사회가 있다. 이는 현장에서 고객 서비스 제일주의를 달성할 수 있는 모든 조치를 강구하는 것이다. 1997년《포춘》지는 고객 만족도 조사 결과 백화점과 대형 할인점 부문에서 노드스트롬이 최고의 표를 얻었다고 발표했다. 그 비결은 서비스에 대한 리더들의 탁월한 식견과 종업원들의 능력에 대한 깊은 신뢰에 있다. 윗사람과 상의해 봐야 한다는 말은 노드스트롬 매장에서는 들을 수 없다. 모든 유통업체가 귀찮아하고 꺼리기 마련인 무조건적인 반품도 노드스트롬은 골치로 여기기는커녕 매장 홍보쯤으로 생각한다. 노드스트롬 매장 현장에 있는 직원이 이토록 소상하게 경영 정책을 자기 나름대로 소화하여 실천하고 있다는 것은 매우 인상적이며, 이것이 노드스트롬만의 특별한 점이다.

(4) 현장 배회 경영(MBWA ; Management By Wandering Around)

① 개념

경영자가 돌아다니며 종업원들이나 고객, 그리고 기타 조직과 관련된 사람들과 얘기를 나눔으로써 필요한 정보나 의사를 주고받는 것을 말하며, 노드스트롬도 종업원에게 대폭 권한을 주면서도 현장에서 그 권한에 따른 역할 등이 제대로 사용되고 있는지 확인하기 위하여 비공식적으로 현장 배회 경영을 실시하고 있다.

② 효과

- 종업원들이나 고객, 그리고 기타 조직과 관련된 사람들과 얘기를 나눔으로써 필요한 정보를 얻고 경영에 반영할 수 있다.
- 의사소통이 일어나는 장소가 종업원들에게 익숙한 곳이라 현장감 있고 솔직한 의견 수렴이 가능하며 경영자에 의해 백화점의 방침이나 관심 내용이 직접 전달되므로 정보의 왜곡이 생기지 않는다.
- 현장에서 종업원이나 고객에게 발생한 문제에 대하여 지원하고 해결해 줄 수 있다.

(5) 노드스트롬의 인재 정책

노드스트롬은 외부 고객보다 내부 고객을 먼저 섬긴다. 내부 고객인 직원들에게 충분한 보상을 제공함으로써 직원들은 자신의 가게를 운영하는 마음으로 매장을 운영하고 고객에게 최상의 서비스를 제공할 수 있기 때문이다.

① 종업원의 채용 및 인사관리

노드스트롬은 인적자원의 고용, 교육, 보상 시스템을 서비스 관리의 주요한 도구로 인식하고 인적자원이 백화점 서비스 품질을 이룩하는 데 크게 기여하게 만들고 있다. 고객과 접촉하는 종업원은 고객과의 거래 성공에 중요한 인적자원이므로 종업원의 선발 방식이 무척 까다롭다.

학력이나 경력 대신에 자신의 일에 자부심을 갖고 진정으로 남에게 즐거움을 줄 수 있는 사람을 뽑으려 하고 있으며, 또한 선발된 종업원들에게 고객서비스 의식을 철저하게 교육하고 있고, 이들의 사기 향상을 위하여 내부 승진을 원칙으로 하고 있는데, 이는 하나의 문화와 전통이 되고 있다. 판매사원뿐만 아니라 매니저, 상품 구매자에게도 커미션을 지급하므로 관련된 종업원들이 시간이 있을 때마다 매장에 나타나서 어떻게 하면 고객에게 더 좋은 서비스를 통해 매출을 계속적으로 증가시킬 수 있는지를 연구하게 된다.

② 외부 고객보다 내부 고객을 먼저 섬겨라

노드스트롬은 고객을 대하고 있는 최일선에 있는 직원들이나 판매사원들이 진심으로 고객에게 만족스러운 서비스를 제공할 수 있도록 특별한 대우를 하고 관리한다. 경영진과 매장 간부들은 직원들이 고객과 불편한 관계로 문제가 발생하지는 않는지를 항상 주의 깊게 살피고 있다.

첫째, 노드스트롬 경영진이나 간부들은 직원들의 기분이 상하지 않도록 하고 업무적인 대화나 일상적 대화에도 항상 주의를 기울임으로써 직원이 최고의 서비스를 실행할 수 있는 마음 상태를 유지하도록 노력한다. 노드스트롬 임직원과 간부들은 직원들의 마음 상태부터 최고로 유지할 수 있도록 하며 이는 고객 서비스를 최고로 할 수 있는 원동력이다.

둘째, 직원은 고객 서비스에 관한 모든 일을 독립적으로 결정할 수 있는 권한이 있다. 노드스트롬에서는 상사에게 물어보겠다는 말을 들을 수 없다.

③ 모든 규칙과 규정을 없애라.

노드스트롬에는 사규가 오직 하나뿐이다. "모든 상황에서 결정은 오직 스스로의 판단에 따라 내리라는 것이다. 그 외에 다른 규칙은 없다!"이것이 뜻하

는 바는 고객 서비스를 일선 직원 및 창구

직원에게 일임하고 업무에 필요한 모든 것들을 제공하라는 의미이다. 이 규정에는 고객 서비스에 대한 리더의 탁월한 식견과 종업원들의 능력에 대한 깊은 신뢰가 들어 있다. 이것이 바로 노드스트롬 백화점 문화의 핵심이다.

(4) 개인 사업가 같은 종업원

노드스트롬은 현장 직원에게 개인의 주도권을 인정하고 아이디어를 기대하고 장려하며, 설득하고 요구한다. 노드스트롬이 현장에 모든 결정 권한을 위임하고 판매에 따른 커미션을 제공함에 따라 판매사원 각자가 자기 소유의 가게 사장처럼 열성적으로 일하는 독특한 백화점 문화가 형성되었다. 직원들은 자율성이 더 많이 부여됨에 따라 만족감은 커진다. 고객 서비스에 대한 자율성을 갖고 있는 노드스트롬의 종업원들은 고객과 거래를 할 때 자신의 판단으로 고객을 만족시키기 위한 노력을 할 수 있어 더욱 만족한다. 그렇게 되면 종업원의 만족은 고객의 만족으로까지 이어지는 것이다.

(5) 충분한 보상을 통한 동기 부여 및 인센티브의 제공

노드스트롬은 소매업계 최초로 판매수수료 제도를 도입하고, 각종 포상 제도를 신설하여 능력에 따라 종업원이 자신의 수익을 높일 수 있도록 함으로써 자발적으로 일에 충실하도록 하였다.

(6) 팀플레이의 장려

노드스트롬의 장점 가운데 하나는 현장에서 팀플레이를 장려하며 스타 판매원(친절 우수 사원)이 되도록 직원들을 격려하는 것이다. 뛰어난 성과를 낸 직원들에게 개인적으로 포상하는 것뿐만 아니라 매장 전체에 대한 포상도 실시하고 있다. 그 이유는 자기 커미션에만 열중하는 직원들에게 팀워크의 중요성을 인식시키기 위해서이다. 또한, 팀워크는 유연하고 신속한 의사결정과 업무의 효율성을 통한 스피드를 증가시킨다.

(7) 종업원 지주 제도

종업원 지주 제도를 일찍부터 도입하여 장기 근속하고 퇴직한 자는 매우 큰 금액의 연금을 받을 수 있다.

(6) 외부 고객에 대한 감동 정책

① 어떤 경우에도 고객에게 NO라고 하지 않는다.

노드스트롬은 어떠한 경우에도 고객에게 NO라고 하지 않는 것으로 유명하다. 판매사원들은 "고객은 항상 옳다."라는 명제 아래 고객에게 최선의 서비스를 펼치고 있다. 노드스트롬에서는 고객이 찾는 물품이 없을 때에는 경쟁업체에 가서라도 물건을 구입해와 고객에게 제공한다. 판매하지도 않는 타이어에 대한 반품 요구에도 NO라고 하지 않고 반품해준 사례도 있다.

② 100% 반품의 100% 고객 만족

노드스트롬은 100% 반품 정책으로 고객에게 신뢰를 준다. 고객의 실수로 물건에 하자가 생겼을 때에도 주저 없이 반품을 해준다. 물건을 구매해간 후 몇 년을 신다가 신발을 가져오는 경우에도 아무 조건 없이 반품해준다. 2% 비양심적 고객 때문에 98%의 선량한 고객을 희생시켜서는 안 된다는 것이 노드스트롬의 방침이다. 또한, 반품 정책은 하나의 광고이다. 노드스트롬의 이와 같은 서비스를 경험한 고객들이 주변의 고객들에게 알리기 때문에 광고가 필요 없는 최고의 서비스 정책이다.

③ 개인별 고객 수첩

노드스트롬의 종업원들은 미용 산업에서 제공한 개인별 고객 수첩을 잘 활용하고 있다. 일별, 주별, 월별 행사표와 일일계획표, 일과표, 전국 노드스트롬매장의 전화번호 등이 수록되어 있다. 매장 전화번호는 고객이 찾는 특정한 ○○○이나 다른 매장에서 구할 수 있는지 알아보기 위한 것이다. 최고의 종업원들은 이 고객 수첩을 잘 활용하며, 고객의 이름과 주소 및 전화번호, 사이즈와 체형, 메이커 선호도, 좋아하는 색상과 스타일, 이전에 구매한 상품, 고객과 가족의 기념일 등을 적어두고 고객관리에 활용한다. 종업원은 이 정보를 이용하여 고객이 좋아할 만한 상품이 들어오면 미리 알려주기도 하고 감사의 편지를 보내거나 안부편지를 보냄으로써 고객과의 유대를 유지하고 있다. 이 개인별 고객 수첩 제도는 오늘날 고객 관계 마케팅(CRM)의 일환으로 매우 중요시되고 있다.

④ 다양한 제품 구색

노드스트롬은 타 백화점들에 비해 다양한 제품의 구색을 갖추어 고객이 노드스트롬을 방문해서 찾을 수 없는 제품은 다른 백화점에도 없도록 노력하고 있다. 즉 한 번의 방문으로 서비스를 쉽게 획득할 수 있도록 하였고, 아울러 다양한 가격대의 제품을 진열하여 고객들이 원하는 가격에 원하는 제품을 구입할 수 있도록 함으로써 타 백화점에 비하여 단위면적당 매출액이 월등히 높다.

(7) 노드스트롬의 특별한 가격 정책

① 고객이 신뢰할 수 있는 가격을 책정한다.

노드스트롬은 고객을 속이지 않고 합리적인 가격에 적정한 품질의 상품을 제공하는 것을 모토로 한다. 바이어가 시장조사를 충분히 실시해 언제나 적정한 가격으로 책정하기 때문에, 경쟁사들보다 가격이 비싸지 않다는 데 있다.

특히 고급브랜드 상품도 애초부터 터무니없는 가격을 붙이는 것이 아니기 때문에 할인이나 세일도 일체 하지 않으며 세일을 하는 것은 그 외의 상품이다. 고객들이 노드스트롬에서 쇼핑을 하는 주요 이유의 하나는 바로 신뢰할 수 있는 가격 정책 때문이다.

② 가격 경쟁보다는 서비스 경쟁을 우선한다.

노드스트롬은 항상 정상 이윤 또는 그보다 약간 낮은 이윤을 추구한다. 그러나 전 세계적으로 불어닥친 불황 속에서 경쟁사들이 앞 다투어 출혈 경쟁에 뛰어들고, 소비자들도 조금이라도 싼 곳을 찾고 있다. 노드스트롬은 가격 경쟁 대신 이들과 차별화하여 서비스 강화에 주력하고 고급 브랜드나 고도의 패션 브랜드를 개발하여 최적의 가격으로 판매하는 전략을 취하고 있다.

③ 노드스트롬만의 독특한 할인 매장

노드스트롬은 백화점과는 별도로 할인 매장 형태인 노드스트롬 랙을 운영, 노드스트롬 백화점의 재고품은 물론 디자인이나 품질은 좋으나 아직 알려지지 않은 브랜드를 발굴하여 판매하고 있다. 서비스는 물론 제품 또한 노드스트롬 백화점에 뒤지지 않고 합리적인 가격을 제시하고 있어 고객들로부터 좋은 호응을 얻고 있다. 또한, 셀프서비스 판매 방식, 하이테크 백화점 운영과 저비용 백화점으로 이 분야에서도 개척자가 되고 있다. 랙은 당시 재고품으로 남은 신발들을 랙(선반)에 놓고 판매하였기 때문에 붙여진 이름이며, 할인 매장이지만 절대 값싼 제품이나 철지난 재고품만을 취급하지는 않는다. 가격을 합리적으로 조정하여 보다 많은 고객을 끌어들이기 위한 고객과의 접점을 넓혔을 뿐 서비스와 매장이 주는 분위기, 제품의 질은 노드스트롬 백화점과 비교하여 결코 손색이 없다.

④ 노드스드롬만의 고객을 위한 매력적인 휴식 공간

노드스트롬이 특별한 점은 고객이 매장에서 쉬거나 앉아서 휴식하는 것도 고객 서비스로 생각하는 데 있다. 노드스트롬에서는 물건을 사지 않더라도 어떤 매장이든 배회하면서 구경할 수 있고 이에 대해 전혀 개의치 않는다. 고객은 매장에 들어와서 아무런 거리낌 없이 돌아볼 수 있고 충분히 상품을 만져보고 감상할 수 있다. 노드스트롬은 어느 지점을 가든 입구에 커피 전문점을 두고 있으며, 고객들은 쾌적한 안락의자에 앉아서 편안하게 피아노 연주를 감상할 수 있고, 기억에 남는 이벤트 등을 마련해 고객들에게 제공하고 있다. 내부 장식은 화려하고 고급스럽게 장식하고, 로비에는 조각상이 있고 전통적 나무 가구, 현대적 직물 등으로 장식한 고풍스러운 유럽 양식과 현대 양식이 혼합되어 있다. 외장은 매장 안을 밝은 느낌이 나게 하는 개방식 윈도를 설치하였으며, 외관은 주변 환경과 어울릴 수 있도록 백화점의 정면은 지역 입지에 맞도록 설계한다. 실내에는 항상 대중에게 친근감을 줄 수 있도록 전문가보다는 지역 미술가의 작품을 특별히 설치한다. 노드스트롬 뷰티숍 분위기는 지역 아마추어 미술가들에게 작품 설치를 요청한다.

(8) SWOT 분석을 통해 본 환경 분석

① 의의

SWOT 분석은 미래의 외부 환경 변화에 따른 기회(Opportunities), 위협(Threats) 요인과 백화점의 내부 능력에 있어서 강점(Strengths), 약점(Weaknesses) 요인 분석을 통하여, 백화점의 강점을 활용하거나 약점을 보완하여 기회 요인을 극대화하고 위협 요인을 극소화하는 등의 미래 전략 대안을 개발하기 위한 경영 도구이다. SWOT는 강점(Strengths), 약점(Weaknesses), 기회(Opportunities), 위협(Threats)를 의미하며, 강점(S)과 약점(W)은 내부 환경 분석에 해당하며 기회(O)와 위협(T)은 외부 환경 분석에 해당한다. 백화점 내부의 강점과 약점을 백화점 외부의 기회와 위협을 대응시켜 백화점의 목표를 달성하려는 SWOT 분석에 의한 마케팅 전략의 특성은 다음과 같다.

- SO 전략(강점-기회 전략) 시장의 기회를 활용하기 위해 강점을 사용하는 전략을 선택한다.
- ST 전략(강점-위협 전략) 시장의 위협을 회피하기 위해 강점을 사용하는 전략을 선택한다.
- WO 전략(약점-기회 전략) 시장의 약점을 극복함으로써 시장의 기회를 활용하는 전략을 선택한다.
- WT 전략(약점-위협 전략) 시장의 위협을 회피하고 약점을 최소화하는 전략을 선택한다.

② 노드스트롬과 SWOT

- S(강점)
- 외부 고객 만족 : 조건 없는 반품, 다양한 제품, 다양한 가격, 쾌적한 휴식 공간
- 내부 고객 만족 : 권한 위임, 판매 수수료제, 내부 승진 원칙

- W(약점)

고비용 구조, 내부 승진에 따른 치열한 경쟁과 스트레스, 커미션 체제, 공통적 업무 기능에 집중하지 못함, 전국적 마케팅 노력의 부족

- O(기회)

할인점 노드스트롬 랙의 성장, 인터넷 상거래 제도의 성장, 중산층이 명품을 소비하는 트레이딩업 현상

- T(약점)

대형 할인마트의 시장 진입, 치열한 가격 경쟁

(9) 고객 서비스가 미래 경쟁력이다

① 실패한 서비스를 백화점 발전의 기회로 삼아라

완벽한 서비스가 항상 제공되는 것은 아니며, 서비스도 종종 실패할 경우가 있다. 이때 중요한 것은 실패를 기회로 삼을 줄 알아야 한다는 것이다. 즉 실패한 서비스에 대하여 최선을 다하여 서비스를 회복시켜 준다면 백화점의 경영 성과를 획기적으로 상승시킬 수 있다. 완벽한 서비스를 제공한 고객보다 문제가 있더라도 서비스 회복 시스템을 통해 문제를 해결한 고객이 오히려 만족도가 더 높아지고 매출과 이익에도 영향을 미친다는 연구 결과도 있다.

② 백화점의 성공은 고객의 평가에 달려 있다

노드스트롬은 설립 초기부터 미국 사회에 대하여 확실하게 파악하고 '고객 제일주의'를 경영의 핵심 목표로 명확하게 설정하였다. 그리고 모든 경영관리 체제에서 '고객 서비스'를 핵심 과제로 삼고 이를 현장에서 실천할 수 있도록 오랜 시간에 걸쳐 뷰티숍의 일선에서 모든 구성원들이 실행할 수 있는 뷰티숍 문화로 만들었다. 이런 서비스 전략은 오늘날 고객들로부터 좋은 평가를 받아 뷰티숍 성장의 든든한 발판이 되고 있다.

③ 현재보다 미래를 바라보는 고객 서비스를 하여야 한다

노드스트롬은 현장에서 모든 직원과 간부들이 성심성의껏 고객 서비스를 실천한다. 100% 반품, 신뢰할 수 있는 합리적 가격 제공, 결코 고객에게 NO라고 하지 않는 업무처리 방침 등은 당장 매출에는 마이너스가 될 지라도 결국 고객들이 노드스트롬을 신뢰하고 다시 방문하도록 할 수 있었다. 또한, 다른 지역으로 이사하더라도 그 지역의 노드스트롬을 찾게 만들어 결국에는 노드스트롬이 오늘날 성장을 지속하는 원천이 되고 있다.

(4) 한 사람의 불만으로 99명의 고객을 잃을 수 있다

대부분의 산업에서 시장이 성숙 단계로 들어갈수록, 신규 고객을 창출하고 기존 고객을 유지하는 데 고객 만족 서비스는 갈수록 중요해지고 백화점의 성패를 좌우하게 된다. 불만을 갖고 있는 고객 1명은 평균 9~10명에게 그 불만을 전파하는 것으로 조사됐다. 반면 불만이나 고충에 대해 신속하게 응답을 받은 고객의 90% 이상은 고정 고객이 되는 것으로 나타났다. 따라서 불만을 가진 고객이 생기지 않도록 하고, 불만 고객이 있을 경우 신속히 불만을 처리해 불만이 확대되어 전파되지 않도록 하여야 한다. 노드스트롬은 그때그때의 고객 서비스를 통하여 불만을 처리하고 고객들이 항상 그들의 매장을 찾아오도록 유도하고 있다.

(5) 고객 서비스로 미래를 준비한다

급속히 변화하는 현대 사회에서 모든 백화점들은 미래에도 살아남기 위해 효과적인 경영 정책을 수립하는 데 골몰하고 있다. 노드스트롬이 미래를 위해 가장 우선시하는 것은 변함없이 고객 서비스 제일우선주의이다. 아울러 초창기부터 일선에 있는 판매 사원에게 고객 서비스의 권한을 전부 위임하여 그들이 자유스럽게 현장에서 고객 앞에서 의사결정을 하도록 하는 경영 방식을 선택했다. 그래야만 빠른 환경에 민첩하게 대응할 수 있기 때문이다. 현장에서 직면하는 다양한 문제들에 대하여 일일이 상급자에게 결정을 구하고 결정된 내용이 다시 최일선의 직원에 하달될 때는 이미 모든 것이 종료되어 결정 자체가 무의미하게 되고 고객은 이미 불만을 갖고 떠나버린 후가 될 것이다.

2.4 월마트 성공 사례

(1) 개요

1962년 아칸소 주 작은 마을에서 소매점으로 출발한 월마트가 오늘날 세계 최대의 소매업체로 성장한 배경에는 "더 저렴한 가격, 효율적인 물류관리 시스템, 철저한 고객 만족주의"라는 3대 기조를 바탕으로 한 혁신적인 경영이 있었다.

(2) 고객 만족주의를 실현한 월마트

① 월마트의 경영 이념의 바탕은 "경영 활동은 궁극적으로 최종 고객을 지향하는 하나의 프로세서로 인식되어야 한다."는 것이었으며, 창업자 샘 월튼은 이 이념에 엄격하게 충실한 사람이었다.

② 월마트는 고객 편의를 위해 매장 폭을 대폭 늘리고 디스플레이 시설도 정비하였으며, 매장에서 각종 이벤트도 자주 실시하였다.

③ 종업원들은 미소를 짓지 않는 경우 고객이 1달러를 가져갈 수 있도록 함으로써 항상 미소로 고객을 대하였으며, 고객이 카드 결제하는 경우에도 3초 이상 걸리지 않도록 하였다.

④ 노드스트롬처럼 무제한 반품 제도 등 많은 애프터서비스제도를 도입하였다.

⑤ 내부 고객인 종업원을 위해서 수평적 리더십을 구현하여 직원들의 만족을 이끌어내고 월마트의 이익을 골고루 분배하여 월마트을 가족처럼 생각하는 월마트 문화를 만들었다.

3 고객 만족 경영 발전 가능성

3.1 경영 혁명과 3C 시대의 등장

(1) 경영 혁명

① 피터 드러커는 자본주의 시대의 거대한 변혁을 3단계로 구분한 후, 제1단계인 19세기의 산업혁명, 제2단계인 20세기의 생산성 혁명에 이어 현재의 제3단계를 경영 혁명이라 부르고, 21세기에 뷰티숍에는 고객 중심 전략 이외에 경영 혁명이 요구되고 있다고 하였다.

② 경영 혁명은 품질, 지식 경영, 창조 경영 등을 말한다.

(2) 21세기 새로운 경쟁 패러다임 3C

유명한 미래학자 마이클 해머는 21세기를 3C의 시대로 표현했는데, 여기서 3C란 Customer(고객), Change(변화), Competition(경쟁)을 말한다. 변화를 읽고 대처하는 능력에 따라, 선점과 핵심 역량을 길러 경쟁력을 어떻게 강화하는가에 따라, 고객을 얼마나 존중하는가에 따라 조직이나 개인의 성공 여부가 결정된다는 말이다.

① Customer(고객) : 21세기는 고객의 시대, 즉 고객을 만족시키고 감동을 주지 못하면 뷰티숍 경영은 제대로 생존, 성장하기 어렵다.

② Change(변화) : 기존의 뷰티숍 마인드를 바꾸고 글로벌 시장에 맞는 합리적인 조직으로 변화해야 한다. 고객, 인간, 고객 가치 창조 중심으로 변화해야 하며, 변화에 효과적으로 대응하기 위해서는 내부의 의견을 들을 수 있어야 하고 뷰티숍 문화로 정착돼야 한다. 결국, 유연한 조직 문화가 뷰티숍을 변화시킬 수 있는 것이다.

③ Competition(경쟁) : 21세기는 무한 경쟁 시대이다. 종전의 뷰티숍가 중심에서 소비자 중심으로 헤게모니가 넘어가면서 뷰티숍들은 무한 경쟁에서 살아남기 위해서는 고객 중심 경영 전략을 구사하여야 한다.

3.2 과거 패러다임의 폐기

(1) 아날로그형 경영에서 디지털형 경영으로 변화

잭 웰치 회장은 인터넷의 중요성을 강조하여 "기존 사업을 폐기하라.(Destroy your business)"라고 주장하였다.

(2) 5대 경쟁 세력

마이클 포터 교수는 산업 경쟁을 촉진하는 5대 경쟁 세력으로 다음의 5가지를 들고, 이 중 적어도 하나 이상에서 우위를 차지하여야 경쟁에서 살아남을 수 있다고 하였다.

① 기존 뷰티숍 간 경쟁
② 공급자(원자재를 공급하는 공급자로부터 끌려다녀서는 안 되고 교섭력이 요구된다.)
③ 신규 진출 뷰티숍(진입 장벽을 쳐야 한다.)
④ 구매자(구매자의 세력에 끌려가서는 안 된다.)
⑤ 대체자(가장 신경 써야 할 경쟁 세력이다.)

(3) 마켓 센싱(Market Sensing)

마켓 센싱은 기술 흐름과 시장 흐름, 세계 경기 변화를 실시간으로 파악한다는 마케팅 용어이다. 마켓 리서치나 고객 서베이를 통한 마케팅 분석 등이 모두 마켓 센싱에 포함된다.

3.3 신경제 혁명 – 웨버노믹스(Webonomics)

(1) 의의

돈 탭스콧은 경제 특징을 Web + Economics인 웨버노믹스로 보고 21세기

경제의 기본 틀로 12가지 테마를 제시하고 있다. 웨버노믹스 체제하에서는 자원인 지적 재산을 무한대로 공급할 수 있기 때문에 희소성의 원칙이 배제되고 공급 초과 현상이 나타나 적자생존의 원칙과 수확 체증의 법칙이 적용된다고 주장하기도 한다.

(2) 12가지 테마

① 지식(Knowledge) : 오로지 지식만이 자산이다.

② 디지털화(Digitalization) : 방대한 양의 정보가 광속으로 배달되고 전자우편, 재택 근무가 된다.

③ 가상화(Virtualization) : 뷰티숍과 사업장이 가상화된다. 인터넷상에서 노동 성립, 주식시장, 국민투표도 가능하게 된다.

④ 분자화(Molecularization) : 개인이라는 분자에 의해 경제가 움직인다.

⑤ 통합 인터넷(Integrated Internet) : 뷰티숍, 고객 사이의 벽이 허물어진다. 정보 공간이 자연스럽게 통폐합된다.

⑥ 중간 기능의 축소(Reduction of Middle Function) : 중간상, 도매자, 유통업자가 감축된다. 브로커 개념은 사라지고, 주체와 객체가 직접 만나는 시대가 된다.

⑦ 집중(Concentration) : 부(富)가 집중되는 핵심 산업 개념이 변화한다. 자동차, 철강 산업에서 컴퓨터, 통신, 콘텐츠 산업에 모든 역량이 집중된다.

⑧ 혁신(Innovation) : 디지털 경제의 핵심은 혁신이다. 상상력을 갖춘 혁신적 사고를 가진 사람들의 세상이 되고 있다.

⑨ 소비자 대전제(Prosumption) : 소비자가 모든 과정의 전제 요건이다. 사이버 공간을 통해 주문형 생산이 일반화되며 뉴스, 영화 등에서도 나타나고 있다.

⑩ 동시성(Immediacy) : 실제 시간(Real Time) 뷰티숍이 주축이 된 경제가 형성된다. 제품 수명 단축, 모든 현상이 그때그때 반영되지 않으면 무의미하다.

⑪ 글로벌화(Globalization) : 지식에는 경계가 없으며 세계가 하나의 지구촌으로 세계에서 벌어지는 일이 우리에게 곧바로 영향을 준다.

⑫ 불일치(Discordance) : 새로운 패러다임은 갈등을 야기시킨다. 권력, 사회 구조, 경제 구조, 노동, 교육, 가정 등 모든 분야에서 과거와 미래의 불일치도 많은 문제를 발생시킨다.

3.4 디지털 시대의 성공 경영

(1) 고객 만족 경영의 발전

① 초기(1990년대 초) : 고객과 직원이 만나는 고객 접점 중심의 친절 서비스가 주가 되었으며, 뷰티숍은 경쟁적으로 고객 만족팀을 구축하고 이 팀을 중심으로 서비스 개선을 전개하였다.

② 1990년대 초~2000년대 : 고객 니즈를 파악하고 고객 만족 업무 프로세스나 제도 시스템을 개선하는 고객 만족 경영으로 발전하였다.

③ 2000년대 이후 : 총체적 고객 만족 경영(TCS : Total Customer Satisfaction) 혁신이 강조되고 있다.

(2) 모든 테크로드(Tec Road)는 WWW로 통한다

① 의의

현재 전 세계 비즈니스의 대부분이 온라인으로 이루어지고 있다. e-business의 규모는 매년 급상승하고 있으며, 인터넷을 통한 테크로드는 전 세계 뷰티숍들을 네트워크로 연결시켜 세계의 전자상거래가 세상을 크게 변화시키고 있다. 사람, 뷰티숍, 조직도 변화하며 변화의 속도는 점점 빨라지고 디지털과 네트워크 시대로 진입되었으며, 이 변화에 적절하게 대응할 수 있는 뷰티숍만이 살아남을 수 있게 되었다.

② 디지털 시대에 요구되는 경영 능력

디지털 시대에는 속도성, 다변화의 응용 능력, 시기적절한 대응 능력 등을 갖추어야 인터넷 비즈니스를 추진할 수 있다.

③ 3D 체험 경제의 시대

21세기는 디지털(Digital), 디자인(Design), 유전자(DNA)의 3D 체험 경제의 시대라고 한다. 다시 말해 고객의 오감을 자극하고 만족시켜야 가치가 창조되는 시대이다. 또 이런 3D를 바탕으로 디지털적인 사고와 행동, DNA 처럼 유전자로 생명력을 자유자재로 변화시키며, 거의 모든 분야에서 디자인으로 승부하는 첨단 승부 시대이다.

구분	내부 핵심 역량 강화	시장 경쟁력 강화
방법	• 비전 전략 공유 • 임직원(HR) 역량 극대화 • 프로세스 혁신 • 전략적 성과관리 • 변화관리 • 시설 환경관리 등의 혁신 활동	• 브랜드 관리 • 영업력 향상 • 신상품 개발 • 서비스 품질 혁신 • 고객 관계 관리(CRM : Customer Relation Managemnet)
성과	• 비용 절감 • 경영 효율 재고	• 고객 만족 • 시장 성과 창출
결론	• 고객의 기대 수준에 부합하는 상품과 서비스를 제공할 수 있다. • 잠재된 고객의 니즈까지 발굴해 고객에게 새로운 가치를 제공한다. • 고객에게 직접 영향을 주는 자원과 업무를 혁신할 수 있다. • 기업의 브랜드 파워를 높이고 영업력을 강화함으로써 시장에서의 차별화를 확보하고 매출을 극대화할 수 있다.	

④ 파괴적 기술 혁신을 통한 고객 만족 경영 기법의 대표적인 형태

- 진공관의 수요를 대체한 트렌지스터

- 기존 백화점의 입지를 위협하는 대형 할인점 및 TV 홈쇼핑의 출현
- 북미 모터사이클 시장을 잠식한 혼다
- 메모리 반도체 사업에서의 부진을 마이크로 프로세서 사업의 성공으로 이어간 인텔
- 고객 참여를 통한 생산과 소비를 직거래하는 프로 슈머마케팅 기법
- 브라운관의 수요를 대체한 LCD 및 PDP

(3) 총체적 고객 만족 경영(TCS ; Total Customer Satisfaction) 혁신

① 의의

고객 만족 경영이 일반화된 시점에서 한 차원 높은 고객 만족 경영 추진을 통한 경영 효율성 제고와 차별화된 경쟁우위를 창출하자는 총체적 혁신 방법이 제시됐다. 이것이 바로 KMAC(한국능률협회)에서 제안한 '총체적 고객 만족 경영(TCS : Total Customer Satisfaction) 혁신'이다.

② 한국능률협회에서 주장하는 총체적 고객 만족 경영 혁신의 요소

서비스 기업의 경우 경쟁력의 요소는 지식 · 인사 조직 · 정보기술 · 프로세스와 같은 '내부 핵심 역량 강화 요소'와 상품력 · 가격 경쟁력 · 브랜드 · 이미지 · 고객관리와 같은 '시장 경쟁력 요소'로 나눌 수 있다. 이들 모든 경쟁력의 요소를 전사 차원에서 고객 지향적으로 혁신해야 한다는 것이 주요 골자다. 이 모든 요소들이 총체적으로 앞서지 않고서는 경쟁이 치열한 상황에서 고객 만족을 이뤄낸다고 해도 차별화된 성과를 낼 수 없기 때문이다.

③ 컨버전스(융합) 이노베이션 필요

따라서 전문가들은 총체적 고객 만족 경영 혁신의 방법도 과거 시스템 프로세스에 대한 개선 혁신(CS)뿐만 아니라 각 경쟁력 요소에 맞게 6시그마 · 변

화 관리기법 · 도요타 생산방식(TPS) 등을 다양하게 통합해 활용하는 것이 필요하다고 말한다.

- 기업 내 업무 프로세스를 중심으로 한 전사 고객 만족 경영 혁신 활동을 전개하고자 할 때는 6시그마 경영 혁신과 CS 활동의 통합이 필요하다.
- 사업장에서의 업무 효율과 서비스 품질 제고를 위한 현장 중심의 고객 만족 경영 혁신 활동에는 서비스 개선 · 워크아웃(Work Out) · 퀵윈(Quick Win)을 활용할 수 있다.
- 고객 만족 전략 체제에 의해 고객 만족도에 직접 영향을 미치는 요소를 고객 지향적으로 개선하는 활동에는 CS 활동과 CRM(Customer Relation Management)을 통합하는 것이 좋다. 상품 서비스 마케팅 역량 강화를 통해 현장 영업점의 영업과 판매 역량을 향상시키는 프로그램으로는 서비스 개선과 영업 경쟁력 강화 프로그램 활용이 요구된다.
- 시장의 차별화된 포지셔닝을 위한 기업 브랜드 전략 수립에는 BI(Brand Identity) 전략 · 서비스 개선 · 마케팅을 통합해 혁신할 수 있다. 총체적 고객 만족 경영 혁신 추진 단계
  - 1단계 : 내부 핵심 역량과 시장 경쟁 요인을 객관적으로 진단하는 것이 필요하다.
  - 2단계 : 혁신의 전략 방향을 설계한다. 즉 내부 역량 강화 방안과 시장 경쟁력 강화 방안을 마련하는 단계이다.
  - 3단계 : 전사 공유 혁신 교육을 실시한다. 과제 풀을 개발하고 CS 클리닉 · 워크아웃 퀵윈 · 액션러닝 · 6시그마 등을 적절하게 활용하면 된다.

3.5 감성 경영(Emotional Management)

미래학자인 롤프 옌센은 1인당 GNP가 1만 5,000달러가 넘으면 기능보다는 꿈과 감성을 추구하는 꿈의 사회(Dream Society)가 된다고 주장하였으며, 이

기준으로 본다면 한국은 이미 감성형 사회로 전환됐다. 감성형 사회에서는 이성적인 두뇌보다 감성적인 마음이 사람을 움직이며 이처럼 큰 변화가 생기면 경제의 패턴이 바뀌고 경영 방식도 바뀌어야 하는 것이 당연하다. 실제로 농경 사회에서는 육체 노동력이 중요했고, 산업 사회에서는 기계의 힘이 중요했던 반면, 정보화 사회에서는 지식과 정보가 중요했다. 후기 정보화 사회인 21세기에는 창의력과 감성력이 더 중요하다.

(1) 의의

감성 경영이란 고객이나 직원의 감성에 그들이 좋아하는 자극이나 정보를 전달함으로써 뷰티숍 및 제품에 대한 호의적인 반응을 일으키는 경영방식을 말한다. 즉 리더십, 조직 운영 및 인재 관리 등 모든 경영 활동에 감성을 반영하는 것이다.

"21세기엔 지식 못지않게 감성도 중시될 것이다." 미래학자 앨빈 토플러의 말이다. 그의 말처럼 이제 더 이상 뷰티숍들은 직원들에게 '더 열심히, 더 빨리' 식의 슬로건을 내걸지 않는다. 대신 현대의 리더는 직원들이 맡은 바 최선을 다하도록 용기를 북돋아주며 설득하기 위해 권위를 벗어던지고 현장으로 파고든다. 이 같은 변화는 오랜 시간 많은 성공 사례를 통해 검증받은 감성 경영을 배우고자 하는 리더들의 투자인 셈이다. 최근엔 최고경영자들이 앞장서 격식을 벗어던진 채 감성을 자극하고 감성에 호소하며, 감성을 관리하는 모습을 자주 볼 수 있다.

(2) 감성 경영의 도입 효과

① 감성 경영은 대내적으로는 감성 리더십으로 나타난다. 감성 리더십이란 직원들에 대하여 끊임없는 관심과 격려로 피그말리온 효과(타인의 기대나 관심으로 인하여 능률이 오르거나 결과가 좋아지는 현상)를 가져오고 이를 통하여 업무 능률을 향상시키는 것을 말한다.

② 감성 경영은 대외적으로 '감성 마케팅'으로 나타나는데, 감성 마케팅을 통한

고객감동으로 뷰티숍의 매출액과 브랜드 가치의 상승이라는 효과를 도출할 수 있다. 감성 마케팅은 눈에 보이지 않는 감성이나 취향을 눈에 보이는 색채나 형태, 소재로 형상화하거나 인간의 감각이나 감성을 자극할 수 있는 큐(Cue)를 창출하는 마케팅을 말한다. 큐(Cue)란 고객과 판매자 간의 커뮤니케이션과정에서 생기는 고객의 반응으로, 잠재 고객 또는 기존 고객으로 부터의 애용가능성, 구매 행동의 변화에 대한 신호나 암시, 실마리를 말한다.

(3) 감성 마케팅의 사례

① 맛있는 과일이나 과자의 '사각사각' 소리(청각 정보), 아기 기저귀의 '뽀송뽀송'함(촉각 정보) 등은 시각적 정보에 못지않게 소비자의 구매를 유혹한다.

② 구운 빵 냄새를 미국의 슈퍼마켓에 뿌렸더니 슈퍼마켓 내 빵 가게의 매출액이 3배나 증가했다.

③ 와인을 판매하는 매장의 경우 클래식 음악을 사용하였을 때 가격이 비싼 고급 와인이 더 많이 팔리고, 식당의 경우에도 느린 템포의 음악을 배경음악으로 할 때 식사 시간이 길어지고 음료수의 주문이 늘었다.

④ 스타벅스를 이용하는 많은 사람들은 커피 맛보다는 다른 곳에서는 느낄 수 없는 '스타벅스만의 문화'가 존재하기 때문에 그곳을 이용한다.

(4) 감성 경영의 중요성

① 인간은 이성 이전에 감성의 동물로서, 희로애락의 감성이 행동 유발의 강력한 기본이 된다.

② 미유윤창(美遊潤創)의 시대로 진입 : 히라시마 야쓰히마(平島康久)의 저서 《마음을 사로잡는 감성 마케팅》에 의하면 상품 시대에서 감각 시대로, 중후장대(重厚長大)의 시대에서 경박단소(輕薄短小)의 시대를 지나, 이제 바야흐로 미유윤창(美遊潤創)의 시대로 가고 있다고 한다. 경박단소란 편리함

의 시대를 말하며, 미유윤창이란 즐거움의 시대라 할 수 있다. 즉 상품을 얼마나 가볍게, 얇게, 작게 하느냐가 관건인 시대에서 얼마나 보기 좋게, 놀이적 속성을 가미하여 풍부하고 창의적으로 만드느냐가 중요한 시대가 되었음을 말하는 것이다.

③ 전통적으로 우리 민족은 한(恨)과 정(情)의 민족이며, 동방예의지국으로 충효예(忠孝禮) 사상에 기반을 둔 감성이 타 민족에 비하여 훨씬 발달하여 감성 마케팅의 성공 가능성이 그 어느 국가보다 높다.

④ 기술 수준의 평준화와 시장의 포화 상태로 인하여 제품 간의 차별화가 거의 없어진 현재에는 감성 마케팅의 중요성이 어느 때보다 커졌다.

(5) 감성 경영의 효율적인 운영 방법

① 대내적으로 조직 내에서 수직적인 커뮤니케이션 및 수평적 커뮤니케이션이 원활하여야 한다. 이를 통하여 뷰티숍 문화가 긍정적으로 변화하고 업무의 능률이 향상될 수 있다.

② 지속적이고 꾸준한 감성 경영 전략으로 고객의 마음을 사로잡아야 한다.

③ 대내적인 감성 리더십과 대외적인 감성 마케팅은 각각 별개가 아니므로, 하나로 통합되어 운영될 때에만 전체적인 감성 경영이 성공할 수 있다.

3.6 고객 감동

(1) 의의

21세기는 뷰티숍 간의 치열한 경쟁 속에서 고객 지상주의가 본격적으로 인식되는 시기이다. 그야말로 고객에게 “고객이 OK할 때까지” 고객 감동을 주는 뷰티숍만이 살아남고, 그렇지 않은 뷰티숍은 바로 도태되는 시대인 것이다.

(2) 고객 만족과 고객 감동

고객 만족은 정적이고 일시적인 개념인 반면에, 고객 감동은 보다 강도가 높은 개념으로서 감성적으로 고객의 충성도를 제고시켜 궁극적으로는 고객이 제품 또는 서비스의 후원자가 되도록 하는 과정이라고 할 수 있다. 구체적으로 고객 만족은 제품의 이성적 측면, 예를 들어 가격이나 품질 등에 대한 고객의 불만을 해소시켜 고객 만족을 유도하는 반면, 고객 감동은 제품의 이성적 측면뿐만 아니라 감성적 측면, 즉 서비스, 고객 관계 및 제품 이미지에 이르기까지 모든 측면에서 고객을 열광시켜 장기적이고 지속적인 감동을 유도하는 것을 의미한다.

(4) 고객 테러와 테러 고객

고객 테러란 뷰티숍이 불량 제품이나 불량 서비스로 고객에게 피해를 주는 것을 말한다. 이에 반해 테러 고객이란 고객 테러를 받은 고객이 이에 대한 반발로 해당 뷰티숍에 대하여 비방을 퍼트리거나 직접 유형적 · 무형적인 공격을 하는 것을 말한다.

쉬 어 가 기

'종이를 쓰지 않는 사무실' 신세계

신세계는 2009년 3월부터 그린 오피스 환경을 구축한 이래 실천을 지속하고 있다. 무엇보다 '종이 없는 기업 문화 구축'을 목표로 기존 근무 패턴을 180도 바꾸어 나가는 업무개선 활동을 진행 중이다.

프린트물 실명제와 전자 보고 문화 확대로 용지 사용량 27% 절감

백화점 부문은 2009년 5월부터 프린트물 실명제를 도입해 정보보안은 물론 임원이 개인 출력량을 조절하는 캠페인을 펼치고 있다. 이를 통해 불필요한 출력을 자제하고, 표지 없는 보고서 작성하기를 시작으로 문서 작성 간소화 역시 함께 추진 중이다. 또한 전자결재 시스템 활성화와 함께 회의나 보고 역시 노트북과 PC를 활용한 전자 보고 문화를 지속적으로 확대해 나갈 예정이다. 이미 이마트부문은 매주 진행되는 임원회의 때 노트북 회의를 진행하고 있다. 기존에는 회의 참고자료와 문건만 해도 인당 수십 장이었다. 노트북 회의로 전환된 후 서로가 관련 자료를 폭넓게 검토할 수 있게 되어 보다 깊이 있는 회의가 가능해졌다는 평가가 나오고 있다.

신세계는 이와 같이 업무상 가장 많이 사용하는 A4용지를 회의나 보고 문화 개선을 통해 2009년에는 2008년 대비 27% 절감할 수 있었다. 이는 무게로는 총 120톤에 해당한다. 또한 이 정도 종이를 만들려면 30년생 소나무 2464그루가 필요하다고 하니, 절감한 종이량이 환경보호에도 얼마나 도움이 되는지 짐작할 수 있다.

화장실 페이퍼 타월, 종이컵, 개인 휴지통은 NO!

신세계 사무실에서 찾아볼 수 없는 것이 또 있다. 바로 개인 휴지통이다. 휴지통을 없애 휴지 발생 자체를 억제하겠다는 의지의 표현이다. 그 대신 층별로 분리 수거형 공용 휴지통을 비치해두었다.

화장실에는 세면대에 비치되어 있던 종이타월도 없애고 핸드 드라이기 사용과 손수건 이용을 권장하고 있으며, 이와 함께 종이컵 100% 없애기 캠페인의 성공적인 안착을 위해 사무실에서 개인 머그컵 갖기 운동과 외부손님이나 협력회사 상담시에는 공용 머그컵을 지급해 사용하고 있다. 이를 위해 백화점과 이마트에서는 총 5000여 개의 머그컵을 구매했으며 상담실 및 탕비실에 비치해두고 사용하고 있다.

에너지 절약 실천 생활화로 10억원의 비용 절감

에너지 절약을 위해서는 임직원의 자발적인 참여가 필요하다. 이를 위해 점심시간 일괄 소등, 자리 이석 시 모니터 끄기 생활화, 3층 이하 계단 이용하기, 야근 시 부분 점등과 같은 실천 캠페인을 전개하고 있다.

특히 이마트의 경우 구조적인 시스템 개선에도 아이디어를 모아 화장실 직원용 비데에 타이머를 설치하여 절전 기능을 부착하고 매장 내 고객이 없는 계산대의 모니터 끄기 캠페인, 고객용 엘리베이터 기준층 복귀 프로그램 삭제 등 에너지 절감노력을 통해 10억여 원에 가까운 비용을 절약했다.

제12장

CRM(고객 관계 관리)

LOHAS

Lifestyle of Health Sustainability

제12장 CRM(고객 관계 관리)

1 고객 관계 관리 개요

1.1 개념

(1) 의의

고객 관계 관리로 해석되는 CRM(Customer Relationship Management)은 고객 상담 애플리케이션, 고객 데이터베이스, 접점 관리 시스템 등의 고객 지원시스템을 기반으로 신규 고객을 획득하고 기존 고객을 유지하기 위해 고객 요구와 행동을 분석하여 개별 고객의 특성에 맞춘 마케팅을 기획하고 실행하는 경영관리기법으로 정의된다.

(2) 특징

① 고객이 원하는 것이 무엇인지를 발견하고 원하는 것을 원하는 시간에 원하는 방법으로 제공하는 경영 툴이다.
② 고객 획득보다는 고객 유지에 더 비중을 둔다.
③ 고객과 친밀해질 수 있는 관계 향상을 강조한다.
④ 고객의 생활 패턴을 관리한다.

(3) CRM 목적

CRM의 목적은 고객 가치를 최적화함으로써 뷰티숍의 수익 증대 및 비용 절감을 획득하는 것으로, 구체적으로 설명하면 다음과 같다.

① 시장 점유율보다 고객 점유율에 우선하여, 신규 고객 확보 및 기존 고객 유지를 통한 고객 수의 증대를 목적으로 한다.
② 고객 가치 증진을 통한 매출 및 고객 충성도 향상을 목적으로 한다.
③ 고객 운영비용 효율화를 통한 비용 절감을 목적으로 한다.
④ 고객 유지비용의 최적화를 통한 마케팅 비용 효율화 등을 통하여 뷰티숍의 수익을 증대하고 비용을 절감하는 것이다.

(4) CRM의 중요성을 강조하는 연구 결과

① 뷰티숍 수익의 65%는 만족을 얻는 고객을 통해서 이루어진다.
② 신규 고객 획득 소요비용은 기존 고객에게 베푸는 서비스 비용의 약 5배가 든다.
③ 상위 20%에 해당되는 고객 1인의 매출이 나머지 80%에 해당되는 고객 16명의 매출과 비슷하다.
④ 대개의 뷰티숍들은 매년 약 15~20%의 고객을 잃는다.
⑤ 고객 유지율이 몇 %만 증가해도 25~100%까지의 이윤을 증가시킬 수 있다.
⑥ 불만족한 고객의 10% 미만만이 자신이 느낀 불만을 호소하기 위하여 해당 뷰티숍에게 연락을 취한다.
⑦ 만족을 얻지 못한 고객의 91%는 절대로 그 뷰티숍의 서비스 구입을 위해 다시 방문하지 않을 것이며, 최소한 9명에게 자신이 겪은 불쾌감을 이야기한다.

1.2 CRM 용어 정의

(1) 고객(Customer)

① 고객은 과거, 현재에 뷰티숍과 상호작용했거나 미래에 뷰티숍과 상호작용할 개인, 세대, 조직, 뷰티숍을 의미한다.
② 고객은 뷰티숍 내부 고객(디자이너)과 뷰티숍 외부 고객(소비자)으로 구분할 수 있으며, 신규 고객과 기존 고객으로 구분할 수도 있고, 중간 구매 고객(중간 유통, 도매상)과 최종 구매 고객(최종 소비자)으로 구분할 수도 있다. 또한, 고객의 수익성 기준에 따라 일반인, 잠재 고객, 일반 고객, 애호 고객(충성 고객)으로 구분할 수도 있다.

(2) 관계(Relationship)

고객과 뷰티숍의 관계란 고객과 뷰티숍 간의 장기간 콘택트(커뮤니케이션)로 형성되는 상호작용을 의미한다. 상호작용은 고객과 뷰티숍의 개인적인 커뮤니케이션을 통하여 형성되며, 고객의 뷰티숍에 대한 충성도, 몰입도, 친밀감 등으로 나타난다.

(3) 관리(Management)

관리란 고객과 뷰티숍 간의 커뮤니케이션 관리를 의미한다. 뷰티숍은 고객과의 모든 접점 및 커뮤니케이션을 효과적으로 관리하고자 한다.

(4) 접점 관리 시스템(Contact Management Systems)

접점 관리 시스템은 고객과의 커뮤니케이션을 지원하고 관리하는 비즈니스 애플리케이션이다. 뷰티숍은 접점 관리 시스템을 통하여 체계적인 고객 커뮤니케이션 관리가 가능하다.

1.3 CRM의 등장 배경

(1) 고객의 변화

1990년대 후반의 치열한 시장 경쟁과 인터넷의 등장은 고객이 마음만 먹으면 언제든지 경쟁사로의 이동을 가능하게 만들었고, 다양하고 개성화된 고객의 기대와 요구를 양산시켰다. 이에 따라 뷰티숍은 변화하는 고객의 기대와 요구에 부응하여 고객을 안정적으로 유지하면서 뷰티숍의 경쟁 우위를 고수하기 위해 고객 중심적(Customer Centric) 경영 방식인 CRM을 도입하게 되었다.

(2) 시장의 변화

1990년대 후반 이후 시장 규제의 완화, 경쟁사의 증가, 시장의 성숙, 경기 침체, 판매 채널의 다양화 등으로 시장 수요보다 공급이 증가하면서, 시장은 생산자 중심이 아닌 구매자 중심의 시장으로 변화하였다. 구매자 중심의 시장에서 고객은 각자의 선호와 욕구에 맞는 상품과 서비스를 찾기 때문에 뷰티숍은 고객을 동질적 집단으로 간주하는 매스 마케팅에 더 이상 의존할 수 없게 되었다. 이에 따라 뷰티숍은 고객정보를 바탕으로 전략적인 고객 세분화를 통해 목표 고객을 설정하고, 적절한 마케팅 믹스를 실행하는 고객 마케팅 접근 전략인 CRM을 도입하게 되었다.

(3) IT의 발전

컴퓨터 하드웨어의 저장 용량이나 데이터 처리 성능이 빠르게 발전하면서 뷰티숍은 방대한 양의 고객 관련 데이터를 데이터 웨어하우스에 저장하고 데이터 마이닝과 같은 통계 프로그램을 활용하여 과학적인 고객 분석이 가능하게 되었다. 이와 같은 IT의 발전은 고객 및 시장에 관한 중요한 정보와 지식을 미용 산업에 제공하였을 뿐만 아니라 본격적인 CRM 도입을 가능하게 하는 기술적 환경을 형성하였다.

(4) 매출 중심에서 수익 중심으로 뷰티숍 패러다임의 변화

뷰티숍의 경영 방식이 매출 중심으로부터 수익 중심으로 변하면서 평생 고객 확보를 위한 고객 관계 경영방식으로 변화되고 있다.

(5) 마케팅 커뮤니케이션의 변화

고객의 다양성이 심하고 이로 인해 시장이 점점 세분화되어 가고 있을 때, 획일화된 매스미디어사의 브로드캐스팅 광고는 더 이상 효과적이지 못하다. 따라서 광고의 효율을 높이기 위해서는 우선 구체적인 광고의 목표를 세우고 이를 달성하기 위한 목표 고객을 찾아낸 후에 그들의 필요나 욕구를 채워줄 수 있는 상품이나 서비스에 대한 차별화된 타겟 마케팅이 필요하다. 아울러 단순히 상품이나 서비스를 고객에게 알리는 것이 목적이었던 기존 광고에서 벗어나 고객과의 장기적인 관계 유지라는 관점에서 활동을 전개하는 것이 광고의 효율성을 높이기 위한 방안이다.

1.4 CRM의 기대 효과

(1) 마케팅 측면

① 신규 고객을 유치하고 기존 고객을 활성화하여 평생 고객화를 통한 가치를 창출함으로써 수익 및 고객 생애 가치(LTV)를 증대시킨다.

② 고객 라이프 사이클상의 결정적 시점에 효과적 마케팅 활동을 가져올 수 있다.

③ 고객과의 신뢰 관계를 통해 정보를 교류함으로 새로운 시장 기회를 포착하는 네 유용하다.

(2) 영업적 측면에서의 효과

① 뷰티숍은 고객니즈 변화에 대해 신속히 파악하고 대응함으로써 시장 및 고객 니즈의 변화에 맞는 상품을 개발할 수 있다.
② 수익성 높은 고객을 분류해 표적 마케팅을 가능하게 한다.
③ 틈새시장의 기회를 포착하여 신속히 대응하게 한다.

(3) 고객 서비스 측면에서의 효과

① 고객의 행위에 대한 이해를 바탕으로 고객 만족을 증대시켜 결과적으로 고객 충성도 및 고객 유지율을 향상시킨다.
② 반복 구매, 교차 판매 및 격상 판매(추가 판매)의 기회를 가져오기 때문에 구매금액이 높아진다.

(4) 채널 관리 측면에서의 효과

고객 니즈에 맞는 최적의 채널을 제공하고, 비용을 최소화할 수 있는 채널로 고객을 유도하게 한다.

2 CRM 성공 분석

2.1 CRM 성공 전략

(1) 고객 활성화(Customer Activation) 전략

고객과의 거래를 지속적으로 기록하고 구매량에 따라 인센티브나 샘플링, 쿠

폰, 경품 등의 판매 촉진 전략을 제공함으로써 뷰티숍 상품의 구매 빈도를 높이는 전략이다. 구매 빈도가 상대적으로 높은 소비재의 경우에는 상표 충성도의 제고, 사용 빈도의 증가 등의 고객 활성화 전략이 필요하다.

(2) 고객 충성도 제고(Loyalty Enhancement) 전략

고객이 다른 뷰티숍의 상품으로 전환하는 것을 막기 위한 것으로, 고정 고객에 대한 서비스 강화로 고객과의 관계 유지를 강화시켜 뷰티숍 상품에 대한 고객 충성도를 높이는 것이 핵심이다.

(3) 고객 유지(Customer Retention) 전략

가전제품이나 자동차와 같은 내구재는 가격이 비교적 비싸고, 그것이 갖는 사회적 이미지 등으로 인해 지각된 위험성이나 관여도 등이 높은 제품으로, 고객은 구매 후에 자신의 결정이 잘한 것인지에 대한 불안감을 느끼게 된다. 고객 유지 전략은 고객의 이러한 불안감을 제거해 주는 것으로, 구매한 제품에 대한 여러 가지 정보(A/S, 상품 사용 방법, 주변 기기, 긍정적인 상품 평가 기사 등)를 제공해 줌으로써 구매한 제품에 대해 호의적인 태도를 갖게 함과 동시에, 구매한 고객에 대해 개인적인 관심을 표현함으로써 가치 있는 고객으로 대접받고 있다는 점을 소구해야 한다.

(4) 교차 판매(Cross-selling) 전략

기업이 여러 가지 상품을 취급하고 있는 경우 한 상품의 고객으로 하여금 다른 상품을 구매하도록 하는 전략으로, 신제품의 판매를 위해 기존 제품의 데이터베이스를 이용하는 것이다. 예를 들면 백화점에서 냄비 등 주방 용기를 구입한 30대 여성에 대한 정보는 기타 주방용품이나 가전용품의 교차 판매 전략에 사용하거나, 은행 등의 금융 기관에서 뷰티숍의 금융 상품을 보유하고 있는 고객의 특성을 분석한 다음, 가장 가능성이 큰 고객을 대상으로 다른 금융 상품을 구매하도록 유도하는 프로그램으로 활용할 수 있다.

(5) 신규 고객 확보(Customer Acquisition) 전략

뷰티숍의 상품을 전혀 구매해 본 경험이 없는 잠재 고객을 뷰티숍 상품의 구매자로 유도한 전략으로 설문조사, 직접 반응 광고, 프로모션, 타사의 고객 데이터베이스 등을 이용해 신규 고객 리스트를 확보할 수 있다.

(6) 과거 고객 재활성화(Customer Reactivation) 전략

예전에 물품/서비스를 구입한 경험이 있는 고객은 거래 실적이 전혀 없는 고객에 비해 가치 있는 고객으로 전환될 가능성이 더 크다고 할 수 있다. 이처럼 과거 고객을 재활성화하기 위해서는 과거 고객에 대한 데이터베이스가 유지/관리되고 있어야 하며, 과거 실적에 대한 면밀한 분석과 함께 거래를 중단하게 된 이유에 대해서도 적절한 근거를 찾아낼 수 있어야 한다.

2.2 업종별 국내외 기업들의 CRM 사례 2

(1) 제일모직(화학)

제일모직은 고객 데이터 분석 결과 고정 고객의 경우 상위 20%의 고객이 전체 고객 매출의 63%를 차지하고 있으며, 상위 40% 고객이 전체 매출의 80% 수준을 차지하는 등 매출 상위 고객의 기여도가 비교적 높게 나타나고 있다. 이러한 결과에 따라 지난 2000년부터 고객을 크게 4분류하여 타겟 마케팅을 시행하고 있다.

- 일반 고객 : 제일모직 구입 경험 고객 중 데이터화된 고객
- 우수 고객 : 3회 이상 제일모직 제품 구매 고객/총 17만 명/분기 1회 발행하는 제일모직 패션 정보지 제공
- VIP 고객 : 5회 이상 구입 고객/약 5만여 명/제일모직 제품 무료 수선 및 VIP 전용 불편 사항 해결 080 전화 개설/3만 원 이상 금액권 제공
- 로열 고객 : 5회 이상 총 500만 원 이상 구매 고객/약 2만 1,000여 명/구매금액의 7%가 적립되는(일반 5%) 별도의 보너스카드 발급/생일 꽃 배달 서비스 및 연 2회 로열 서비스 데이 실시 또한 2002년 1월부터 고객과의 1 : 1 커뮤니케이션 시스템으로 패션(Fashion)과 메신저(Massenger)의 합성어 Fassenger를 시행하여 문자메시지 및 이메일을 통해 생일이나 결혼기념일 등을 알려준다.

(2) HP(가전제품)

HP사는 e-Relationship을 구축하기 위해 기반을 닦고 웹과 E-mail을 통한 고객 정보의 확보가 필요했다. 하지만 HP사는 기업이 직접 마케팅 방식을 도입한 것이 아니라 대부분 도매상을 통한 간접 판매로써 물건을 팔고 있었기 때문에 고객에 대한 정보를 직접 알 수가 없었다. 그러므로 아예 처음부터 E-mail 데이터베이스를 구축해야 할 뿐만 아니라, E-mail 시스템까지 다시 만들어야 할 상황이었다. 그리하여 HP사의 E-mail 마케팅 팀은 각 고객 담당 채널 매니저들로부터 엄청난 양의 고객 데이터베이스를 넘겨받아 정리해야 하는 실정이었다. 그뿐만 아니라 HP 고객은 일반 소비자와 IT 기업 고객으로 나뉘어 서로 완전히 다른 관심 분야와 성향을 보이고 있었다. 개인화와 맞춤화가 생명인 E-mail 마케팅에서 이렇게 고객들이 두 가지로 나뉘어 따로 놀고 있다는 것은 바람직한 상황이 아니었기 때문에 HP사에서는 다양한 전략적 목표로서 CRM 시스템의 성공을 이끌어 냈다. 전략으로는 먼저, 전체적 마케팅을 E-mail 마케팅

으로 목적을 정의하여 목적을 달성하기 위한 모든 준비 단계를 고안했다. 이를 위해 내외부적으로 설문조사를 실시해 메시지를 보낼 시기, 고객마다의 정보를 원하는 시간이 다르다는 것, 웹사이트 방문객의 이용 방식 파악으로 고객 프로파일을 더 풍족하게 한다는 것, 고객은 기업과 관계에서 주도권을 쥐고 싶어 한다는 사실들을 알아내어 위의 내용들을 바탕으로 E-mail 시스템을 디자인하기 시작했다. 이들은 외부 업체인 디지털 임팩트(Digital Impact)를 고용해 E-mail 시스템을 구축했다. 마지막으로, HP사는 E-mail 데이터베이스를 만들어야 했는데, 되도록 많은 수의 고객 E-mail 주소를 수집하기 위해 체계적인 자료 수집으로 기업의 E-mail 시스템을 구축하였다. 이 기업의 특별한 CRM 시스템은 HP사의 E-mail 마케팅으로만 한 해 3억 달러의 매출을 유도하고 있으면서, 웹사이트의 회원 탈퇴율을 제로에 가깝게 만들었다. 그리고 E-mail 마케팅에 의한 고객들의 스팸 메일 항의도 전무한 결과를 낳게 되었다.

3 CRM 실패 분석

3.1 개요

고객은 뷰티숍에 수익을 가져다 주는 '왕'이기 때문에 이들을 어떻게 관리하느냐에 따라 뷰티숍의 경쟁력이 좌우된다. 그래서 많은 미용 산업에서는 CRM을 적극적으로 도입하고 실행하기 위하여 관심을 가지고 연구, 실행하였지만 뷰티숍들은 소기의 성과를 얻지 못하고 있다. CRM에 대하여 들어 보면 이익을 창출할 수 있을 것 같지만, 실 시장에서는 실패하는 사례가 많다. 다음의 실패 사례를 통하여 문제점을 살펴보도록 한다.

3.2 사례

(1) 금융기관

어느 금융기관에서 대학교 새 학기를 맞이하여 농가를 대상으로 학자금 대출 상품의 추가 판매를 위해 다이렉트 메일(DM : Direct Mail) 캠페인을 시도한 적이 있다. 그 당시 농촌에서는 자녀들을 도시에 있는 대학으로 유학을 보낸 농가들이 많이 있어서 이들을 타겟팅하여 학자금 대출 캠페인을 실행했었다. 그런데 고객에 대한 충분한 정보 없이 캠페인을 기획하고 파일럿(Pilot) 프로그램을 통해 테스트 없이 진행하여 예기치 못한 결과가 나타났고, 마케팅 캠페인의 실패 사례로 분류되었다. 캠페인의 내용을 보면, 그 지역에 있는 1만 가구 정도의 농가를 대상으로 학자금 대출 신청을 위해 요구되는 증빙 서류를 지참하여 지점으로 내방하도록 하는 다이렉트 메일을 보낸 것이다.

물론, 내방하는 고객에게는 특별 금리와 차별화된 서비스로 모시겠다는 오퍼를 제안하여 고객의 반응을 유도하였다. 이런 오퍼를 받은 농가들은 요구한 서류를 가지고 그 금융기관의 지점을 방문하여 학자금 대출을 신청했는데, 대부분이 대출 승인을 받지 못했다. 그 이유인즉 그 지역의 대부분의 농가는 정부로부터 장기 영농자금을 저금리로 대출받아 이미 적지 않은 부채를 가지고 있었으므로 추가적인 학자금 대출은 부채의 증가를 초래해 승인해 줄 수 없다는 것이 대출심사팀의 설명이었다. 그 결과, 이 학자금 대출 캠페인은 완전한 실패로 끝난 것은 물론이고, 학자금 대출을 받지 못한 고객들의 직접적인 불만, 불평뿐만 아니라 부정적인 구전 파급 등 하지 않는 경우도 못한 영업 활동이 되고 말았다.

(2) 통신 기업

A라는 텔레콤은 최근 자신들의 시장점유율이 전략적으로 중요한 지역에 있어서 경쟁사에 비해 급격히 떨어지자, 이 문제를 해결하려는 데 총력을 기울이게 되었다. 특단의 대책으로, 자신들이 제공하는 장거리 또는 국제 전화요금이 경쟁사보다 15% 이상 더 싸다는 판매 메시지로 그 경쟁 지역의 고객들을 겨냥하여

적극적인 텔레마케팅을 전개하기로 하였다. 처음 시작은 그 경쟁 지역의 특정 대상고객을 설정하여 타겟팅을 통한 효율을 제고하려는 계획으로 선정된 고객들에게 텔레마케팅을 시도하였다. 그러나 예상과는 달리 고객들의 반응은 차가웠고 따라서 목표 달성도 불가능해졌다. 계속되는 경영층의 시장점유율 급락 문제 해결에 대한 요구가 다가오게 되자, 마케팅 실무자들은 이 텔레마케팅의 대상 고객을 넓혀 이탈 고객 또는 잠재 고객들에게 텔레마케팅을 확대하게 되었다. 그런데 이 또한 기대했던 반응률 수준에 미치지 못하자, 경영층으로부터 지속되는 압력을 이기지 못해 또 한 차례 대상 고객의 대폭적인 확대가 이루어졌는데, 이로써 그 지역의 과반수 고객들이 이 텔레마케팅의 대상이 되는 결과가 되어 버렸다. 이 결과, 실상은 정교하게 선정된 타겟 고객을 대상으로 한 효율적인 타겟 마케팅이라기보다 그 지역의 과반수 고객이 대상이 되어 버린 매스마케팅이 되어 시장점유율 회복 노력이 실패로 끝난 것은 물론, 전통적인 매스마케팅에서 겪었던 것과 같이 엄청난 비용과 시간의 낭비를 초래하게 되었다.

3.3 결론 및 향후 방향

(1) CRM 도입 실패 이유와 문제점

지금까지 국내에서 많은 수의 CRM 프로젝트가 수행되었지만 실제적인 성과를 내고 있는 경우는 별로 없으며 이것은 비단 국내뿐만 아니라 국외에서도 마찬가지이다. CRM의 개념 자체는 매우 합리적인 것이므로 CRM이 잘못되었다고는 할 수 없다. 그렇다면 문제는 CRM의 성과가 드러나는 데 오랜 시간이 걸리는 것인가? 아니면 CRM의 구축과 실행이 잘못되었는가? 결론부터 제기하자면 둘 다 맞다. 우선 CRM에 대한 기업의 지나친 기대가 문제이다. CRM은 분명히 필요한 활동이기는 하나 그 효과에 대해 환상을 가져서는 곤란하다. CRM을 통한 경영 성과를 향상시키기 위해서는 먼저 CRM에 대해 가능한 수준의 성과를 기대해야 한다. 또한, CRM을 통해 뷰티숍이 얻을 수 있는 것이 무엇인지를 명확히 하지 않으면 실패하기 쉽다. 아무리 좋은 툴이라고 하여도 뷰티숍의 상황에 적합하게 실행되지 않으면 의미가 없으며 CRM이 모든 산업, 모든 뷰티숍에 필요한 것은 아니다. 또 CRM이 필요한 뷰티숍이라고 하더라도 CRM의 특성과 기능에 대한 명확한 이해가 전제된 후에 적합한 CRM을 도입해야 효과가 있을 것이다. 또한, CRM이 원하는 결과를 얻지 못하는 데는 고객 데이터의 빈약성도 큰 역할을 한다. 필요한 데이터가 아예 없거나 혹은 오도된 데이터를 이용한 CRM의 실행으로 성공을 기대한다는 것은 곤란한 일이다.

데이터 문제 외에도 시스템상의 문제를 원인으로 생각해 볼 수 있다. CRM은 IT 기술 요소들을 기반으로 하므로 시스템이 제대로 갖춰지지 않았다면 CRM의 실패로 이어질 수밖에 없다. 성공적인 CRM을 위해서는 고려해야 할 요소가 적지 않으며 위와 같은 일반적인 문제 이외에도 업무팀 간의 협업 부족, 데이터 관리의 부주의 등이 성공하는 CRM의 걸림돌로 언급된다. 결국, 문제는 CRM과 그 구현 툴 자체보다는 CRM을 채택하고 이를 실행하는 각 뷰티숍 내부에 있는 경우가 많다.

(2) CRM을 성공하기 위한 방법

① 뷰티 산업의 상황에 적합한 분명한 전략을 수립하여야 한다. CRM의 기술이 얼마나 고도로 발전되었는지의 문제가 아니라 바로 어느 기술이 뷰티숍과 적합한지가 중요한 것이다.

② 조급하게 CRM 성과의 실현을 기대하기보다는 장기적인 관점에서 CRM을 체계적으로 수행해나가야 한다. CRM을 한 번 사용하고 성과가 드러나는 활동으로 보게 된다면 성과 측정도 단기적으로 이루어질 수밖에 없고 이러한 성과 측정으로는 CRM은 별 볼 일 없는 경영 방법으로 대우받을 수밖에 없는 것이다. CRM의 성과는 장기적 관점에서 고객 유지율, 고객 성장률,

브랜드 선호도와 같은 지표를 통해 측정되어야 한다.

③ 각 고객에 대해 상품을 어떻게 줄 것인가와 아울러 정작으로 중요한 문제인 무엇을 줄 것인가를 엄밀하게 결정하여야 한다. 즉 고객의 특성에 맞게 정보를 제공하는 것이 CRM에서는 중요한 성공 요소이다. 이것을 위해서는 심층적인 고객정보 분석이 필요하고 이를 위한 양질의 데이터 수집이 필수이다.

④ CRM의 핵심인 고객과의 원활한 상호작용을 위해 원활한 커뮤니케이션의 향상이 필요하며 이를 위해 고객 대응 담당자의 역량 교육은 매우 중요하다.

4 인간관계 개선 기술

4.1 인간관계의 개념

(1) 의의

인간이 조직을 형성할 때 그들 사이에는 여러 가지 관계가 이루어지는데, 이러한 조직 내 사람과 사람 사이의 관계를 인간관계라고 한다. 좀 더 구체적으로는 인간과 인간이 만남에 있어서 조직의 목적을 달성하기 위해 서로 협력하는 관계라고 할 수 있다. 좋은 인간관계는 조직 구성원들의 조직에서의 성공 및 조직의 효율성을 통한 조직의 생산성을 향상시키는 원동력이 된다.

(2) 인간관계를 통한 이점

정서적 지지(애착의 중요성)를 받을 수 있고 다양한 정보를 얻을 수 있다는 이점이 있다. 또한, 현실적으로 우리가 삶을 영위함에 있어서, 주변의 다양한 사람들이 실제적인 도움을 주기도 한다.

(3) 부적합한 인간관계에 따른 문제점

부적합한 인간관계는 우울증, 자폐증, 약물 의존 등과 같은 정신적 질병뿐만 아니라 심장질환, 위장질환과 같은 신체적 질병을 일으키기도 한다.

4.2 인간관계의 성립과 종료

(1) 인간관계의 성립 단계

① Huston과 Levinger의 인간관계

Huston과 Levinger는 인간관계의 친밀성이 두 사람 사이의 상호 의존성 정도에 따라 결정된다고 주장한다. 그들은 이러한 주장에 따라 인간관계가 발전하는 세 가지 단계를 구분하고 있다.

면식의 단계	직접적인 교류가 일어나기 전의 단계로 타인의 표정, 복장, 언어, 동작 등으로부터 인상이 형성되고, 상대방에 대한 관심과 호기심을 지니고 있는 상태이다.
형식적 · 피상적 접촉의 단계	• 두 사람 사이에 직접적인 교류가 일어나는 단계이다. • 접촉이 피상적인 수준에 머무르거나 업무와 관련된 역할 수행을 위해서 접촉이 일어나는 형식적인 관계에 머무른다. • 상대방을 독특한 인격적 존재로 대하기보다는 상황이나 제도가 부여한 역할을 수행하는 역할 수행자로서 상호작용을 하게 된다. • 역할을 수행하는 인간보다는 역할 자체가 중요시되므로 이러한 단계에서는 상호 의존성이나 친밀감이 증진되기 힘들다. • 상호작용하는 두 사람 사이에는 교류의 공정성과 호혜성이 관계를 유지하는 주요한 요인이 된다.
상호의존의 단계	• 두 사람 사이에 크고 작은 상호 의존이 나타나는 단계이다. • 두 사람 사이의 교류가 증진되고 심화되어 공유된 경험의 영역이 확대된다.

	• 상호 교류가 개인적인 측면의 수준까지 발전하는 사적인 관계로 진전된다. • 서로의 깊은 내면의 세계(상대방의 성격, 가치관, 고민 등)을 공유함으로써 상호 의존의 깊이가 깊어지고 영역이 넓어진다. • 두 사람 사이에 나타나는 상호작용에서 호혜성의 원칙이 초월된다.

② Altman과 Talyor의 사회적 침투

Altman과 Talyor(1973)는 이성관계의 발전 과정을 정밀하게 분석하여 사회적 침투 과정을 5단계로 나누었다.

- 1단계 : 첫인상의 단계
- 2단계 : 지향 단계(피상적인 정보를 교환하고 상대방을 탐색하는 단계)
- 3단계 : 탐색적 애정 교환 단계(가장 예민하고 불안정한 단계)
- 4단계 : 애정 교환 단계(마음 놓고 상대방을 칭찬하고 비판하는 단계)
- 5단계 : 안정적 교환 단계(속마음을 터놓고 이야기하고 서로의 소유물에도 마음 놓고 접근하는 단계)

(2) 인간관계의 발전

① 인간관계의 촉진 요인

- 정서적 지지와 공감 : 자신의 고통, 갈등, 고민 등을 공개할 수 있고 타인으로부터 이해받고 위로받을 때 인간관계는 더욱 촉진된다.
- 즐거운 체험의 공유 : 취미나 관심사, 가치관, 인생관, 종교관 등이 같은 사람들은 대화를 통해서 서로의 생각에 대한 공감과 지지를 받을 수 있으며 그들과 나누는 재미와 즐거움은 관계를 유지하는 주요한 원천이 된다.
- 현실적 도움의 교환 : 인간관계는 서로 무엇인가를 주고받는 교환 관계의 속성을 지닌다. 따라서 서로 주고받는 현실적 도움이 인간관계를 촉진시킨다.

- 자기 공개 : 두 사람이 친해지는 과정에서 그리고 친해지기 위해서 자신을 드러내는 것을 말한다. 상대방에게 자신에 대해 털어놓고, 상대방에 대하여 알게 되는 것은 관계를 깊이 있게 해주는 강력한 방법이다.

② 인간관계를 심화시키는 세 가지 필수 요소인 3R

- 보상성(Rewardingness) : 인간은 누구나 행복과 만족을 추구하기 때문에 만족감과 행복감을 제공하는 보상에 의해서 인간관계가 심화된다는 것이다. 인간관계에서 추구하는 보상에는 정서적 지지와 공감, 즐거운 체험, 현실적 도움을 포함한 따뜻한 보살핌, 친밀감, 신체적 접촉, 물리적 선물 등 다양한 요인이 있다.
- 상호성(Reciprocity) : 인간관계에서 보상적 효과가 서로 균형 있게 교류됨을 의미한다. 인간관계에 소속된 사람들 모두가 보상을 서로 균형 있고 공정하게 주고받을 때 그런 인간관계는 깊어진다.
- 규칙(Rules) : 인간관계에서 서로의 역할과 행동에 대해 명료하게 설정된 기대나 지침을 규칙이라 말한다. 인간관계는 서로 다른 성장 배경을 지니고 서로 다른 사고방식과 행동 양식을 지닌 사람들 간의 교류이기 때문에 상대방에 대한 애정과 보상을 표현하는 방식에 차이가 있을 수 있는데, 이 경우 분명한 교류 규칙을 설정하면 인간관계는 심화된다.

(3) 인간관계의 해체 및 붕괴

① **접촉과 관심의 감소** : 거리적으로 멀어지고 시간적 여유를 갖지 못해 서로에 대한 관심과 만남의 횟수가 적어질 때 관계가 멀어진다. 친밀한 관계를 유지하기 위해서는 시간적 · 물질적 · 심리적 투자가 필요하다.

② **갈등 해소의 실패** : 특정한 계기로 인해 두 사람 사이에 갈등이 일어나고 이러한 갈등을 효율적으로 해소하지 못했을 때 관계가 멀어지거나 깨어진다

친밀한 인간관계는 빈번한 교류가 일어나기 때문에 그만큼 갈등의 가능성도 많다.

③ **투자와 보상의 불균형** : 인간관계에서 상대방에게 기대한 성과와 만족을 얻지 못할 때 그 관계는 멀어진다.

④ **사회 보상 이론** : 자신이 투자한 시간, 금전, 정신적 노력에 대한 보상이 크게 이뤄지는 인간관계는 만족을 느끼고 장기간에 걸쳐 유지된다. 반대로 보상이 이뤄지지 않거나 적게 일어나는 경우는 인간관계가 약화되거나 해체될 가능성이 높아진다.

⑤ 인간관계의 만족도 결정 요인

- 비교 수준 > 현재의 인간관계에서 얻고자 하는 성과 기준 : 인간관계 불만족
- 비교 수준 < 현재의 인간관계에서 얻고자 하는 성과 기준 : 인간관계 만족
- 비교 수준은 주로 과거의 인간관계에서 받아온 성과의 평가 수준을 말한다.

⑥ 현재 인간관계의 청산 여부 결정 요인

- 대안적 비교 수준 > 현재의 인간관계에서 얻고자 하는 성과 기준 : 인간관계 청산
- 대안적 비교 수준 < 현재의 인간관계에서 얻고자 하는 성과 기준 : 인간관계 유지
- 대안적 비교 수준은 다른 대안적 관계를 통해서 얻을 수 있을 것으로 고려된 본인의 기대치를 말한다.

4.3 인간관계의 유형

(1) 일차적 인간관계와 이차적 인간관계

- 일차적 인간관계 : 부모, 형제자매, 친척, 고향 친구, 동문 등 혈연, 지연,

학연 등에 의해 형성되는 인간관계

- 이차적 인간관계 : 개인적인 매력, 직업적 이해관계, 가치의 공유에 의해 형성되는 인간관계

(2) 수직적 인간관계와 수평적 인간관계

① 수직적 인간관계

- 종적 관계, 불평등 관계
- 부모 자녀 관계, 사제 관계, 선 · 후배 관계, 직장 상사와 부하의 관계 등
- 상급자의 통솔력, 지도력, 책임감, 보살핌이 필요하며, 동시에 하급자의 순종, 존경이 필요함
- 지위나 위치가 다른 사람끼리의 상호작용이며, 형식적 · 수단적 성격이 강함

② 수평적 인간관계

- 횡적 관계, 평등 관계
- 사회적 지위나 위치가 서로 비슷한 사람끼리의 상호작용이며, 자발적인 속성을 가짐

(3) 애정 중심적 인간관계와 업무 중심적 인간관계

① 애정 중심적 인간관계

- 상대 인물에 대한 매력이나 인격 때문에 관계를 형성하고 상대로부터 긍정적인 감정, 즉 사랑, 우정, 인정을 주고받는 것이 중요한 요인이 되는 관계
- 상대방이 어떤 사람이며 서로 간의 애정 교환의 만족도에 의해 관계가 유지되는 사람 중심적 관계

② 업무 중심적 인간관계

- 어떤 사람이든 상관없이 그와 함께 하는 작업이나 업무의 내용과 속성 때문에 관계가 형성되고 유지되는 일 중심적 인간관계
- 상호작용을 통해 얻게 되는 이득과 성과가 주요 목적임

(3) 공유적 인간관계와 교환적 인간관계

① 공유적 인간관계

- 가족과 연인, 아주 친밀한 친구 사이에서 나타나는 인간관계의 유형
- 타인의 행복이 나의 행복이고 타인에게 주는 것이 나에게 주는 것이 되는 관계로 호혜성이 무시되는 관계

② 교환적 인간관계

- 거래와 교환의 공정성, 즉 이득과 손실의 균형이 무엇보다 중요한 관계
- 주는 만큼 받고, 받는 만큼 주어야 한다는 호혜성의 원칙이 요구되는 관계

(5) 조해리의 마음의 창

나의 인간관계는 어떠한가? 나의 인간관계는 어떤 유형에 속하는가? 나는 다른 사람에게 나의 모습을 잘 내보이는가? 또 다른 사람이 나에 대해서 어떤 생각을 가지고 있는지 잘 아는가? 인간관계에서 나 자신을 다른 사람에게 내보이는 일은 매우 중요하다. 이를 자기 공개(Selfdisclosure)라고 하며 인간관계를 심화시키는 중요한 요인으로 알려져 있다. 이렇게 자신을 다른 사람에게 나타내 보이는 점에 있어서 사람마다 차이가 있다. 또 인간관계에서 다른 사람들이 나에 대해 어떻게 느끼고 있는지를 잘 아는 일 역시 중요하다. 타인은 나를 비추는 사회적 거울(Social Mirror)이라는 말이 있듯이, 다른 사람의 반응 속에서 나의 모습을 비춰보는 일이 중요하다. 이렇게 다른 사람을 통해 자신에 대한 피드백

(Feedback)을 얻음으로써 자기 이해가 깊어지고 자신의 행동에 대한 조절 능력이 커진다. 자기 공개와 피드백의 측면에서 우리의 인간관계를 진단해볼 수 있는 방법이 조해리의 '마음의 창(Johari's Window of Mind)'이다. 조해리의 창은 심리학자인 Joseph Luft와 Harry Ingham에 의해서 개발되었으며 두 사람의 이름을 합성하여 조해리(Joe+Harry=Johari)의 창이라고 명명되었다. 조해리의 창을 이용하여 자신의 인간관계를 살펴보도록 하자.

구분		피드백을 얻는 정도	
		내가 알고 있는 정보	내가 모르고 있는 정보
자기 공개의 정도	타인이 알고 있는 정보	공개된 영역(개방형)	맹목의 영역(자기주장형)
	타인이 모르고 있는 정보	숨겨진 영역(신중형)	미지의 영역(고립형)

① 개방형은 공개적 영역이 가장 넓으며 대체로 인간관계가 원만한 사람들이다. 이들은 적절하게 자기표현을 잘할 뿐만 아니라 다른 사람의 말도 잘 경청할 줄 아는 사람들로서 다른 사람에게 호감과 친밀감을 주게 되어 인기가 있다. 그러나 지나치게 공개적 영역이 넓은 사람은 말이 많고 주책스런 경박한 사람으로 비춰질 수도 있다.

② 자기주장형은 맹목의 영역이 가장 넓은 사람이다. 이들은 자신의 기분이나 의견을 잘 표현하며 나름대로의 자신감을 지닌 솔직하고 시원시원한 사람일 수 있다. 그러나 이들은 다른 사람의 반응에 무관심하거나 둔감하여 때로는 독단적이며 독선적인 모습으로 비쳐질 수 있다. 자기주장형은 다른 사람의 말에 좀 더 진지하게 귀를 기울이는 노력이 필요하다.

③ 신중형은 숨겨진 영역이 가장 넓은 사람이다. 이들은 다른 사람에 대해서 수용적이며 속이 깊고 신중한 사람들이다. 다른 사람의 이야기는 잘 경청하지만, 자신의 이야기는 잘하지 않는 사람들이다. 이들 중에는 자신의 속마

음을 잘 드러내지 않는 크레믈린형의 사람이 많으며 계산적이고 실리적인 경향이 있다. 이러한 신중형은 잘 적응하지만 내면적으로 고독감을 느끼는 경우가 많으며 현대인에게 가장 많은 유형으로 알려져 있다. 신중형은 자기개방을 통해 다른 사람과 좀 더 넓고 깊이 있는 교류가 필요하다.

④ 고립형은 미지의 영역이 가장 넓은 사람이다. 이들은 인간관계에 소극적이며 혼자 있는 것을 좋아하는 사람들이다. 다른 사람과 접촉하는 것을 불편해 하거나 무관심하여 고립된 생활을 하는 경우가 많다. 이런 유형 중에는 고집이 세고 주관이 지나치게 강한 사람도 있으나 대체로 심리적인 고민이 많으며 부적응적인 삶을 살아가는 사람들도 많다. 고립형은 인간관계에 좀 더 적극적이고 긍정적인 태도를 가질 필요가 있다. 인간관계의 개선을 위해서는 일반적으로 미지의 영역을 줄이고 공개적 영역을 넓히는 것이 바람직하다.

⑤ 조해리의 창에서는 활발하고 원활한 인간관계가 이루어지는 개방형이 가장 바람직하다.

4.4 인간관계 속의 문제

(1) 부적응적 인간관계

① 인간관계의 부적응을 판단하는 기준

- 인간관계에서 주관적인 불편함을 과도하게 느끼는지 여부
- 사회 · 문화적 규범으로부터의 일탈 여부
- 사회 적응에 역기능적인 결과를 낳게 되는 관계인지 여부(예컨대 조직에서 팀워크를 깨는 행동)
- 사회에서 인정하는 문화적 목표와 제도적 수단에 따르지 않는 행동 방식인지의 여부(머튼의 아노미 이론)

동조형	문화적 목표에 제도적 수단을 모두 수용하는 유형(부적용지에서 제외)
혁신형	문화적 목표는 수용하지만 제도적 수단을 거부하는 유형(횡령, 탈세, 사기범)
의례형	문화적 목표는 거부하지만 제도적 수단을 수용하는 유형(공무원의 복지부동)
패배형	문화적 목표와 제도적 수단을 모두 거부 하는 유형(약물중독, 은둔자, 부랑자)
반역형	문화적 목표와 제도적 수단을 모두 거부하고 기존의 것을 변혁시키려는 유형(혁명가, 히피, 해방운동가)

② 부적응적 인간관계의 유형

- 인간관계 회피형(고립형) : 인간관계 폭이 극히 제한
  - 경시형 : 인간관계를 무시하고 고독을 즐기는 유형
  - 불안형 : 인간관계를 무시하지는 않으나, 낮은 자존감으로 사람들과 관계 맺기를 두려워하는 유형
- 인간관계 피상형 : 인간관계 폭은 넓으나 깊이는 낮은 형
  - 실리형 : 오로지 현실적인 이득이 있을 때만 관계를 맺는 업무 중심적 관계형
  - 유희형 : 그저 재미있게 즐기면 그만이라 생각하고 진지한 주제는 꺼리는 형

③ 인간관계 미숙형

대인관계에 관심은 많으나 대인관계 기술이 부족한 형

- 소외형 : 대인관계에 능동적이고 적극적이지만 부적절한 행동이나 외모로 인해 사람들로부터 따돌림당하고 소외당하는 유형
- 반목형 : 대인관계에서 사람들과 자주 다투고 갈등을 빚는 유형

④ 인간관계 탐닉형

- 다른 사람과의 관계를 강박적으로 추구하는 유형
  - 의존형 : 대인관계에서 누군가에게 전폭적으로 의지하려는 유형
  - 지배형 : 주변에 누군가를 추종 세력으로 거느리고 주도적인 역할을 하지 않으면 만족하지 못하는 유형

(2) 인간관계에서의 갈등

① 개요

조직을 구성하는 거의 모든 요소는 갈등 요인이 될 수 있으며, 이들 요인은 갈등이 일어날 수 있는 갈등 상황이 갖추어졌을 때 나타난다. 갈등 상황이란 갈등이 야기될 수 있는 상황 또는 조건이기 때문에 갈등의 매개 변수라 할 수 있다.

② 갈등의 요소

- 상호 의존성 : 갈등은 상호 의존 관계에 있을 때 발생한다.
- 상반되는 목표 : 서로 일하는 방법의 선택에서 이견을 가지고 있다든지 추구하는 방향에 대한 의견을 가지고 있을 때 갈등이 발생한다.
- 한정된 자원 : 자원이 한정된 경우 서로 차지하기 위해 갈등이 발생한다.
- 개입에 의한 좌절 : 갈등은 유한한 자원을 바탕으로 서로 다른 목표를 추구하는 과정에서 상대가 개입하여 방해하고 자신의 이익만을 고집할 때 발생한다.
- 표출된 대립 관계 : 서로에 대한 반감이 행동으로 표출될 경우 갈등이 발생한다.

③ 갈등의 순기능과 역기능

- 순기능
  - 갈등은 조직이나 개인의 문제점에 대해서 관계자들의 관심을 갖게 하는 계기가 되어 변화를 초래하게 할 수 있다.
  - 갈등이 합리적으로 해결되면 쇄신이나 변동 및 발전과 재통합의 계기가 될 수 있다.
  - 갈등은 조직이나 개인에게 창의성, 진취성, 적응성, 융통성을 향상시킬 수 있다.
  - 갈등은 침체된 조직을 거기에서 벗어나 더욱 생동하게 하는 계기가 될 수 있다.
  - 갈등은 구성원들의 다양한 심리적 요구를 충족시키는 계기가 될 수 있다.
  - 갈등은 조직 내의 갈등을 관리하고 방지할 수 있는 방법을 학습할 수 있는 기회를 제공한다.

- 역기능 :
  - 갈등 해결에 노력하는 동안은 성과나 목표 달성에 매진할 수 없으므로 개인이나 조직에 부정적 결과를 준다.
  - 갈등은 조직의 안정성, 조화성, 통일성을 깨뜨릴 수 있다.
  - 갈등은 조직이나 개인의 창의성이나 진취성을 질식시킬 수 있다.
  - 갈등은 조직 내의 작은 문제에만 집착하여 환경을 무시할 수 있다.

④ 갈등의 진행

- 갈등은 '잠정적인 갈등'이 행동적인 갈등'으로 진행되어 분출되다가 다시 '소강 상태'로 접어든 후 다시 '새로운 갈등의 발생'이라는 사이클을 거치게 된다.
- 갈등은 인간 내적 요인이나 환경적 요인에 의해 저지되기도 하고, 특정 요인에 의해 표면화되거나 약화되기도 하며, 다른 문제와 얽혀서 복잡해

지기도 한다.

- 갈등의 진행 과정에 대한 정확한 분석과 이해가 필요하다.

⑤ 갈등의 해결

- 문제 해결 : 당사자 간에 직접 접촉하여 공동의 노력에 의해서 정보를 수집하고 탐색 활동을 통하여 새로운 대안을 제시하고 평가를 통해서 당사자 모두를 만족시킬 수 있는 문제 해결안을 찾는 것이다.
- 설득 : 비록 개별 목표의 차이가 있기는 하지만 어느 수준(상위 수준)에의 공동 목표의 차이에서는 공동 목표에 대한 합의가 이루어질 수 있으며, 이를 위해 설득이 필요하다.
- 협상 : 토론을 통한 타협이다. 협상에 의해서 얻어지는 결정은 어느 당사자에게도 최적의 결정이 될 수 없다. 따라서 협상은 갈등의 원인을 제거하지 못하고 갈등을 일시적으로 모면하는 것이므로 잠정적인 갈등 해소법이라 할 수 있다.
- 정치적 타결 : 각 갈등 당사자는 정부나 이론, 대중 등과 같은 제3자의 지지를 얻어 협상하려는 것이다. 협상과 마찬가지로 갈등의 원인을 제거하지 못하고 표출된 갈등만을 해소시키는 방법이 된다.

4.5 대인 지각과 인간관계

(1) 대인 지각의 개념

대인 지각은 본인이 다른 사람에 관한 정보로부터 그 사람의 성격, 감정, 의도, 욕구, 능력 등 내면에 있는 특성과 심리 과정을 추론하는 것이다. 타인에 관한 정보는 첫인상이나 타인이 자신에게 행동과 외모나 복장과 같은 외형적인 것과 연령, 직업, 취미, 출신지 등 다양한 정보들이 대인 지각에 영향을 준다.

(2) 대인 지각의 형성 단계

① 자극의 선택 단계 : 감각기관은 다 보고 들을 수 없고, 다 듣더라도 다 처리할 수 없으므로 관심이나 욕구에 맞게 선택하는 단계이다.

② 자극의 단순화 단계 : 선택된 자극을 조직화하기 쉽게 단순화시키는 단계이다.

③ 자극의 조직화 단계 : 자극을 단순화한 후에 그것을 알아 가는 과정으로서, 참조의 틀을 이용하여 정보를 분류하는 단계이다. 마케팅에서 많이 응용되는 지각적 조직화(Gestalt 심리학)의 주요 원칙들은 다음과 같다.

- 유사성 : 개개의 부분이 비슷한 것끼리 연결되어 하나의 형태나 색깔의 성질로 지각하는 경향
- 폐쇄성 : 자극의 불완전한 부분을 메워서 완전한 전체로 지각하려는 경향
- 집단하 : 근접한 것끼리, 유사한 것끼리, 연속적인 것끼리 묶어서 지각하려는 경향
- 형상과 배경 : 한 대상을 볼 때, 주요 요소와 부수적(배경적) 요소로 조직화하려는 경향

④ 자극의 의미 해석 단계 : 자신의 기존 성향, 지식 체계 등에 의거하여 해석하고 이해한다.

(3) 대인 지각의 기본 경향

① 단순화의 경향 : 자신이 관심 있는 부분만을 단순한 카테고리로 나누어 지각하려는 경향

② 일관화의 경향 : 인식 세계에서 포함된 여러 판단이나 개념을 서로 모순 없는 형태로 유지하려는 경향

③ 자기중심적 경향 : 자기 자신의 상태를 기준으로 삼게 되는 경향

(4) 대인 지각의 주요 형태

① 최근 효과, 초두 효과 및 대조 효과

- 최근 효과(신근성 효과) : 시간적으로 나중에 제시된 정보에 의해서 영향을 받는 효과
- 초두 효과 : 최초의 인상이 중심이 되어 전체 인상이 형성되는 효과
- 대조 효과 : 최근에 주어진 정보와 비교하여 판단하는 효과

② 후광 효과와 악마 효과

- 후광 효과 : 외모나 지명도 또는 학력과 같이 어떤 사람이 갖고 있는 장점이나 매력 때문에 관찰하기 어려운 성격적인 특성도 좋게 평가되는 효과
- 악마 효과 : 싫은 사람이라는 인상이 형성되면 그 사람의 다른 측면까지 부정적으로 평가되는 효과

③ 방사 효과와 대비 효과

- 방사 효과 : 매력 있는 사람과 함께 있을 때 사회적 지위나 자존심이 고양되는 효과
- 대비 효과 : 너무 매력적인 상대와 함께 있으면 그 사람과 비교되어 평가 절하되는 효과

④ 관대화 경향

인간의 행복 추구 본능 때문에 타인을 다소 긍정적으로 평가하는 경향

⑤ 중심화 경향

타인을 평가할 때 어느 극단에 치우쳐 오류를 발생시키는 대신 적당히 평가하여 오류를 줄이려는 경향

⑥ 투영 효과

판단을 함에 있어서 자신과 비교하여 남을 평가하는 효과

⑦ 범주화와 고정관념

사람을 파악하는 데 있어 그 사람이 갖고 있는 어투, 생김새, 종교, 인종, 국적, 성별 등에 의해서 사람들을 분류하고(범주화), 같은 범주에 속해 있는 사람들은 비슷한 특성들을 공유하고 있는 것으로 여긴다. 이런 식으로 범주의 특성을 그 성원들의 특성으로 일반화시키는 경향성을 고정관념이라고 한다.

⑧ 스테레오 타입

스테레오 타입은 고정관념을 형성하는 여러 가지 선입관 중에서 특별한 경우를 일컬을 때 사용하는 용어로, 한두 가지 사례를 보고 대상 집단 전체를 평가해버리는 경우를 말한다. 예를 들어 금발에 눈이 파란 미국인 한 사람을 보고 모든 미국인은 금발에 눈이 파랗다고 단정하는 경우를 말한다.

⑨ 최소량의 법칙

그 사람에 대한 평가는 그 사람이 가진 장점보다는 그 사람이 가진 단점에 의해 제어된다는 법칙이다. 예컨대 많은 장점이 있음에도 성실하지 못하다면 바로 그 '성실성'이 그 사람을 평가하는 척도로 사용된다.

⑩ 현저한 정보의 과다한 영향력

- 사람들은 상대방이 제시하는 모든 정보들에 공평하게 주의를 기울이기보다는 현저하게 부각되는 면에 의지해서 인상을 형성하는 것을 말한다.
- 전경-배경의 원리 : 시야에는 수많은 대상이 널려 있는데, 인간은 동시에 그 모든 대상에 주의를 기울일 수 없도록 만들어져 있다. 때문에 순간순간의 조건에 따라 많은 대상 중 특정 대상만을 선택하여 그 선택된 대상만을 관찰할 수밖에 없다. 다행히도 인간은 특정 대상과 그 배후의 대상을 분리할 수 있는 경향성이 있다. 선택된 대상은 전경으로 하고 배후의 대상은 배경으로 구분하는 이러한 경향성을 형태주의 심리학자들은 전경-배경 분리라고 한다.

4.6 인간관계의 개선을 위한 대인 기술

인간관계에서는 상대방에게 자신의 마음을 효과적으로 잘 드러내는 대인 기술이 필요하다. 대인 기술의 증진을 위해 인간관계에서 중요한 몇 가지 대인 기술을 중심으로 그 개선 방법을 살펴본다.

(1) 대화의 기회를 포착하라

아는 사이에서 친밀한 사이로 발전되기 위해서는 서로 자연스럽게 만나서 대화를 나눌 수 있는 기회를 포착하거나 그러한 기회를 조성하는 것이 필요하며, 그러기 위해서는 다음과 같은 자세가 필요하다.

① 우연한 만남이라도 상대방에 대한 관심을 표현하는 것이 중요하다.

② 상대방과의 우연한 만남에서 대화를 나눌 적절한 시기를 포착하는 것이 중요하다.

③ 대화를 나눌 적절한 장소를 알아두는 것이 중요하다.

④ 편안한 대화를 위해서 자연스럽고 부담 없는 화제를 준비하는 것이 필요하다.

⑤ 친밀한 관계로 발전할 수 있는 대화의 기회를 차단하는 여러 가지 요인에 대한 자각이 필요하다.

(2) 자기를 공개하라

서로에 대한 이해가 깊어짐에 따라 인간관계는 심화되고, 인간관계가 심화되면 서로를 좀 더 깊게 열어 보이게 되는데 이처럼 상대방에게 자신을 열어 보이는 것을 자기 공개라고 한다. 첫 만남에서 자기를 공개할 때 유의해야 할 점을 살펴보면 다음과 같다.

① 자기소개는 만남의 목적과 대상을 생각해 보고 그에 알맞게 행해져야 한다. 만나는 대상과 목적에 따라 자기를 소개할 내용, 길이, 방법 등을 조절해야 한다.

② 자신의 특성을 잘 알릴 수 있는 자기소개를 한다.
③ 첫 만남에서의 자기소개는 상호작용적이어야 한다. 즉 자기 공개의 수준은 상대방과의 균형을 이루며 점진적으로 심화되어야 한다.
④ 자기소개는 언어적인 표현을 통해서 이루어질 뿐만 아니라 외모, 옷차림새, 자세, 몸짓 등의 비언어적 수단을 통해서 이루어진다는 점에 유의해야 한다.
⑤ 자신의 특성을 잘 알릴 수 있는 자기소개 방법을 깊이 생각하고 준비하는 것이 필요하다.

(3) 경청하기

인간관계는 서로의 생각과 감정을 교환하는 의사소통의 과정으로 이루어진다 상대방의 말을 잘 경청하여 그의 생각과 감정을 잘 이해하는 것은 인간관계에서 매우 중요하며, 경청 시 유의할 점은 다음과 같다.
① 상대방에 대한 존중의 관심이 있어야 한다.
② 고개를 끄덕이는 등의 행동으로 상대방에게 진지하게 경청하고 있다는 점을 전달함으로써 상대방의 이야기를 촉진시킨다.
③ 상대방의 이야기를 일방적으로 듣기만 하는 소극적 경청과 달리 중간 중간 질문을 하거나 격려를 하는 등의 적극적인 경청의 자세가 필요하다.

(4) 공감하기

① 상대방의 말 속에 깔려 있는 감정, 사고, 신념을 포착하는 일이다.
② 상대방의 말을 상대방의 관점과 입장에서 이해하려는 태도이다.
③ 상대방에게 그가 표현한 외형적 의미를 넘어서 내면적 의미까지 알고 이해하고 있다는 것을 전달해 주는 것이다

(5) 효과적인 의사소통하기

① 서로의 의도나 생각을 원활하게 주고받으며 긍정적 감정이 교환되는 효과적인 의사소통은 원만한 인간관계의 필수적인 요소이다. 인간관계에서 발생하는 대부분의 문제는 의사소통이 효과적으로 이루어지지 못하기 때문이다.

② 자신의 의도나 생각, 감정을 분명한 메시지로 상대방에게 전달하고 타인의 메시지를 정확하게 전달받는 의사소통의 기술은 원활한 대인관계를 위해 매우 주요한 대인 기술이다.

③ 효과적인 의사소통을 위해서는 자신의 의도, 생각, 감정을 분명히 인식하여 적절한 메시지로 전환하고, 메시지 전달 매체와 경로를 신중히 선택해야 하며, 아울러 자신의 메시지가 수신자에게 어떻게 받아들여졌는지에 관해서 확실히 인식하는 것이 중요하다.

④ 의도나 감정을 효과적으로 전달하기 위해서는 비언어적인 메시지를 활용하는 것이 좋다.

⑤ 수신자에게 자신의 의도나 감정을 확고하게 전달하기 위해서는 반복적인 전달이 필요하다.

(6) 자기표현하기 – 긍정 감정 표현하기

① 인간관계는 서로에 대한 긍정적인 감정을 주고받으면서 발전하고 심화된다. 하지만 상대방에 대한 긍정적 감정을 표현하는 일은 다음과 같은 이유로 쉽지 않다.

- 상대방의 긍정적인 면이 보이지 않기 때문에
- 상대방에 대한 긍정적인 면이 보인다 해도 상대방을 겉치레로 칭찬하는 것 같아 쑥스럽고 아첨하는 것 같이 느껴지기 때문에
- 상대방에게 긍정적인 표현을 하는 것이 자신을 상대적으로 열등하고 비굴하게 보이게 한다는 생각 때문에

- 상대방에 대한 호감과 애정을 상대방이 받아주지 않을 경우에 느끼게 될 무안함 때문에

② 상대방에 대한 긍정적 감정을 잘 표현하기 위해서는 몇 가지 노력이 필요하다.

- 상대방의 긍정적인 면을 보도록 노력하는 일이 중요하다.
- 긍정적 감정을 상대방에게 표현하는 것은 자연스럽고 성숙한 행동이라는 생각을 갖는 것이 중요하다.
- 상대방에 대한 판단적 표현보다는 나의 느낌을 중심으로 표현하는 것이 효과적이다.
- 긍정 감정을 느낀 이유나 근거를 이야기해 주는 것도 표현의 신뢰도를 높인다.

(7) 자기표현하기 – 부정 감정 표현하기

① 부정 감정은 다음과 같은 문제를 가져온다.

- 표현되지 않고 억제된 부정 감정은 마음에 남아 기분을 저조하게 한다.
- 불쾌감을 표현하지 않기 때문에 상대방은 자신이 다른 사람을 불쾌하게 만드는지 자각하지 못한다.
- 불쾌감을 유발한 사람에 대한 분노 감정이 우회적으로 다른 영역에서 표출되어 비효율적인 인간관계로 발전될 수 있다.
- 사소한 불쾌 감정이 그때그때 해소되지 못하고 누적되어 참을 수 없는 상태가 되면 과격한 방법으로 표출되어 인간관계를 악화시키거나 와해시킬 수 있다.

② 부정 감정이 상대방의 마음을 상하게 하는 이유는 다음과 같다.

- 상대방을 질책하거나 공격하는 방식으로 표현되기 때문이다.
- 상대방의 행동을 금하거나 통제하는 방식으로 표현되기 때문이다.

③ 효율적으로 부정 감정을 표현하기 위해서는 다음과 같이 표현하는 것이 좋다.

- 상대방의 잘못을 비난하는 방식보다는 상대방의 행동으로 인한 나의 불편함과 불쾌감을 전달하는 표현이 좋다.
- 상대방의 행동을 규제하는 방식보다는 나의 바람을 전달하는 표현이 바람직하다.

(8) 부탁하기와 거절하기

① 인간관계에서는 다른 사람에게 도움을 요청할 줄 알고 다른 사람이 무리한 부탁을 해올 때에는 거절할 줄 아는 기술이 필요하다. 다른 사람의 도움이 필요할 때 도움을 요청하지 못하는 이유는 다음과 같다.

- 거절당하는 것에 대한 두려움
- 다른 사람에게 부탁을 하면 자신이 나약하고 열등해 보이는 것에 대한 두려움
- 자신의 부탁이 상대방에게 과중한 부담이 되는 것에 대한 두려움
- 도움에 대한 보답의 부담

② 도움을 효과적으로 요청하는 방법은 다음과 같다.

- 부탁의 내용을 분명하게 하는 것이 좋다.
- 도움을 요청하기 전에 상대방이 처한 상황을 파악하는 것이 중요하다.
- 정중하고 설득력 있게 부탁한다.

③ 도움의 요청에 대해서는 거절할 수 있고 거절당할 수 있는 인간관계가 서로 편안하고 성숙한 관계이다. 거절할 때의 방법은 다음과 같다.

- 도움이 필요한 상대방의 상황을 충분히 이해했음을 표명한다.
- 도움을 주지 못하는 자신의 상황이나 이유를 분명하게 설명한다.
- 도움을 주지 못하는 아쉬움을 전달한다.

(9) 신뢰 형성

신뢰를 형성하고 유지하기 위한 방법은 다음과 같다.

① 상대방에 대한 깊은 이해에서 출발하여 서로의 생각과 경험을 많이 공유하며 상대방에 대한 협력적인 행동과 의도를 나타내는 것이 중요하다.

② 일관성 있는 행동과 상호적인 관계 유지를 위해 노력해야 한다.

③ 상대방의 자기 공개적 행동에 대해 비웃거나 조롱하거나 무시하는 행동을 하여서는 아니 된다.

④ 상대방의 요청에도 불구하고 자신을 감추거나 숨기려는 은폐하는 행동은 신뢰 유지에 큰 걸림돌이 된다.

(10) 부정 감정 조절하기

부정적인 감정을 조절하는 방법은 크게 정서 회피적 방법과 정서 직면적 방법으로 구분된다.

① 정서 회피적 방법은 불쾌한 부정적 정서를 회피하기 위해서 다른 활동에 주의를 돌려 기분을 변화시키는 방법이다. 우울하거나 불안할 때 영화를 보거나 운동을 하는 것이 그 한 예이다. 이처럼 부정적 정서를 회피하고 기분을 전환하는 방법에는 술 마시기, 잠자기, 명상하기, TV 보기, 음악듣기, 목욕하기, 쇼핑하기, 여행하기, 취미활동하기, 일에 몰두하기 등 매우 다양한 방법이 있다. 부정적 감정과 생각을 곱씹으며 불쾌한 기분을 계속 느끼기보다는 이러한 방법이 더 효과적인 정서 조절 방법이다. 이처럼 다른 활동에 한동안 몰두하다 보면 부정적 감정이 완화되거나 해소되는 경우도 있다. 그러나 불쾌감을 유발한 사람이나 상황을 접하게 되면 부정적 감정이 다시 경험되는 경우도 흔하다.

② 정서 직면적 방법은 부정적 정서에 주의를 기울이며 이를 해소하기 위해 노력하는 다양한 방법을 의미한다. 이러한 방법에는 불쾌 감정을 유발한 사람에

게 직접 표현하기, 부정적 방법을 글로 쓰기, 부정적 감정과 관련된 사건에 대해서 다른 사람과 이야기하기, 다른 사람에게 조언 구하기, 인지적으로 재구성하기 등의 방법이 있다. 이러한 여러 가지 정서 조절 방법은 부정적 정서의 내용과 강도 그리고 유발 상황 등에 따라서 그 효과가 각기 다르다.

(11) 대인 갈등 해결하기

① 좋은 인간관계를 유지하면서 서로의 이익을 최대화하는 대표적인 문제 중심적 갈등 해결 방식은 협상이다.

② 협상은 서로 상반된 이해관계가 얽혀 있는 당사자들이 서로의 이익을 최대화할 수 있는 해결 방법을 합의하기 위해 노력하는 과정을 말한다.

③ 효과적인 협상을 위해서는 무엇보다도 먼저 협상의 목표가 승부를 가리는 것이 아니라 서로의 이익을 최대화하는 동시에 인간관계를 훼손하지 않는 것이라는 점을 상기해야 한다.

④ 그 후 갈등 상황에서 서로가 원하는 것이 무엇인지를 토의하는 단계, 각자가 느끼는 감정을 이야기하는 단계, 서로가 합의할 수 있는 여러 가지 해결책을 발견하기 위해 노력하는 단계, 그리고 마지막 단계로서 현명한 합의점에 도달하기 위해 노력하는 것이다.

(12) 대인 환경 개선하기

인간의 적응 과정을 개인과 환경이 상호작용으로 본다면 개인의 특성에 맞지 않는 환경적 요인도 인간관계의 문제를 초래하는 원인이 될 수 있다. 여러 가지 노력에도 불구하고 인간관계에서 문제가 지속된다면 자신의 대인 환경을 개선하거나 변화시키는 것도 도움이 될 수 있다.

① 사회적 대인 환경 : 개인이 소속되어 있는 집단의 사회적, 정치적, 문화적 여건을 의미하며, 사회적 대인 환경과의 괴리 때문에 인간관계 문제가 지속

된다면 새로운 환경으로 옮겨 가는 것도 하나의 방법이 될 수 있다. 그러나 대인 환경의 변화는 새로운 환경에의 적응을 위해 새로운 노력이 필요하고 또 다른 어려움을 초래할 수 있기 때문에 신중하게 이루어져야 한다.

② 물리적 대인 환경 : 주거지의 위치나 환경, 주거 시설의 구조, 직장의 사무실 구조, 대화를 할 수 있는 공간이나 시설 등을 의미하며, 이러한 원인이라고 판단되면 환경을 개선함으로써 새로운 분위기를 창출해 낼 수도 있다.

③ 개인적 대인 환경 : 개인이 속한 집단에서 필연적으로 관계를 맺게 되는 사람들을 의미한다.

(13) 전문가의 도움받기

인간관계를 개선하려는 시도가 혼자만이 노력으로 성과를 거두지 못하는 경우에는 전문가의 도움을 받는 것이 바람직하다. 특히 대인관계 문제로 인하여 겪게 되는 심리적 고통이 참기 어렵거나 오래도록 지속되는 경우에는 하루 속히 전문가의 도움을 받는 것이 필요하다.

쉬어가기

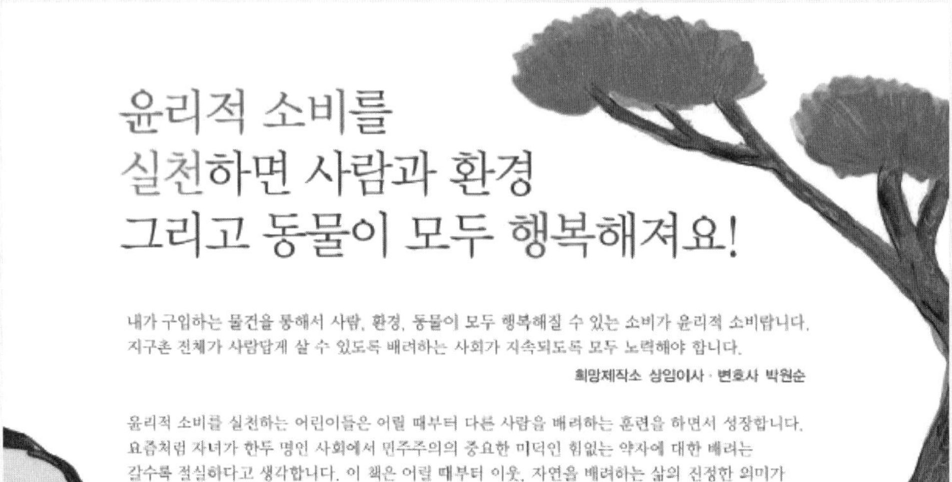

윤리적 소비를
실천하면 사람과 환경
그리고 동물이 모두 행복해져요!

내가 구입하는 물건을 통해서 사람, 환경, 동물이 모두 행복해질 수 있는 소비가 윤리적 소비랍니다. 지구촌 전체가 사람답게 살 수 있도록 배려하는 사회가 지속되도록 모두 노력해야 합니다.

희망제작소 상임이사 · 변호사 박원순

윤리적 소비를 실천하는 어린이들은 어릴 때부터 다른 사람을 배려하는 훈련을 하면서 성장합니다. 요즘처럼 자녀가 한두 명인 사회에서 민주주의의 중요한 미덕인 힘없는 약자에 대한 배려는 갈수록 절실하다고 생각합니다. 이 책은 어릴 때부터 이웃, 자연을 배려하는 삶의 진정한 의미가 무엇인지를 알게 하는 소중한 책입니다.

아이쿱생협연합회 회장 이정주

윤리적 소비는 어린이들이 만드는 축구공이나 아동복, 동물을 괴롭혀서 만든 물건과 화학 농약을 뿌려서 재배하는 바나나 등의 상품들을 사지 않는 운동이랍니다. 좋은 상품은 사고 나쁜 상품은 구매하지 않는 올바른 소비로 올바른 생산을 이끌 수 있도록 하는 것입니다.

전 국민경제자문회의 · 성공회대학교 교수 정태인

제13장

고객 만족도(CS) 평가조사

LOHAS

Lifestyle of Health Sustainability

제13장 고객 만족도(CS) 평가조사

1 고객 만족도 측정 방법

1.1 고객 만족 측정 3원칙

① 계속성의 원칙 : 고객의 만족도를 과거, 현재, 미래와 비교할 수 있어야 한다.
② 정량성의 원칙 : 항목별로 정량적 비교가 가능하도록 조사하는 것이 중요하다.
③ 정확성의 원칙 : 정확한 조사와 정확한 해석을 실시한다.

1.2 고객 만족도의 측정 방법

고객의 만족도를 측정하여 시간 경과에 따라 비교할 수 있도록 한 것으로 고객의 다양한 욕구에 대하여 고객이 기대한 만큼 뷰티숍이 어느 정도 충족시키고 있는가를 객관적인 평가를 통해 지표화한 것이다. 고객 만족에 대한 측정을 위해서는, 고객의 기대 수준, 자기 제품에 대해 고객인 인식하는 평가 수준, 고객이 느끼는 만족 수준을 조사하여 측정하는 것이 중요하다.

(1) 고객 불평 및 제안 시스템 이용

고객의 제품/서비스 이용 불평과 제안의 용이성 정도와 고객 응대 처리의 신속성 및 이의 활용 정도에 대해 측정하여 고객 만족도를 평가해 볼 수 있는 방법으로, 보통 고객이 뷰티숍에게 불평이나 제안 사항이 있을 때 그 접근성이 얼마나 용이하고, 이를 전담하는 조직이 뷰티숍 내부에 체계화되어 있는지에 따라 평가된다고 볼 수 있다.

(2) 설문조사 방법

고객에게 직접 물어보는 방법으로 만족 정도에 대해 보통 5~7점 척도를 많이 사용한다. 이러한 설문조사 등의 방법을 통해 일종의 고객 만족도 지수를 평가하기도 하는데, 가장 대표적인 모델이 NCSI(National Customer Satisfaction Index) 모델이다.

(3) 유령 고객 이용

뷰티숍의 판매원이나 고객 응대에 대해 아르바이트나 가짜 고객을 가장하여 테스트하는 방법으로, 소위 미스터리 샤퍼(Mystery Shopper)라고 하기도 한다. 이들은 자신의 신분을 감추고 일반 고객인 것처럼 매장을 방문해서 매장 직원들의 서비스를 평가하는 사람들로, 매장 직원들이 눈치채지 못하도록 물건을 구입하기 위해 온 손님인 것처럼 행동하면서도 온갖 까다로운 질문을 던진다. 이러한 행위를 통해 고객에게 응대하는 직원들의 서비스 마인드와 고객 만족을 위한 행동 등을 평가하게 된다.

(4) 이탈 고객 조사

고객 이탈률 및 그 이유를 찾아내어 고객 불만족을 해소해 주는 방법으로 활용하는 것으로, 주로 고객 구매 정보 데이터를 활용하게 된다. 이를 위해서 소위 데이터베이스 마케팅과 CRM 기법이 활용될 수 있다.

1.3 고객 만족지수(CSI : Customer Satisfaction Index)

(1) 정의

고객 만족지수는 현재 생산, 판매되고 있는 제품 및 서비스 품질에 대해 해당 제품을 직접 사용해 보고 이 제품과 관련된 서비스를 받아 본 고객이 직접 평가한 만족수준의 정도를 모델링에 근거하여 측정, 계량화한 지표이다.

(2) 고객 만족지수(CSI)의 측정 목적

① 일반적으로 CSI를 측정하는 목적은 고객 만족도의 수준을 파악하고 시계열 변동의 원인을 관리함으로써 수익성과 밀접한 관계가 있는 고객 유지율을 유지, 제고시키는 데 있다.

② 제품 및 서비스 품질을 개선하기위한 뷰티숍 내부의 프로세스 개선을 도모하려는 목적이 있다.

(3) 필요성

① 뷰티숍의 경쟁 관련 품질성과(Quality Performance) 연구

② 뷰티숍 및 경쟁사의 고객 충성도 분석

③ 고객 기대가 충족되지 않은 영역 평가

④ 고객의 제품 및 서비스 가격 인상의 허용 폭 결정

⑤ 경쟁사의 CS 강·약점 분석

⑥ 잠재적인 시장 진입 장벽 규명

⑦ 효율성 평가 및 불만 해소의 영향 분석

⑧ 고객 유지율의 형태로서 예측된 ROI(투자 수익률) 예측

(4) 추진 절차

① 1단계 : 사전 준비 단계

- CS를 추진하기 위한 기반 마련
- 조직, 문화 이해, CS 인식의 진단

② 2단계 : CS 추진 기구의 편성

- CS 이념, 비전 설정
- 사내 CS 추진 풍토의 조성
- CS 추진 Leader 양성

③ 3단계 : 고객조사

- 내 · 외부 고객의 Needs 분석 및 현상 파악
- 고객 Needs의 흐름 전개
- 내 · 외부 고객의 만족도 측정 → 현상 파악

④ 4단계 : CS 실천 전략 수립

- 고객 Needs와 뷰티숍 활동 간 Gap 발견
- 고객 만족 향상을 위한 실천 전략 및 과제 신청

⑤ 5단계 : 목표 설정 및 CS 추진 과제 실천안 설계

- 공감대 형성, 내부 수용력 진단 및 목표 달성
- 내 · 외부 고객의 만족도 측정 → 현상 파악

⑥ 6단계 : CS 향상 활동

- 현장 실천 활동 업무 개선, 프로세서 개선 활동

⑦ 7단계

성과 분석 및 차기 전략 수립

⑧ 실천 내용 성과 및 효과 분석 차기 전략 수립

1.4 NPS(Net Promoter Score ; 순수 추천 고객지수)

(1) NPS(Net Promoter Score)의 정의

NPS를 원어 그대로 번역하면 순 촉진자(후원자) 지수 또는 순수 추천 고객지수라 할 수 있다. 즉 충성도(Loyalty)가 높은 고객을 얼마나 많이 보유하고 있는지를 나타내는 지표로, 베인이 2004년 하버드 비즈니스 리뷰에 처음 소개하였다.

$$\text{NPS(Net Promoter Score)} = \frac{\text{(적극적 추천 고객 수 − 비추천 고객 수)}}{\text{응답자 비율}}$$

(2) NPS의 필요성

① 기존 고객 만족도 조사의 질문은 모호하다.
② 뷰티숍과 거래를 중단한 고객의 60~80%가 고객 만족도 조사에서는 '만족한다'라고 답했다.
③ 고객 만족도 조사의 결과가 아무리 좋아도 뷰티숍 성장률에는 기여하지 못한다.

(3) 적극적 추천 고객(순촉진 고객)

① 추천 고객

- 비추천 고객에 비해 더 많이, 더 자주 구매
- 자신의 만족을 주변에 적극적으로 퍼트림(구전)
- 높은 지갑 점유율을 보임(자산의 총 가용 금액 중 특정 뷰티숍에 소비하는 비중)
- 적극적 고객 추천은 뷰티숍 '이익 실현'의 차이를 만듦

② 비추천 고객 + 중립적 고객

- 언제라도 선택을 바꿀 수 있는 고객
- 겉으로는 '만족해요'라면서 불만은 감추려는 고객

(4) NPS 측정 방법

① 질문은 1~2개 이내로 한다.

② 자율적인 의사 표시가 가능하도록 한다.

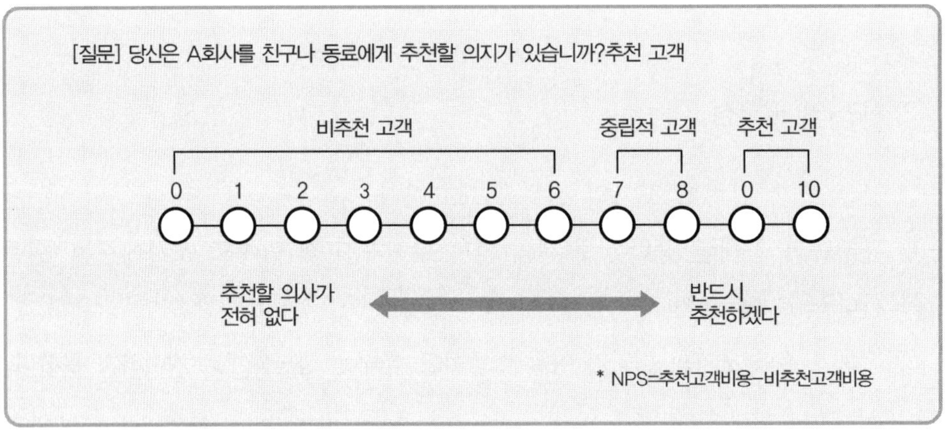

【NPS(순추천 고객지수) 설문으로 고객성향 분류하는 방법】

2 고객 만족도 평가 시스템 구축

2.1 CS 평가 시스템(Customer Satisfaction Evaluation System)이란?

① CS 평가 시스템은 고객 만족에 기여한 내부 경영 활동의 과정(Process)과 결과(Result)를 고객 관점에서 평가하는 기법이다.

② CS 평가 시스템은 고객이 만족한 정도를 측정함은 물론, 평소의 업무 속에서 고객 만족을 위해 노력한 내부 활동에 대해서도 평가할 수 있는 균형 잡힌 평가 방식이다.

2.2 CS 평가 시스템이 필요한 뷰티숍

① 평가 시스템을 통해 CS를 조직 문화로 정착시키고 조직원의 실천을 유도하고자 하는 뷰티숍

② 매출 성과와 효율성 위주의 기존 평가 시스템에 고객 관점의 평가 요소를 반영하고자 하는 뷰티숍

③ CS에 대한 원인, 과정, 결과 지표 등을 체계적으로 Tracking하여 서비스 개선에 활용하고자 하는 뷰티숍

2.3 CS 평가 시스템 컨설팅 프로세스(Tools & Methodology)

(1) Phase 1 : 고객 요구 Define

기존의 VOC(Voice of the Customer) 자료에 대한 수집 및 분석과 고객 접점 및 서비스 현상 에 대한 진단을 통해 원시 데이터를 수집하고, 고객 요구 품질을 추출한다.

(2) Phase 2 : 고객 조사

고객 요구를 반영하여 설문지를 개발하고 각 고객별 조사를 통해 고객의 기대와 만족의 정도를 파악한다. 일반적으로 외부 고객 만족도(CSI) 조사와 내부 부서 만족도(ICSI) 조사를 시행한다.

(3) Phase 3 : CS 평가지표 개발

주요 고객 요구와 핵심 관리 요소(CSF)를 도출하고, 대표성 및 전략적 중요성 등을 고려하여 평가지표를 도출한다. 또한, 평가지표별 측정 기준이 되는 KPI를 개발한다.

(4) Phase 4 : CS 평가 시스템 실행 체계 구축

각 지표별 DATA Gathering 방안을 마련하고 평가 설계(대상, 주기, 도구 및 방법 등)를 구체적 으로 마련하며, Pilot Test를 통해 문제점을 보완하여 완성한다. 또한, 사내 공유를 위한 Presentation을 실시한다.

(5) Phase 5 : CS 평가 시스템 실행

전사, 부문, 팀, 개인 단위의 지표별 목표를 설정하고 구체적인 실행 계획(Action Plan)을 수립하여 활동을 전개한다. 이후 실행에 대한 성과를 분석하고 새로운 평가 시스템에 따라 평가와 보상을 시행한다.

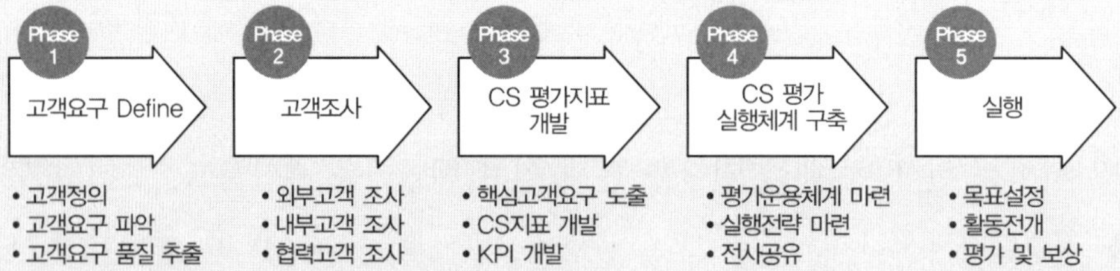

〈자료 : 한국능률협회컨설팅〉

2.4 CS 평가 시스템의 구조

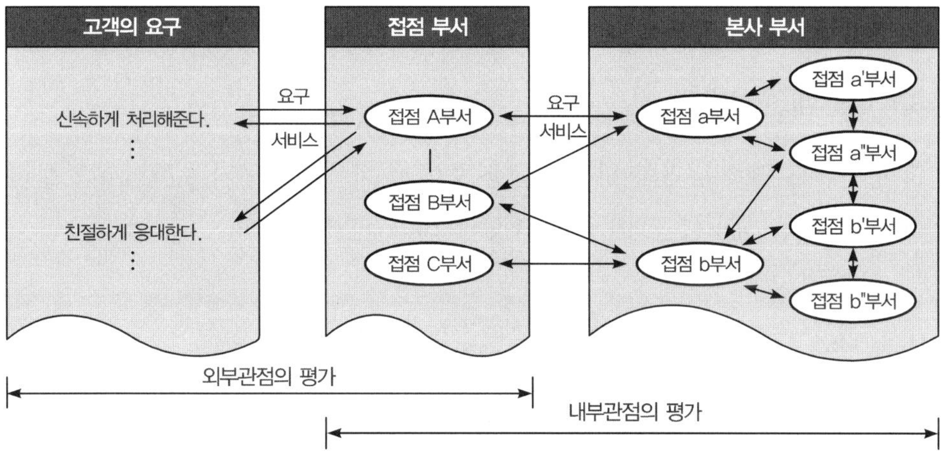

2.5 CS 평가 시스템의 구축 효과

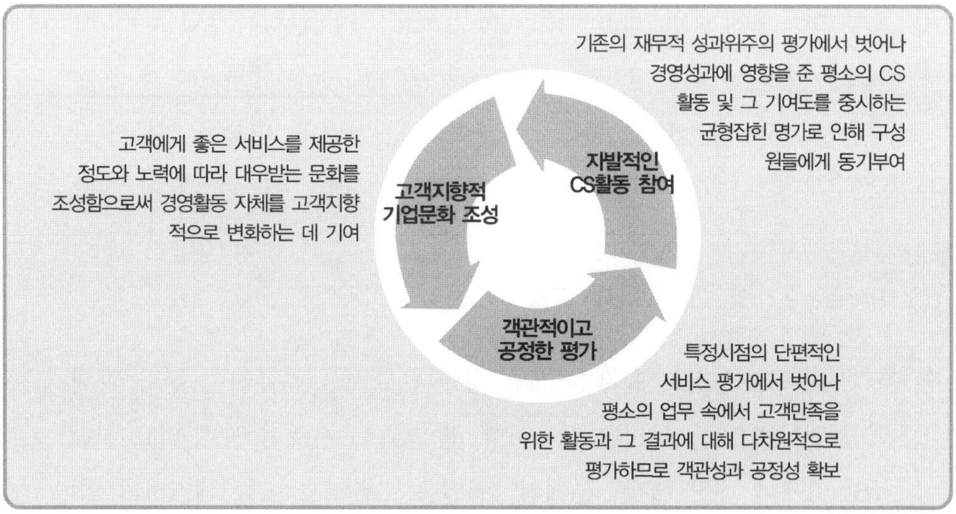

3 고객 만족도 평가 결과의 활용

3.1 CS 개선 방안

고객 만족도 평가 결과의 미진한 내용 중에서 개선이 요구되는 핵심 요소를 선정하여 각 핵심 요소별 주요 요구 내용에 대한 개선 과제를 도출한다.

(1) Phase 1 : 개선 요소 선정

① 고객 만족도 내용별로 개선 과제의 우선순위를 분류하여 개선 방향을 설정
② 고객 만족도 평가 요소 중에서 만족도가 상대적으로 낮고 중요도가 상대적으로 높은 만족도 내용을 개선 요소로 선정

(2) Phase 2 : 주요 요구 선정

① 고객 만족도에 대한 제언 내용, 개선 요구 사항을 항목별로 분류하여 개선 요소와 연관성을 평가
② 개선 요소와 제언 내용 중에서 상관도가 큰 만족도 내용을 업무별, 부서별로 구분

(3) Phase 3 : CS 개선 과제 도출

① 고객 만족도 향상과 문제점 개선 방안의 요소를 분류하여 전략 과제 도출
② 핵심 업무별 또는 부서별 요구사항 및 만족도 수준의 상호 비교 분석 도출
③ 주요 요구에 대한 현상, 문제점, 원인을 도출하고 이를 해결하기 위한 CS 개선 과제 도출
④ 다양한 분석(분산 분석, 파레토 분석, 교차 분석 등) 활용을 통한 개선 방향 제시

3.2 CS 평가의 활용

CS 평가 시스템은 CS 경영 성공을 위한 방향 설정과 의사결정 기준을 제시한다.

① 고객의 인지 가치 및 요구를 파악할 수 있다.

② 고객의 만족 정도를 측정할 수 있다.

③ 고객의 만족 정도 측정 결과에 대한 활용과 조직 내 피드백을 얻을 수 있다.

④ 고객 만족 평가 시스템 업그레이드 및 관리를 지속적으로 활용할 수 있다.

4 고객 만족도 향상 전략

4.1 고객 불만 관리

모든 고객에게 100% 만족을 주는 제품과 서비스란 있을 수 없고, 고객의 불만은 필연적으로 발생하기 마련이다. 뷰티숍이 고객의 불만을 어떻게 관리하느냐에 따라 고객을 붙잡을 수도, 또 다른 불만 고객을 양산할 수도 있다.

(1) 고객 불만 관리의 중요성

① 고객들의 불만이 잠재 고객 상실로 이어지는 것은 불만 사례가 전해지는 과정에서 '입소문'이 눈덩이처럼 불어나기 때문이다. 대개 나쁜 입소문은 실제보다 과장되게 전해지기 마련이다.

② 보다 중요한 사실은 불만을 뷰티숍에 통보하지 않는 고객들이 훨씬 많다는 것이다. 이는 뷰티숍들 이 자칫 잘못하면 고객 불만을 인식하지도 못한 채 기존 고객뿐만 아니라 잠재 고객들까지 잃게 될 수도 있다는 것을 의미한다.

(2) 고객 불만의 원인

① 고객 불만의 원인은 크게 제품 자체의 문제, 서비스의 문제, 고객 자산의 문제로 분류할 수 있다. 고객 자산의 문제야 어쩔 수 없겠지만 제품과 서비스 차원의 문제는 개선의 여지가 있는 부분이다.

② 미국 품질관리협회의 조사에 따르면 고객 이탈 사유 1위가 '고객 접점에서의 서비스 문제'로 나타났다. 고객 불만을 초래하는 가장 큰 원인이 직원들의 고객 응대 과정에서 비롯되는 것으로 조사된 것이다. 즉 서비스 직원의 불 친절한 응대, 규정만 내세우는 안내, 업무 처리 미숙, 타 부서로 책임 회피 등으로 인한 고객 불만이 가장 많은 것으로 나타났다.

원인별 소재	기업	고객
업무적	• 직원의 업무 지식 부족 • 설명이 불충분하거나 의사소통 미숙 • 업무 처리 미숙 또는 지연 • 고객 감정에 대한 배려 부족 • 서비스 정신 결여	• 업무에 대한 지식 부족 • 착오, 과실 • 감정 • 고의, 악의
심리적	• 바쁘다 또는 귀찮다. • 회사의 규정을 어길 수 없다. • 특별한 대우를 해줄 수 없다. • 자신이 서비스 전문가라는 우월감	• 업무 처리 지연에 대한 초조감 • 고객이 왕이라는 우월감 • 회사가 여기뿐이냐는 비교 심리 • 하자에 의한 항의 자존심 손상

③ 고객 불만 관리에 대한 연구 결과들을 살펴보면 고객의 불만을 잘 해결하는 경우 고객과의 관계를 더욱 강화하고 고객의 충성도를 높이는 기회가 될 수도 있다. 다시 말해 고객 불만 발생 시 만족스러운 문제 해결이 고객 만족도의 향상을 가져올 수도 있다는 것이다. 결국은 뷰티숍이 고객의 불만에 어떻게 대응하느냐에 따라 고객을 붙잡을 수도, 또 다른 불만 고객을 양산할 수도 있다.

(3) 고객 불만 관리의 성공 포인트

① 고객 서비스에 대한 오만을 버려라.

고객 불만 관리의 최대 적은 고객 서비스에 대한 '오만'이다. 뷰티숍들은 자산들이 생각하는 자사 제품과 서비스의 수준과 실제로 고객이 인지하는 수준 간에 큰 차이가 존재한다는 사실에 주목할 필요가 있다.

② 고객 불만 관리 시스템을 도입하라.

고객 불만 관리의 핵심은 사전에 불만 요인을 인지해서 조기에 제거하는 것이다. 그러기 위해서는 시스템적으로 고객 불만을 식별하여 원인을 분석하고 대응 방안을 수립할 수 있도록 해야 한다. 또한, 개선 사항을 정기적으로 모니터링할 수 있는 고객 불만 관리 체계의 구축이 필수적이다.

③ 고객 만족도와 직원 보상을 연계하라.

뷰티숍이 고객 불만을 관리하기 위해서는 현장에서 직접 서비스를 제공하는 직원들을 어떻게 교육시키고, 동기 부여할 것인가가 매우 중요하다. 따라서 고객 서비스 수준을 높이기 위해서는 고객 만족도와 직원들의 보상을 연계시킬 필요가 있다.

④ MOT(Moment of Truth)를 관리하라.

흔히 '진실의 순간'이라고 번역되는 MOT(Moment Of Truth)란 현장에서 고객과 접하는 최초의 15초를 의미한다. 스칸디나비아 항공의 CEO였던 얀 칼슨은 현장에 있는 직원과 고객 이 처음 만나는 '15초' 동안의 고객 응대 태도에 따라 뷰티숍 이미지가 결정된다고 주장하였다. 결국 '15초'는 뷰티숍의 운명을 결정 짓는 가장 소중한 순간이며, 고객의 불만을 초래해서는 안 되는 순간인 것이다.

⑤ 고객의 기대 수준을 뛰어넘어라.

고객의 기대를 뛰어넘는 서비스로 고객을 감동시킴으로써 고객의 불만을 줄이는 적극적인 방법도 있다. 통상 고객의 기대 수준을 뛰어넘는 일은 매우 어려워 보인다. 대부분의 뷰티숍들은 고객의 기대 수준을 맞추는 것도 쉽지 않다고 말한다. 하지만 실제로는 아주 사소한 아이디어 하나로, 또는 경쟁사가 제공하지 않는 서비스를 제공함으로써 고객에게 감동을 주는 사례도 적지 않다.

(4) 불만 고객을 충성 고객으로

불만 고객을 충성 고객으로 탈바꿈하라. 평소에 아무런 문제를 느끼지 못하는 고객은 일반적으로 10% 정도의 재구매율을 보이지만 불만을 말하러 온 고객에게 진지하게 응대할 경우 불만 고객의 65%가 다시 해당 뷰티숍의 제품과 서비스를 이용한다고 한다. 뷰티숍들은 차별화된 고객 불만 관리를 통해 소비자들의 부정적인 인식을 긍정적으로 바꿈으로써 해당 뷰티숍과 제품에 대한 불만 고객을 충성 고객으로 바꿀 수 있도록 노력해야 할 것이다.

4.2 고객의 소리(VOC ; Voice of Customer)를 통한 고객관리

(1) VOC의 의의

① 고객의 소리 청취 제도란 고객의 소리에 귀를 기울여 그들의 욕구를 파악하고 이를 수용하여 경영 활동을 함으로써 고객 만족을 추구하는 제도이다.
② 고객 불만을 최소화하여 궁극적으로 고객 불평을 제로화 하자는 것이다. → ZC(Zero Complaint)

(2) VOC 시스템의 효과

① 여러 고객의 집합체인 시장의 욕구와 기대의 변화를 알 수 있다.

② 고객의 결정적인 순간을 이해하고 고객의 입장에서 바라봄으로써 서비스 프로세스의 문제점을 알 수 있다.
③ 예상 밖의 아이디어를 얻을 수 있다.
④ 고객과의 관계 유지를 더욱 돈독하게 할 수 있다.
⑤ 고객 접점에서 고객의 욕구에 근거하여 표준화된 대응 서비스가 가능하다.

(3) VOC 시스템의 구축(4단계)

① 1단계 : 고객이 쉽게 의견을 제시할 수 있는 창구 개설
② 2단계 : 체계적인 고객의 소리 분석
③ 3단계 : 각 부서에 신속한 피드백을 통한 문제 해결
④ 4단계 : 처리 결과 고객에게 통보 또는 경영 활동에 반영

4.3 고객 만족 경영의 실천(10단계)

① 1단계 : 고객 만족의 이념 확립
② 2단계 : 고객 만족 책임자 선정
③ 3단계 : 고객 만족도 조사
④ 4단계 : 목표 설정 및 중점 사항
⑤ 5단계 : 고객 만족 이념을 전 사원이 공유
⑥ 6단계 : 실천 프로그램 구성
⑦ 7단계 : 상품 및 서비스 개선
⑧ 8단계 : 결과에 대한 점검
⑨ 9단계 : 성과에 대한 인식과 보상
⑩ 10단계 : 고객 지향적 문화 형성

5 고객 충성도 향상 전략

5.1 고객 충성도

(1) 정의

고객 충성도란 뷰티숍이 지속적으로 고객에게 탁월한 가치를 제공해 줌으로써 그 고객으로 하여금 해당 뷰티숍이나 브랜드에 호감이나 충성심을 갖게 하여 지속적인 구매 활동이 유지되도록 하는 것이다.

(2) 고객 충성도 구축 방안

① 고객 신뢰

상대방이 미래에 어떻게 행동할 것인가에 대한 일반화된 기대 : Anderson & Narus(1990) 브랜드 신뢰는 '브랜드가 일정한 기능을 수행할 능력이 있다고 믿는 고객의 상태' : Chaudhuri & Holbrook(2001)

고객의 신뢰를 높이는 전략 : 역량, 일관성, 배려

- 브랜드가 고객으로부터 신뢰를 얻기 위해서는 경쟁자에 비해 우월한 서비스를 제공할 수 있는 역량(Competence)을 확보해야 한다.
- 신뢰를 얻기 위해서 어떤 상황에서도 고객들에게 일관된 서비스를 제공하는 일관성(Integrity) 확보가 중요하다. 이러한 일관성은 고객들이 브랜드에 기대하는 예측 가능성과 정직성이 관련되어 있다.
- 충성 고객들에게는 차별적인 배려를 제공해야 한다. 고객들은 항상 브랜드로부터 특별한 대우를 받길 기대한다.

② 애착

신뢰가 인지적 차원에서 브랜드와 고객 간의 관계를 강화시켜 준다면 애착은 감성적인 요소라고 할 수 있다. 애착을 높이기 위해서는 고객들에게 독특한 문화와 개성을 제공하는 노력을 해야 한다.

(3) 고객 충성도 증대 방안

① 거래에 대한 감사의 인사를 전한다.
② 쉽게 고객이 될 수 있도록 한다.
③ 장기 고객들을 구분하여 보답한다.
④ 개별화된 고객 맞춤 서비스를 제공한다.
⑤ 무엇을 원하는지 물어본다.
⑥ 고객들을 분류하여 공략한다.
⑦ 고객의 라이프사이클 단계에 따른 마케팅을 한다.
⑧ 친구나 가족 또는 동료들로 하여금 홍보하도록 만든다.
⑨ 고객들을 직접적인 이해관계자로 전환시킨다.
⑩ 뷰티숍 전반에 걸쳐 통일되게 고객과의 관계를 관리한다.

5.2 관계 마케팅

(1) 뷰티숍 마케팅의 정의

① 미시적 관점의 정의 : 뷰티숍과 고객의 상호 관계 차원에서 정의(협의의 관계마케팅 개념) Berry(1983)-'관계 마케팅이란 소비자와의 관계를 창출하고유지, 강화하는 마케팅 활동' Rapp & Collians(1990)-'관계 마케팅은 뷰티숍과 고객 쌍방 간에 호혜적으로 지속적인 관계를 창출하고 유지하려는 마케팅'

② 거시적 관점의 정의 : 고객을 비롯하여 종업원, 공급자, 경쟁자, 정부 등 다양한 뷰티숍 파트너 들과의 관계 차원에서 정의하거나 뷰티숍 파트너와의 안전적인 관계 구조에 초점을 두고 정의 Gronroos(1990)-관계 마케팅은 뷰티숍의 이익을 확보하는 수준에서 관련 당사자의 목표가 충족될 수 있도록 고객 및 다른 파트너들과의 관계를 유지, 강화하는 것 Christopher(1991) 등-관계 마케팅은 고객뿐만 아니라 공급업자, 종업원, 소개자, 영향자 및 내부 시장과의 관계를 창출하고 강화하는 것

③ 결론 : 관계 마케팅은 고객, 구매자, 공급자, 경쟁자 등의 뷰티숍 파트너들과 장기적인 유대관계를 창출하고 유지, 강화함으로써 뷰티숍의 수익 증대를 도모하는 마케팅 활동이라고 할 수 있다.

(2) 관계 마케팅의 목적

관계 마케팅의 목적은 신규 고객의 창출, 기존 고객의 유지, 고객 관계의 강화에 있다.

① 신규 고객의 창출(Attraction) : 뷰티숍은 신규 고객을 유치할 때 고객의 기대나 욕구 선호를 기준으로 하여 시장을 세분화하고, 이를 통해 지속적인 고객 관계를 구축할 수 있는 최적의 표적 시장을 파악할 수 있다. 이렇게 파악된 표적 시장을 목표로 뷰티숍은 기존 고객들의 구전 효과를 통해 신규 고객을 유치하는 방법을 사용한다. 신규 고객을 추천하는 고객들에게 일정한 인센티브를 제공하는 MGM(Members Get Members) 기법을 통해 신규 고객을 유치하게 된다.

② 기존 고객의 유지(Retention) : 신규 고객의 창출도 사업의 확장을 위해 필요하지만, 기존의 고객을 잘 관리하는 것 또한 소홀히 해서는 안 된다. 뷰티숍이 변화하는 고객의 욕구를 잘 이해하고 이를 뷰티숍의 서비스에 반영해 나간다면 고객 만족에 의한 반복 구매를 통해 지속적인 고객 관계가

유지될 수 있다.

③ 고객 관계의 강화(Enhancement) : 고객은 시간이 지남에 따라 특정 뷰티숍의 제품이나 서비스에 만족하여 계속 구입하게 되면 고객 관계가 더욱 강화되고 충성 고객이 될 수 있다. 충성 고객을 어느 정도 확보하고 있느냐는 뷰티숍의 기반이 되고 뷰티숍의 성장 잠재력을 나타내주기도 하는 중요한 요소이다. 고객과의 관계가 강화될수록 뷰티숍의 고객 점유율과 시장 점유율 및 이익 기반이 향상되기 때문이다.

(3) 관계 마케팅의 특성

① 신규 고객의 창출보다 기존 고객의 유지 관리에 마케팅 전략의 초점을 둔다.

② 고객과의 단기적 교환보다 장기적 관계를 통한 수익 창출을 지향하며, 단기적인 거래 실적보다 장기적인 고객 생애 가치(LTV ; Life Time Value)에 중점을 둔다.

③ 마케팅의 초점을 교환 주체인 고객에 두고, 고객을 뷰티숍의 동반자로 인식한다. 마케팅 전략의 초점이 제품 차별화의 방향으로 전환된다.

④ 마케팅의 목표는 거래의 성과보다는 고객과의 관계 형성 및 유지, 강화에 둔다.

⑤ 고객 접점에서의 내부 마케팅과 상호작용을 중요시하며, 품질 차원에서는 기술적 질보다 기능적 질 또는 과정의 질을 중요시한다.

⑥ 규모의 경제에서 범위의 경제(Economy of Scope)로 전환된다. 즉 한 고객에게 다양한 제품을 판매하거나 고객별 거래 기간을 장기간 유지하는 범위의 경제를 도모한다.

⑦ 마케팅 성과의 지표가 시장 점유율(Share of Market)에서 고객 점유율(Share of Customer)로 전환된다.

⑧ 장기적 고객 관계에 따른 고객 충성도를 추구함으로써 소비자의 가격 민감도가 낮다.

⑨ 경쟁자는 경쟁과 협력을 동시에 도모하는 협쟁(Competition) 관계의 파트너가 된다.

⑩ 내부 마케팅은 외부 마케팅의 선행 요건이 된다.

⑪ 뷰티숍과 고객 간의 쌍방향 커뮤니케이션을 강조하고, 고객 서비스와 고객 관여를 매우 중요시한다.

【매스 마케팅과 관계 마케팅의 비교】

구분	매스 마케팅	관계 마케팅
수익의 원천	• 상품 • 우수한 상품을 개발하여 판매하면 기업 성장	• 고객 • 고객에 대한 응대력이 기업의 사활을 결정
고객 접근 방법	융단폭격식	미사일식
매출 증대의 관점	시장 점유율 중심	고객 점유율 중심
성과 평가의 관점	단기적 성과 중심	장기적 관계 중심

(4) 관계 마케팅의 효과

관계 마케팅을 성공적으로 수행하게 되면 고객 충성도 구축과 이에 따른 구전 효과, 학습 효과에 따른 운영비 절감 등으로 뷰티숍의 수익을 증대시키는 효과를 가져오게 된다.

① 뷰티숍 측면의 효과

- 장기적인 고객 관계를 통해 고객 유지의 경제성을 확보할 수 있다.
- 개별화된 제공물과 생산 과정에 고객 참여를 통해 고객에게 가치를 증대시킨다.
- 고객 관계를 기초로 새로운 시장 세분화 전략을 구사할 수 있다.
- 고객 데이터베이스에 의한 일대일 마케팅을 통해 차별적 경쟁 우위를 확

보할 수 있다.

- 장기적 고객 관계를 활용하여 교차 판매나 교차 촉진을 할 수 있고, 대중매체를 이용한 낭비적 촉진 비용을 절약할 수 있다. 고객 관계상의 신뢰와 고객 충성도, 관계 몰입이 증가함에 따라 장기적 관계의 강화와 경쟁기업에 대한 교체 장벽을 구축할 수 있다.

② 시장 측면의 효과

- 고객에 대한 정보와 지식을 축적하여 개별화된 제공물을 제공할 수 있다.
- 고객 관계의 개별화를 통해 고객의 지각 가치와 관계 가치를 극대화할 수 있다.
- 고객의 의사결정의 효율성을 높이고, 지각된 위험을 감소시킬 수 있다.
- 고객 충성도와 안정된 수익 기반을 확보하고 긍정적 구전 효과를 얻을 수 있다.
- 관계 파트너들과의 좋은 유대관계가 경쟁 우위의 원천이 된다.

③ 경쟁 측면의 효과

- 전략적 제휴 등의 수평적 협력 관계를 통해 위험과 비용을 줄일 수 있다.
- 뷰티숍 간의 협력 관계를 통해 규모의 경제성, 생산 합리화, 뷰티숍 간 비교 우위를 활용한 원가 절감, 공동 연구 개발, 기술적 시너지 효과를 얻을 수 있다.
- 속도의 경제성을 향상시킬 수 있다. 즉 신제품 도입 기간의 단축, 신속한 신기술과 신시장 확보, 초기 진입자 우위 확보, 시장 반응 속도 향상 등의 효과를 얻을 수 있다.
- 산업 내 다른 뷰티숍들과 경쟁적 · 공생적 상호 의존성과 불확실성을 효과적으로 관리할 수 있다. 수평적 협력 관계 구조가 경쟁 우위의 원천이 될 수 있다.

6 고객 관계 관리(CRM)

6.1 CRM의 영역

(1) 고객 유지

초기 관계 마케팅의 주된 관심 영역으로 고객의 불만을 예방하고, 불만이 발생했을 때 효과적으로 대처해야 한다는 수동적 노력과 고객이 요구하기 전에 부가적 혜택을 제공해야 한다는 능동적 노력이 요구된다.

(2) 고객 확보

외부의 데이터베이스(DB)를 활용하여 새로운 고객을 확보하려는 영역이다. 즉 고객 유지 활동을 통해 유지 대상이 되는 우량 고객의 특성을 파악하고, 그 결과를 바탕으로 우량 고객이 될 만한 잠재력을 가지고 있는 사람들을 우선적으로 뷰티숍의 고객으로 확보하려는 노력이 요구된다.

① MGM(Member Get Member) : 기존 고객을 통해 신규 고객을 확보하는 방식으로 뷰티숍의 파트너 입장에서 신규 고객을 유치하겠다는 취지에서 시작되었다. 즉 신규 고객이 될 가능성이 있는 사람의 정보를 기존 고객으로부터 받아서 마케팅활동을 수행하게 된다.

② 제휴를 통한 방법 : 뷰티숍 간의 공식적인 제휴를 통해 정보를 공유하는 방법으로 정보 공유를 목적으로 제휴를 맺기도 하고, 정보를 가진 뷰티숍의 마케팅을 대행해주기 위해 제휴를 맺기도 한다.

(3) 고객 개발

일단 확보한 고객의 가치를 계속적으로 높여가려는 노력이다.

① 교차 판매(Cross-selling) : 기존 구매 품목 외의 새로운 상품을 구매하도록 유도하는 활동이다.

② 추가 판매(Up-selling) : 특정 카테고리 내에서 상품의 구매액을 늘리도록 유도하는 활동이다.

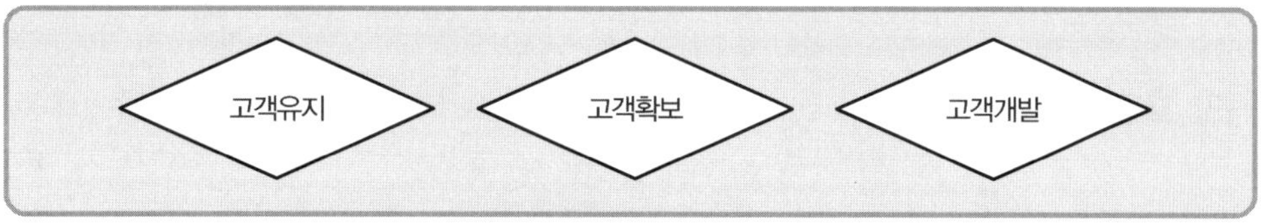

【CRM의 영역】

6.2 고객 관계 관리의 성공 전략

(1) 고객 유형별 대응 전략

① 예상 고객(또는 잠재고객) : 신규 고객화 전략

② 신규 고객, 일반 고객 : 관계 강화 전략

③ 이탈 가능 고객 : 이탈 방지 및 관계 강화 전략

④ 우량 고객 : 우량화 유지 전략

⑤ 보통 고객, 불량 고객 : 우량화 전략

⑥ 이탈 고객 : 재유치 전략

(2) 신규 고객화 전략

① 잠재 고객 분석 기준

② 잠재 고객을 발굴하기 위한 전략

- 고객 데이터를 활용하여 고객에게 접촉을 시도
- 하우스 홀딩 분석 : 현재의 고객과 유사한 특성을 가진 대상을 찾아냄

③ 신규 고객화 전략 방안

- 잠재 고객들에게 제품의 샘플 및 광고 자료, 할인쿠폰 등을 제공
- 기존 고객에게 사은품 또는 할인 혜택 등을 조건으로 내세움

(3) 고객 유지 전략

① 거래 고객 분석 기준

② 고객 유지 전략 방안

- 고객 불평 관리 체계를 구축하고 해결 방안을 마련
- 이탈 가능 고객 예측 : 고객의 인구통계학적 데이터 및 거래 형태에 관한 데이터를 데이터 마이닝 기법을 통해 분석하면 고객의 이탈 가능성을 예측할 수 있다.
- 불량 고객 분석 모형을 개발
- 고객에 대한 보상 전략
- 고객에 대한 수익성 향상 전략

(4) CRM의 실질적인 역량 강화를 위한 구체적인 방법

① 고객과 신뢰 구축

② 단기 성과보다는 장기적인 관계 유지

③ 경영진의 강력한 의지

④ 관련 사업 부서 간 협력 체제

⑤ 공정한 차별 대우

⑥ 열린 대화 창구

6.3 고객 관계 관리 활동 모델

(1) 가망 고객 발굴 활동

① 고객 관계 관리의 시작은 가망 고객 발굴로부터 시작된다. 여기서 가망 고객은 영업 기회가 발생한 고객을 말한다.

② 가망 고객 발굴 활동은 뷰티숍의 제품과 서비스를 이용 가능성이 있는 고객을 끊임없이 발굴하는 과정이다.

③ 가망 고객을 발굴하기 위해서는 타겟 고객을 명확히 정하는 것이 중요하다.

④ 구매 동기가 있는 고객을 발굴하여 고객등록센터 등록하고 DM, TM, 이메일 등 직접적인 마케팅을 통해 고객의 반응도와 거래 능력을 파악하는 영업활동이다. 가치 있는지를 파악해야 한다. 그 고객이 원하는 제품과 서비스는 무엇인지, 핵심 구매 요인은 무엇인지 파악하여 고객의 문제를 해결할 수 있는 솔루션을 가지고 접근해야 한다.

⑤ 고객과 지속적으로 좋은 관계를 가지고 커뮤니케이션을 유지하기 위해서는 상담 과정에서 획득한 고객정보를 잘 관리해야 한다.

(2) 신규 고객 관리 활동

① 신규 고객의 핵심 구매 사유 파악이 중요하다.

② 공식적인 'Welcome 프로그램' 전개

② 최초 3개월은 신규 고객의 행동과 태도 관찰이 필요하며 3개월 이내 2회 이상 관계 경험을 쌓는 것이 좋다.

(3) 고객정보 수집 및 이해 활동

고객의 태도 정보가 필요하며, 전략적으로 미래 우수 고객을 식별할 수 있어야 한다.

(4) 고객 가치 증대 활동

① 고객에게 지속적으로 가치를 제공하는 과정이다.

② 고객 가치 증대를 위해 Cross-selling, Up-selling, Re-selling 캠페인을 전개하며, 성장 가능 고객군을 집중으로 마케팅 자원을 재설계해야 한다.

③ 타겟 고객에 대한 1 : 1 밀착 관계 유지, 성장 가능 고객군에 대한 집중적인 X-sell, Up-sell 전략을 전개한다.

④ 교차/상승 판매 프로그램

- 정의 : 고객이 기존에 경험하지 못한 효용(상품, 서비스)을 제안하여 고객 가치를 증진시키고 뷰티숍의 수익성을 증대시키는 일련의 활동
- 목적 : 고객 가치 상승으로 인한 매출 상승, 기존 고객 유지로 안정적 수익 기반 확보 프로그램 사례 : 홈쇼핑 업체의 경우 고객이 구입하는 상품의 연관성 분석을 통해 관련 상품 근거리 진열, 덤 상품 개발 등에 활용

(5) 우수 고객관리 활동

① 우수 고객은 차별화된 서비스를 원하므로 우수 고객이란 사실을 인지시키고, 차별화된 관리 방안을 제공한다.

② 우수 고객관리 프로그램

- 정의 : 가치가 높은 우량 고객을 대상으로 차별적 서비스를 제공하여 뷰티숍에 대한 충성도를 제고하고자 하는 것
- 목적 : 고객 심화로 수익성 증대와 고객에게 형성된 Loyalty는 자발적인

뷰티숍 옹호자가 되도록 하는 것이다. 즉 우수 고객관리를 통한 만족도 상승에도 효과가 있지만 한편으로는 우수 고객 이외의 고객으로 하여금 우수 고객이 되고자 하는 마음을 들도록 하는 것이 중요하다.

- 우수 프로그램 사례 : 주말, 휴일 무료 주차, 우수 고객 전담 상담요원, 무료 법률 및 세무 상담, 우수 고객 전용창구 등

(6) 고객 불만 관리 활동

① 불만의 핵심 원인 분석이 필요하다.

② 불만 표출 고객은 로열 고객, 고객 감동의 기회로 여기고 적극적 대응이 필요하다.

(7) 고객 이탈 방지 활동

① 한동안 거래 활동이 없는 휴면 고객이나 이탈 가능성이 높은 고객을 사전에 찾아내어 이탈을 방지하는 활동이다.

② 고객 이탈 방지를 위해서는 고객과의 정기적인 접촉 관리가 매우 중요하며, 불만 고객뿐만 아니라 무관심 고객도 특별히 관리해야 한다.

③ 고객이 이탈했을 때에는 이탈 사유를 확인하고 이탈 우수 고객에게는 Win-back 캠페인을 전개해야 한다.

④ 고객 이탈 방지 프로그램

- 정의 : 기존 이탈자 정보를 이용하여 고객 이탈을 이해하여 가치 있는 고객의 이탈을 방지하는 일련의 활동
- 목적 : 수익 감소 예방, 고객 획득/관리비용 최소화, 불만족 고객의 불만 전파로 뷰티숍 이미지 훼손 예방 프로그램 사례 : 대부분 이벤트 제공, 할인 혜택 등 제공

(8) 이탈 고객 재유치 활동

이탈 고객 재유치 핵심은 '수익성 높았던 고객에 타겟팅'하는 것이며, 재유치 고객에 대한 'Welcome 프로그램'이 필요하다.

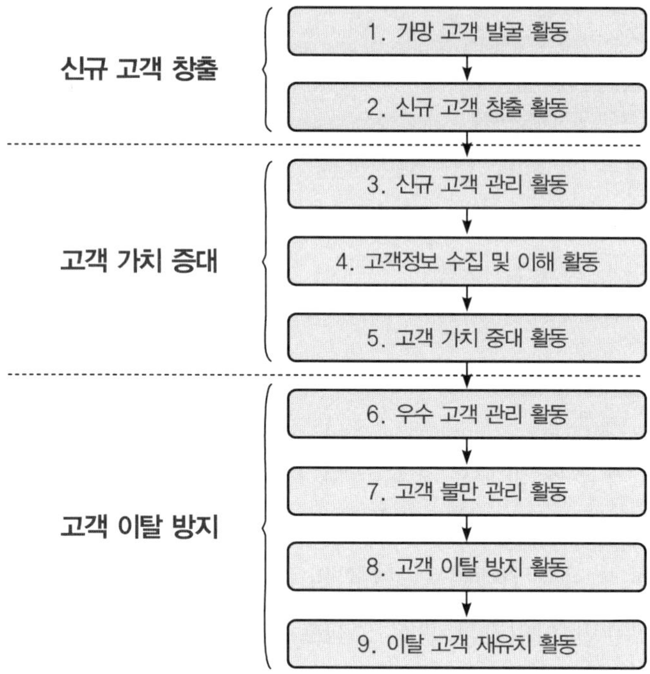

【고객관리 활동 모델(고객 관계 관리 9단계)】

7 고객 만족도 사례 연구

7.1 국내 금융사의 CS 혁신 추진 사례

(1) 뷰티숍 비전에 고객 만족 경영의 개념을 도입[신한은행과 삼성생명]

① 고객에게 제공할 구체적 서비스 가치가 무엇인지를 비전으로 제시하고, 슬로건으로 명확화

- 신한은행 : 고객과 사회의 가치를 창조하는 초일류 종합정보 서비스 은행
- 삼성생명 : Client Success 창조, 고객 이익을 우선하는 경영 체계를 수립하고, 최소한 고객 이익에 반하지 않는 경영을 지속적으로 추진
- 신한은행 : 고객 가치를 은행의 최상의 가치로 설정하여 고객 최우선의 고객 만족 경영을 기본 경영 방침으로 설정 삼성생명 : 서비스 품질 차별화, 고객 접점 대응력 강화 등을 바탕으로 고객 만족을 통한 회사 가치 극대화 경영을 추진

(2) 조직 구성원의 고객 지향적 의식을 지속적으로 개혁

① 공유 가치를 설정하고 이를 반영한 윤리강령, 행동 규범의 교육을 통해 직원의 고객 지향적 의식개혁을 추진

② 직원 교육, 고객의 소리(VOC), 민원처리 등 고객 지향 문화 구축 활동

- CS 교육팀이 의식개혁 및 고객 응대 교육, CS 리더 활동을 추진하여 임직원에 대한 지속적인 고객 지향도 향상을 추진 외부 기관과 협력 또는 자체적으로 측정 모델을 개발하여 고객 및 직원 만족도 조사 및 고객의 소리(VOC), 민원 업무를 운영

(3) 고객 만족 경영을 위한 전담 조직의 구성

① 고객 가치 보호를 위해 CS 추진 부서 및 위원회를 구성 : CS 부서를 통해 상품, 서비스, 제도, 업무 프로세스에 대한 CS 혁신 과제를 도출하고, CS 위원회에 부의하여 전사적으로 추진 고객보호 및 서비스 개선을 위해 영업

기능에서 대고객 서비스 업무를 분리

② 생생한 고객과 직원 의견을 받아들여 고객이 체감하도록 제도를 개선 : 다양한 고객 의견을 청취하고, 문제를 해결하는 과정에서 발생하는 상품, 제도, 업무 프로세스를 고객 위주로 개선 현장 직원의 의견을 적극 수렴, 반영함으로써 현장 중심의 제도 및 업무 프로세스를 구축

(4) 고객관리를 통한 고객 만족 경영의 지속적인 개선

① 상품 판매 시 상담 기능 강화하고 판매 후의 고객관리를 정교화하는 방법으로 고객 만족을 추진, 다양한 고객의 니즈, 원스톱 종합 금융 요구 증대에 따라 상담 조직을 확대 판매 이후 단계의 고객관리 표준 모델을 정립하여 고객 접촉 및 관리

② 인터넷뱅킹 등을 통한 다양한 채널을 통한 고객 지원 강화 : 인터넷뱅킹의 편리성 제고로 On-line 고객 및 Off-line 고객을 적극적으로 지원하는 보완 기능 중시, 고객 중심의 홈페이지 및 뱅킹사이트 운영을 통해 고객 친화도 향상

③ 엄격한 윤리 경영 추진으로 고객 보호 기능을 지속적으로 강화 : 윤리 경영 추진을 위해 임직원의 행동 지침을 제정, 준수를 의무화 내부자 신고 보상 제도, 금융 부조리 신고센터 운영 등 엄격한 규율로 고객 이익 및 고객정보를 보호

(5) 고객 친화적 이미지를 위한 브랜드 관리

① 시장을 선도하는 브랜드 이미지 창출로 고객 친화적 이미지 구축

② 국내 최고, 글로벌 선진 뷰티숍 수준의 서비스 제공을 자신 있게 주창함으로써 시장 선도 이미지 창출

③ 사회공헌 활동 등 사회적 책임을 수행함으로써 서로 돕는 친화적 은행 이미

지 구축을 추구

7.2 아마존의 고객 만족 경영 사례

① 고객의 말과 주문을 우선적으로 처리하고, 전적으로 신뢰하는 고객 응대·처리
② 시의 적절한 개별 고객 맞춤형 서비스 제공
③ 고객의 커뮤니케이션 욕구를 재빨리 파악하고 충족 = 고객의 불편을 바로 접수/개선하는 경영 방식

7.3 SK 텔레콤의 고객 만족 경영 사례

(1) 고객 만족 경영 체제 구축 운영

① CS 조직 활성화 : 고객 만족 경영 전담 추진 조직 운영(TCS 부문)
② CS 경영회의 개최 : CS 추진위원회, 고객 만족경영회의, 품질보고회의

(2) 고객 만족 10대 과제 선정 중점 개선

자동 납부 개선, 요금 납부 다양화, 해지 후 재가입 절차 개선, 해지 절차 개선, 부가 서비스 편리성 증대 및 다양화, 대리점 CS 강화, 통화 품질향상, 서비스 지역 확대, 친절한 고객 상담, AS 접점 확대

(3) 고객 만족 경영 정보 시스템 구축

경영 정보 시스템(EIS), 고객 상담 시스템(CMIS), 고객 정보 시스템(COIS), 사이버 고객센터

(4) 고객의 소리 접수 채널 구축

고객센터, 사이버 고객센터, PC통신, 고객 대표자 회의, AS 접점, 사장실 전화, 사내 인터넷

(5) 내부 구성원 보상 체계

고객 만족 경영 성과가 탁월한 사원 포상(OK! SK상 제정)

(6) 고객 상담 및 CS 분야 9002 인증 획득

(7) 사회공헌 활동

① 소년 · 소녀 가장돕기, 지체장애청소년 지원, 청소년 보호 등 고객과의 관계 강화
② 통신 예절 광고 시행 등 올바른 이동통신 문화 정착 추진

쉬어가기

■ 플라시보 효과(the placebo effect)

무해한 물질에 대한 개인의 신념에서 비롯되는 치료 또는 의학적 가치가 전혀 없는 치료를 이른바 플라시보 효과(위약 효과, placebo effect)라 한다. 플라시보(placebo)라는 용어는 《구약성서》의 시편 116편에서 처음 등장했다. 성경 구절의 영어 번역문은 "기쁘게 해드리겠습니다(I shall please)."이다.

1785년, 플라시보는 "평범한 약물 또는 흔해 빠진 치료법"이라 정의되어 의학사전에 등장했다. 이후 이 용어는 약인 척하는 약물(make-believe medicine, 위약) 혹은 설탕으로 된 알약(sugar pill)을 의미하게 됐다. 오늘날엔 사람에게 치료 효과가 있거나 사람이 치료 효과가 있다고 믿는 것은 어떤 것이든 플라시보라 불릴 수 있다. 기도, 명상, 암시, 최면술, 행운의 부적, 웃음, 만병통치약(불로장생약), 설탕으로 된 알약 등 이 모든 것들이 치료와 회복에 플라시보(위약)로 작용한다.

플라시보 효과는 얼마나 강력할까? 어떤 종류의 질병들이 위약(플라시보)에 반응을 하는 것일까? 많은 실험에서 위약의 치유력이 과학적으로 증명되어 오긴 했지만, 소수의 사람들은 정말로 위약이 질병을 치료할 수 있다는 사실을 인정하고 있다. 어떤 플라시보 효과를 상기해 보라. 그건 확실히 생리 현상을 바꾸어놓고 치유도 해주는 마음(정신)이다.

제14장

고객 상담

LOHAS
Lifestyle of Health Sustainability

제14장 고객 상담

1 상황별 고객 응대 및 인사말

1.1 고객 응대 화법

① 고객 응대 화법은 전달하려는 뜻을 고객에게 명확하게 이해시키고 그 과정을 통해서 친절함과 정중함이 동시에 전달되어야 한다. 공손한 말씨를 사용한다 : 고객과의 만남에서는 평소에 쓰는 말씨가 아닌 존댓말과 상대에 따른 호칭과 경어를 사용해야 한다.

② 고객의 이익이나 입장을 중심으로 이야기한다 : 자기의 이익을 생각하기 전에 고객의 이익과 행복을 우선한다는 서비스 정신에 입각하여 대화를 전개한다.

③ 알기 쉬운 말로 한다 : 고객이 이해하기 쉬운 말을 사용한다.

④ 고객 응대에 예의를 갖춘다 : 예의는 정성스런 마음과 올바른 태도가 기본이다. 마음은 없고 형식만 갖춘 응대라면 결코 고객에게서 호감을 이끌어낼 수 없을 것이다.

⑤ 명확하게 말한다 : 명확한 요점을 정확한 발음과 적당한 속도와 크기로 느끼기 쉽게 이야기하는 것이 고객에게 호감을 주는 좋은 응대법이다.

⑥ 대화에 감정을 담는다 : 같은 내용의 말이라도 감정이 어떻게 담겨져 있느냐에 따라 전달 효과가 달라진다. 감정이 담긴 대화는 표정이 담겨 있으며 표

정에는 얼굴뿐만이 아니라 손짓, 몸짓에 의해서도 표현된다.

1.2 고객 설득 화법

(1) 기본 원칙

① 고객 파악 : 접객 상황에서 직업, 사회적 배경, 취미, 성격 등이나 고객의 의도를 잘 파악하는 것이 설득을 위한 접객 화법의 우선이다. 고객의 특성이나 의도를 정확하고 신속하게 파악하는 것이 필요하다.

② 고객의 이야기에 경청 : 고객의 말에 귀를 기울이고 고객의 반응을 보면서 이야기해야 한다. 자기의 입장에 집착해서 일방적으로 대화를 이끌어가서는 결코 고객을 설득할 수 없을 것이다. 대화의 기본은 7 : 3 원리와 1 : 2 : 3 화법에 입각한다. 7 : 3 원리는 고객으로 하여금 일곱마디 말하게 하고 담당자는 세 마디 이야기한다는 것이다. 1 : 2 : 3 화법은 1분 동안 말하고, 2분 동안 말하게 하고 3분 동안 긍정하는 것이다.

③ 고객이 이해하기 쉬운 말 : 고객의 수준에 적합한 표현을 한다. 어려운 표현, 번거로운 표현은 오히려 오해를 불러일으켜 고객의 마음을 닫게 하기도 한다.

④ 사상과 종교에 대한 이야기 금지 : 정치적인 사상이나 신앙은 신념이 기본이 되어 있으므로 충돌이나 논란의 근거가 된다.

⑤ 칭찬과 감사의 말 : 고객의 장점이나 아름다운 점을 인정하여 칭찬할 경우 대부분의 사람들은 호감을 산다. 담당자는 언제 어떠한 경우라도 마음에서 우러나오는 고객에게 봉사한다는 기본적인 정신에 입각해서 친절과 감사의 말을 아낌없이 사용하는 기본적인 자세가 반드시 요구된다.

⑥ 올바른 시선 접촉 : 고객 응대 시 밝고 명랑한 모습으로서의 안정된 시선, 표정이 풍부한 시선, 바른 시선은 고객과의 계속 관계를 유지해 주며 보다

밀도 있는 대화를 이끌어나갈 수 있게 한다.

⑦ 다른 뷰티숍에 대한 악평 금지 : 다른 뷰티숍에 대해 악평을 하는 것은 자신의 인격을 의심받게 되어 오히려 나쁜 결과를 초래할 수 있다.

⑧ 반복 연호의 원리 : 상품 설명 도중 자기 뷰티숍에서 판매하는 제품의 브랜드명이나 뷰티숍 명을 반복적으로 이야기하면, 고객은 잠재의식적으로 제품에 대해 친숙하게 인식하게 되는 효과가 있다.

⑨ 명령문(지시형) 금지 : '~하세요' 문장보다는 '~하실까요' 하는 청유형 형식으로 말하는 것이 고객 중심 대화의 기본이다.

⑩ 긍정적인 표현 : 부정형의 대답은 고객을 불쾌하게 하여 결국 판매에 부정적인 결과를 초래한다.

(2) 설득적 표현 방법

① 음성이 명확하며 부드러운 목소리여야 한다.

- 판매에서 음성을 사용한 대화의 기본은 명확하고 뚜렷하게 그리고 강력하게 호소하는 것이다.
- 낮고 작은 목소리로 말하는 것이 설득 효과가 크다.

② 상황에 적당한 음량과 템포를 유지한다.

- 고객의 인품이나 주위 분위기에 맞춰 알맞은 음율(Rhythm) · 음조(Tempo) · 음속(Speed)으로 음성에 연기를 가미하므로 지루하지 않게 이야기의 뜻을 올바르게 전달하게 한다.
- 담당자의 이야기에 고객이 공감할 수 있도록 대화에 적당한 간격을 주어야 한다. 담당자의 말에 고객이 깊이 공감할 수 있는 시간적 여유가 필요하다.

③ 시각에 호소하는 언어를 활용한다.

- 시각에 호소한다는 것은 표정이나 미소 등의 몸짓 언어를 사용하여 고객의 눈에 호소하는 표현 방법이다.
- 표정, 미소, 자세, 동작 등이 상대방에게 주는 느낌에 매우 크게 영향을 미치므로 대화에서 어떤 어휘를 사용하는가보다 그 어휘를 어떻게 사용하는가가 더 중요하다.

④ 품위 있는 유머를 구사한다.

- 품위 있는 유머는 고객의 닫힌 마음과 긴장을 푸는 역할을 한다. 따라서 고객의 속마음을 털어놓게 하고 상담도 원만하게 진행시킨다.
- 센스 있는 담당자는 유머의 소재를 잘 포착하여 정황에 맞는 유머를 잘 조화시켜 대화를 함으로써 판매 효율을 높인다.

1.3 고객 유형별 응대

(1) 불만족한 고객

① 심리적인 상태

- 자신의 구매 행위 실수에 대한 자책감이 있다(화난 상태).
- 관련된 법규나 전문가와 상의한 후 상담을 요구하는 경우가 많다.
- 보상 거절에 대한 불안 심리도 있다.
- 상담원이 자신의 문제를 해결할 것을 믿는다.
- 금전적 손해를 보상받기를 원한다.
- 즉각 화를 내기도 한다.

② 대응 자세

- 고객이 만족할 수 있는 방법을 제시한다.

- 전문 기관을 알선한다.
- 개방형 질문을 한다.
- 충분히 배려한다.
- 보상받기를 원하는 것이 무엇인지 질문한다(즉 대체안으로서 1안, 2안을 질문한다).
- 공감을 하면서 경청한다(상대방의 화난 상태를 공감하고 이해하는 마음으로 듣는다).
- 긍정하면서 상담원 측의 이야기를 한다(Yes, but 화법이다. 꼭 미소를 지으며 목소리를 낮춘다).

(2) 무리한 보상을 요구하는 고객

① 심리적인 상태

- 때로는 고의적으로 문제를 제기하고 고액의 보상을 요구하는 경우도 있다.
- 고의적으로 소란을 피운다.
- 문제점과 약점을 잘 알고 있다.
- 큰소리치는 경우가 많다.
- 신문, TV, 고발 센터에 고발 운운하며 공갈 협박성이 있다.
- 검찰청이라면서 전화 내용을 녹취하겠다는 협박성도 있다.
- 형사 고발 등 법적 대응하겠다는 엄포형이 많다.

② 대응 자세

- 불만 내용을 주의 깊게 메모하면서 경청한다.
- 소비자를 존중하면서 응대한다.
- 문제 해결과 관련된 전문 지식을 준비한다.
- 과거의 유사한 피해 보상 사례를 수집해 검토한다.

- 문제를 그 분야 전문가의 조언을 받아 대체안을 준비한다.
- 소비자에게 대체안을 제시하고 협조를 구한다.
- 해결되지 않을 경우 3변의 법칙으로 접근한다.
- 쌍방 간에 일보씩 양보하는 선에서 합의를 도출한다.
- 충분히 사과하고 이해시키고 협조를 구한다.

(3) 화난 고객

① 심리적인 상태

- 화를 표출한 후에는 허전하거나 후회하는 경향이 있다.
- e-메일에 욕설부터 퍼붓는다.
- 문제 해결이 잘못되면 대표이사를 찾고 매스컴에 고발하는 등 문제를 확대시키기 쉽다.
- 문서 상담에서도 불쾌한 표현, 결례가 되는 어휘를 사용한다.
- 전화를 걸자마자 화부터 낸다.
- 선동하는 경우도 있다.

② 대응 자세

- 뷰티숍의 제품에 대한 불만을 토로하거나 화를 내더라도 같이 화를 내서는 안 된다.
- Yes, but 화법으로 정중히 사과한다.
- 화내는 이야기에 공감하면서 경청한다.
- 원인을 정확하게 분석 · 규명하고 질문, 불만을 종합적으로 분석하며 원인에 대한 책임 소재를 파악한다.
- 침착하게 응대한다.
- 긍정적 자세로 소비자를 안심시키도록 노력한다.

- 전화 상담에서 너무 오래 기다리게 하지 않는다.
- 불만을 줄이도록 노력해야 한다.
- 사후 확인 · 사과 및 감사를 표한다.
- 동의를 구한다.
- 해결 방법을 협의한다.

(4) 우유부단한 고객

① 심리적인 상태

- 어떻게 조치해야 할지 궁금한 상태에 있다.
- 피해 보상 요구에서도 A안과 B안 어느 것이 유리한지 결단력이 부족하다.
- 어떤 것을 선택하는 것이 유리한지 A와 B를 두고 방실인다.
- 제품 서비스를 구매하는 데 필요한 정보가 부족한 상태이다.

② 대응 자세

- 상담 경험적 통계로 A안이 더 유리하다고 의견을 제시한다.
- 인내심을 가지고 경청한다.
- 소비자 스스로 의사결정을 하도록 돕는다.
- 문제를 분석한 후 선택에 필요한 정보를 제시한다.
- 상대방을 먼저 칭찬하면서 경청한다.
- 주의 깊게 경청한다.

2 클레임과 컴플레인 분석

2.1 클레임과 컴플레인의 개념 차이

(1) 클레임(Claim)

어느 고객이든 제기할 수 있는 객관적인 문제점에 대한 고객의 지적이라 할 수 있다. 즉 클레임은 상대방의 잘못에 대한 시정 요구로 컴플레인에서 비롯된다. 클레임 처리가 되지 않을 경우 고객에게 물질적, 정신적 보상으로 해결해야 한다.

(2) 컴플레인(Complain)

고객이 상품을 구매하는 과정에서 또는 구매한 상품에 관하여 품질, 서비스, 불량 등을 이유로 불만을 제기하는 것으로 매장 내에서 종종 발생하는 사항이다. 고객의 불만, 오해, 편견 등을 풀어주는 일을 컴플레인 처리라고 한다.

2.2 클레임과 컴플레인의 의의

① 고객의 클레임과 컴플레인을 성의껏 처리해 주었을 때 고객은 크게 만족하게 되어 뷰티숍의 계속 구매 고객이 될 가능성이 크다.

② 성의를 다하는 클레임과 컴플레인의 처리는 매장(뷰티숍)의 신뢰도를 높여주고 고객과의 관계를 효과적으로 유지시켜 주는 지름길이 된다.

③ 소비자의 클레임과 컴플레인은 뷰티숍에 막대한 손실을 입힐 수 있으며, 경영자에게도 중요한 영향을 미친다.

2.3 클레임과 컴플레인의 발생 원인

(1) 판매자 측 원인

① 판매 담당자의 고객에 대한 인식 부족 : 불량품이나 불만족스런 제품을 구매

한 고객은 불만과 더불어 교환을 요구한다. 이 당연한 요구를 무시하거나 교환을 회피하려 할 때 발생한다.

② 무성의한 고객 대응 태도 : 고객의 질문에 답변을 하지 않거나 고객의 요구에 대한 일방적인 무시 행위, 무성의한 답변, 불친절 등은 컴플레인을 발생시킨다.

③ 제품 지식의 결여 : 판매 담당자의 부족한 제품 지식으로 인한 잘못된 제품 설명은 제품 사용상의 문제점을 야기함은 물론 컴플레인을 발생시킨다. 정확한 상품 지식, 올바른 상품 설명으로 불평을 예방할 수 있다.

④ 제품 관리의 소홀 : 제품의 이동 및 진열 중에 불량품이 발생할 수 있는데 이러한 불량품을 최종 점검 없이 판매할 경우 컴플레인이 발생한다.

⑤ 무리한 판매 권유 : 무리한 강매나 강권은 고객의 쇼핑 즐거움을 통해 얻는 즐거움의 감소는 물론 매장에 대한 신뢰감을 떨어뜨리고 컴플레인을 발생시킨다.

⑥ 단기간의 이해 집착 : 단기간의 이해에만 집착하여 교환이나 환불을 회피할 경우 컴플레인을 발생시키고 고정 고객을 잃게 된다.

⑦ 약속 불이행 : 판매사원과 고객과의 약속은 뷰티숍의 대고객에 대한 약속이며 개인 간의 약속이 아니다. 뷰티숍이 약속하였다는 입장에서, 뷰티숍의 신뢰성을 지킨다는 입장에서, 고객과의 약속을 지키기 위해 최선을 다해야 한다. 약속을 지키지 않으면 뷰티숍을 믿고 행동한 고객은 자신의 시간 및 금전적인 손실에 대한 보상을 요구한다.

⑧ 보관 물품의 소홀한 관리 : 고객으로부터 받은 보관 물품을 소홀히 취급하여 파손 · 분실하게 된다면 그 고객은 당연히 보상을 요구한다. 보관 물품의 소홀한 관리는 고객의 컴플레인을 발생시킨다.

⑨ 일처리의 미숙 : 서투른 포장이나 계산의 착오 등 일처리의 미숙은 컴플레인을 발생시킨다.

(2) 고객 측 원인

① 고객 측의 잘못에 의한 발생 원인은 제품, 상표, 매장, 뷰티숍 등에 대한 잘못된 인식, 기억의 착오, 성급한 결론, 독단적인 해석, 고압적인 자세, 할인의 구실을 찾기 위한 고의성 등이다.

② 고객의 잘못이나 고객의 착오 등에 의한 컴플레인의 발생은 고객이 잘 납득할 수 있도록 설명하여 이해시킨다.

③ 비록 판매 담당자의 잘못이 없다고 하더라도 잘못된 대응은 고객을 적으로 만들 수 있으므로 인내심을 갖고 겸손하고 정감 어린 설명으로 설득해야 한다.

2.4 클레임과 컴플레인의 처리 원칙

① 우선 사과의 원칙 : 클레임과 컴플레인을 건 고객은 일반적으로 화가 나 있다는 점에 유의하여 사과부터 정중히 하여야 한다.

② 우선 파악의 원칙 : 고객이 클레임과 컴플레인을 한 원인을 먼저 파악하여야 한다.

③ 신속 해결의 원칙 : 가능한 이른 시간 내에 해결하는 것이 뷰티숍 입장에서도 좋다.

④ 비논쟁의 원칙 : 클레임과 컴플레인을 건 고객과 논쟁을 하지 말아야 한다. 자칫하면 오히려 문제를 키울 수 있는 소지가 많다.

2.5 존 굿맨(John Goodman)의 법칙

① 제1법칙 : 자신의 불만을 해결하여 만족하게 된 고객은 불만을 갖고 있지만 토로하지 않는 고객에 비해 동일 브랜드를 재구입할 가능성이 매우 높다.

② 제2법칙 : 고충 처리에 불만을 품은 고객의 비우호적인 소문의 영향은 만족한 고객의 호의적인 소문의 영향에 비해 두 배나 강하게 판매를 방해한다.

③ 제3법칙 : 소비자 교육을 받은 고객은 뷰티숍에 대한 신뢰도가 높아 호의적

인 소문의 파급 효과가 기대될 뿐 아니라 상품의 구입 의도가 높아져 시장 확대를 공헌한다.

3 고객 불만 처리 원칙

3.1 고객 불만의 중요성

① 고객 불만은 상품의 결함이나 문제점을 조기에 파악하여 그 문제가 확산되기 전에 신속히 해결할 수 있게 해준다.

② 고객 불만은 부정적인 구전(口傳) 효과를 최소화한다. 불만족 고객은 흔히 친구, 이웃, 친지 등 제3자에게 자신의 불만족스러운 경험에 대해 이야기하곤 하므로 부정적인 구전을 최소화하기 위해서는 불만족 고객이 직접 뷰티숍, 판매업자나 종업원에게 불평하도록 유도해야 한다.

③ 불평하는 고객이 침묵하는 불만족 고객보다 낫다는 것이다. 불평이 없다고 해서 아무런 문제가 없다고 생각하는 것이 흔히 많은 뷰티숍들이 갖고 있는 착각이다.

④ 불만을 제기한 고객은 유용한 정보를 제공한다. 고객 불평을 통해 뷰티숍은 고객의 미충족 욕구를 파악할 수 있으며 제품이나 서비스를 어떻게 개선할 수 있는가에 대한 중요한 자료로 수집할 수 있다.

3.2 고객 불만의 유도 방안

(1) 수신자 부담 서비스(미국 800 서비스, 우리나라 - 080 또는 클로버 서비스)

① 고객 직통 전화선은 불만족한 고객을 흡족하게 바꿀 수 있다.
② 고객 직통 전화는 뷰티숍을 인간적으로 느끼게 해주는 이점이 있다.
③ 고객 직통 전화는 뷰티숍의 보증에 따른 비용을 절감할 수 있다.

(2) 인터넷

① 인터넷 이용의 효용은 시간과 관계없이 보다 적극적인 쌍방향의 의사소통이 가능해져 고객이 자신의 불만 문제를 구체적으로 제시할 수 있고, 뷰티숍은 이 문제의 처리를 상황에 따라 즉각적으로 대처할 수 있다.
② 고객 만족의 문제 해결을 위한 시장조사도 손쉽게 가능함으로써 고객 불평의 근본적인 문제 해결의 접근에 용이한 자료를 폭넓게 획득할 수 있다. ⇒ 마케팅 전략의 수립에도 유용하게 활용

3.3 불만 고객 응대의 기본 원칙

(1) 피뢰침의 원칙

① 고객은 나에게 개인적인 감정이 있어서 화를 내는 것이 아니라 일처리에 대한 불만으로 복잡한 규정과 제도에 대해 항의하는 것이라는 관점을 가져야 한다.
② 불만 고객의 상담자도 피뢰침과 같이 직접 불만 섞인 다양한 고객들을 맞이하여 몸으로 흡수하고 뷰티숍 제도에 반영한 후 다시 땅속으로 흘려보내야 한다. 이런 피뢰침과 같은 역할을 성실히 수행함으로써 뷰티숍과 조직은 상처를 입지 않고 내용을 충만히 할 수 있을 것이다.

(2) 책임 공감의 원칙

① 고객의 비난과 불만이 나를 향한 것이 아니라고 하여 고객의 불만족에 대해

서 책임이 전혀 없다는 말은 아니다. 우리는 조직 구성원의 일원으로서 내가 한 행동의 결과이든 다른 사람의 일처리 결과이든 고객의 불만족에 대한 책임을 같이 져야만 한다.

② 고객에게는 누가 담당자인지가 중요한 것이 아니라 나의 문제를 해결해 줄 것인지 아닌지가 중요한 것이다.

(3) 감정 통제의 원칙

① 전화를 받거나 거친 고객들을 만나다 보면 자신도 모르게 감정을 드러내는 경우가 발생하게 된다.

② 사람을 만나고 의사소통하고 결정하고 집행하는 것이 직업이라면 사람과의 만남에서 오는 부담감을 극복하고 자신의 감정까지도 통제할 수 있어야 한다.

(4) 언어 절제의 원칙

① 고객 상담에 있어서 말을 많이 하는 것은 금기시되어 있다. 왜냐하면 고객보다 말을 많이 하는 경우 고객의 입장보다는 자신의 입장을 먼저 고려하게 되기 때문이다. 말을 많이 한다고 해서 나의 마음이 고객에게 올바로 전달되는 것은 아니다.

② 고객의 말을 많이 들어주는 것만으로도 우리는 고객들이 돌아가면서 좋은 느낌을 가지게 된다.

(5) 역지사지의 원칙

① 고객을 이해하기 위해서는 반드시 그의 입장에서 문제를 바라봐야 한다. 고객은 우리의 규정을 알지도 못하고 그 규정의 합리적인 이유도 알지 못하며

업무가 처리되는 절차는 더더욱 알지 못한다. 우리는 고객이 마치 우리의 업무 프로세스나 규정들을 모두 알고 있다는 것을 전제로 상담하고 있는 오류를 범하고 있다.

② 고객은 자신에게 관심을 가져주는 사람에게 관심을 갖는다. 고객에게 관심을 보여야만 우리의 말과 설명들이 고객의 귀에 들어가며 마음으로 이해해 줄 수 있다. 그렇지 않으면 아무리 합리적인 이유를 말하고 훌륭한 미사여구를 사용한다 할지라도 고객은 결코 자신의 의견을 굽히지 않을 것이다.

3.4 불만 고객 처리 단계

(1) 제1단계

고객의 불만이나 불평을 듣고, 고객의 불평 내용과 원인에 대한 정보를 수집한다.

① 먼저 사과하고 고객의 흥분을 진정시킨다.

② 선입관을 갖지 말고 관심을 가지고 듣는다.

③ 자기의 의견을 개입시키지 말고, 전체적인 사항을 듣는다.

④ 중요 사항을 메모한다.

(2) 제2단계

불만의 원인을 분석하며, 고객의 불평이나 불만에 대한 사실과 원인을 확인한다.

① 사실 확인과 문제점을 정의한다.

② 원인을 확인한다.

(3) 제3단계

해결책을 검토하며, 문제 해결을 위한 고객 요구 사항에 대한 파악과 만족할 만한 해결 방안의 모색 단계이다.

① 고객의 요구 사항을 듣는다.
② 자기의 권한 내에서 할 수 있는가를 검토한다.
③ 고객을 만족시킬 수 있는 방안을 검토한다.
④ 신속한 해결의 일정을 검토한다.

(4) 제4단계

만족스런 해결 방안을 결정하고 고객에게 해결책을 제안한다.

① 정중하고 성의 있게 해결책을 설명한다.
② 신속하게 처리한다.
③ 차이가 있을 때 새로운 타결 방안을 제시한다.
④ 권한 이외의 것은 해결 과정을 충분히 설명하고 양해를 구한다.

(5) 제5단계

처리 결과를 검토한다.

① 다시 한 번 사과하고 처리 결과의 수용에 대해 감사 인사를 한다.
② 고객 불평이 재차 발생치 않도록 미연에 방지한다.

【불만 고객의 처리 단계】

단계	유의할 점
① 불평을 듣는다.	• 불평의 모든 면을 듣는다. • 진지한 관심을 가지고 귀를 기울인다. • 편견(선입관념)에 사로 잡히지 않는다. • 문제점을 메모한다.
② 불만의 원인을 분석한다.	• 중심 문제를 파악한다. • 중심적으로 배열한다. • 전례와 비교한다.

	• 회사 방침을 조사한다. • 속답할 수 있는가 없는가, 권한 내에서 처리할 수 있는가 등을 검토한다.
③ 해결책을 찾아낸다.	• 회사 방침에 맞았는가를 재검토한다. • 권한 외의 경우는 이관한다. 그러나 충분한 설명 · 연락을 취해 자기가 진행역이 된다.
④ 해결책을 전달 · 처리한다.	• 친절하게 설명하여 납득시킨다. • 권한 외의 경우는 특히 그 과정 및 수속을 충분히 설명한다.
⑤ 결과를 검토한다.	• 자기 혼자서 처리했을 때는 그 결과를 검토한다. • 권한 외의 경우에는 해결책의 내용과 상대방의 반응을 대조해서 검토한다. • 다른 판매점의 영향을 검토한다.

3.5 불만 고객 처리 시 유의사항

① 고객의 말에 동조해 가면서 끝까지 충분히 듣는다.

② 논쟁이나 변명은 피한다.

③ 고객의 입장에서 성의 있는 자세로 임한다.

④ 감정적 표현이나 노출을 피하고 냉정하게 검토한다.

⑤ 솔직하게 사과한다.

⑥ 설명은 사실을 바탕으로 명확하게 한다.

⑦ 신속하게 처리한다.

3.6 불만 고객 처리 방법(MTP법)

유형	특성	응대 요령
A그룹 (권위형, 과시형, 추진형)	• 결단력이 있고 요구적이며 완고하고 엄격하며 능률적이다. • 남의 얘기를 경청하는 것이 소홀하다. • 자신의 행동과 결정에 도움을 주는 사람에게 호감을 갖는다.	다혈질적으로 빨리 화를 내고 빨리 식으므로 요점만을 제시하고 결정은 본인 스스로 내리게 한다.

B그룹 (표현형, 신경질형, 짜증형)	• 충동적이며 열성적이고 비규율적이며 사교적이다. • 수다스럽고, 세밀하게 숙고해야 할 내용은 싫증을 낸다. • 자기주장을 받아들여지게 하기 위해 감정에 호소하는 수도 있다. • 자신의 직관에 도움을 주는 사람에게 호의적이다.	• 화를 내기 시작하면 자제를 하지 못하고 인신공격을 많이 하므로 무조건 들어 주는 것이 좋다. • 관심을 갖는 시간이 짧기 때문에 흥미를 잃지 않도록 유의하여야 한다.
C그룹 (친화형, 매너형, 우유부단형)	• 수동적이고 우유부단하며 내향적이고 우호적이다. • 남의 얘기를 주로 듣고 질문을 받아야 의견을 말한다. • 경쟁보다 양보를 택하고 단결력이 강해 집단에서 분쟁을 완하시키는 역할을 한다. • 호의적인 사람에게 긍정적이다.	• 평소에는 온화하며 화가 나거나 불만이 있어도 말을 잘 하지 않는 편이나 화가 나거나 불만을 제기하기 시작하면 끝까지 해결을 보는 유형이다. • 반박을 하지 않도록 주의하고 편안하게 친근감 있게 대한다.
D그룹 (이성형, 분석형, 전문가형)	• 신중하고 비판적이며 고집이 세다. • 경청하는 형이며, 상황을 철저히 분석하려 한다. • 발언이 너무 깊고 자세한 경우가 있다. • 정확성을 중요시하므로 충실한 자료와 근거를 제시하는 사람에게 호의적이다.	• 일단 화가 나면 그 이유에서부터 무엇이 불만인지 또 그 내용까지 조목조목 따지므로 시간적 여유를 두고 응대하는 것이 좋다. • 자료를 제시하고 애매한 일반화는 피한다.

3.7 고객 특성에 따른 불만 처리 방법

고객의 컴플레인에 대한 처리 방법은 더 높은 고객 만족 향상이라는 차원에서 고려되어야 한다. 고객 불평이나 불만의 처리 방법으로 MTP법이 자주 사용되고 있는데, 이는 사람(Man), 시간(Time), 장소(Place)를 바꾸어 컴플레인을 처리하는 방법이다.

① 사람을 바꾼다 : 판매 사원 → 판매 담당

② 장소를 바꾼다 : 매장 → 사무실, 소비자 상담실

③ 시간을 바꾼다 : 즉각적인 해결 방안 제시보다는 냉각 시간 필요

4 Power Coaching

4.1 Coaching의 정의

Coaching은 개인과 조직의 잠재능력을 개발시켜 성공을 위한 자아실현과 나아가 조직의 성과를 더 높일 수 있도록 도와주는 지속적인 파트너십이다.

> 【※ CCU(Corporate Coach University)의 정의 】
> 코칭은 코치와 발전하려고 하는 의지가 있는 개인이 잠재능력을 최대한 개발하고, 발견 프로세스를 통해 목표 설정, 전략적인 행동, 그리고 매우 뛰어난 결과의 성취를 가능하게 해주는 강력하면서도 협력적인 관계이다.

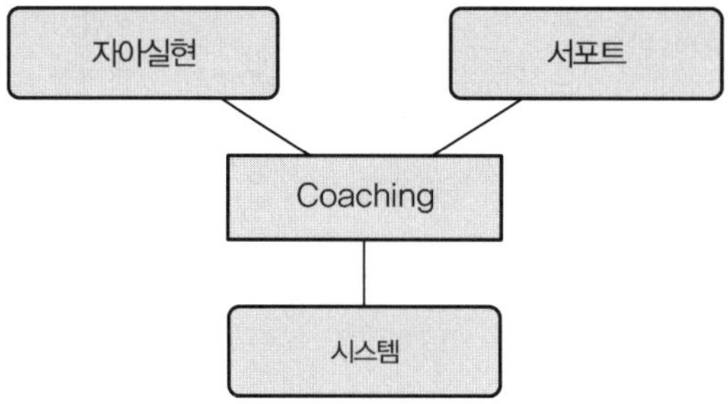

4.2 코칭의 3가지 철학

① 제1철학 : 모든 사람에게는 무한한 가능성이 있다.

맥그리거의 X이론과 Y이론 : 맥그리거는 인간의 본질과 행동에 관한 경영자의 기본 과정을 X이론과 Y이론의 두 유형으로 개념화하였다. X이론은 전통적이고 전제적인 경영자의 인간관이고, Y이론이란 진취적이고 협동적인 인간관을 말한다.

② **제2철학 : 그 사람에 필요한 해답은 모두 그 사람 내부에 있다.**

부하 자신이 미처 깨닫지 못한 해답을 부하 자신이 찾아내도록 상사가 서포트함으로써 부하가 '내 속에 해답이 있다'고 믿도록 지원해 주어야 한다.

③ **제3철학 : 해답을 찾기 위해서는 파트너가 필요하다.**

㉠ 부하에게 질문을 던져라(확대 질문, 미래 질문, 긍정 질문).

㉡ 질문에는 우리가 모르는 막강한 힘이 숨겨져 있다.

㉢ 해답은 모두 그 사람 내부에 있으며, 현재의식이 아닌 그 사람 자신이 의식하지 못하는 잠재의식 속에 있다.

4.3 코치의 역할

① 후원자(Sponsor) : 직원들이 개인적인 성장과 경력상 목표를 달성하는데 도움이 되는 업무가 무엇인지 결정하는 것을 도와주는 사람이다.

② 멘토(Mentor) : 어떤 분야에서 존경받는 조언자이며 뷰티숍의 정치적 역학관계에 대처하는 방법 및 영향력을 행사해서 파워를 형성하는 방법을 알고 있는 사람이다.

③ 평가자(Appraiser) : 특정한 상황하에서 직원의 성과를 관찰하여 적절한 피드백이나 지원을 하기로 직원과 약속한 사람이다.

④ 역할 모델(Role Model) : 역할 모델은 맡은 바를 행동으로 보여주는 역할을 수행하면서 직원들의 뷰티숍 문화에 적합한 리더십 유형을 보여준다.

⑤ 교사(Teacher) : 직원들이 자신의 업무를 효과적으로 수행할 수 있도록 업무상 비전, 가치, 전략, 서비스 및 제품, 고객 등에 관한 정보를 제공한다.

4.4 코칭을 위한 스킬

① 질문 스킬

㉠ 부하의 가능성을 끌어내기 위한 세 종류의 질문

- 특정 질문 → 확대 질문
- 과거 질문 → 미래 질문
- 부정 질문 → 긍정 질문

㉡ 부하는 자기도 모르는 사이에 자신의 무한한 잠재력을 스스로 찾아내고 과거를 바탕으로 미래를 내다볼 수 있게 된다.

② 경청 스킬

㉠ 1단계 : 귀로 듣는다.

㉡ 2단계 : 입으로 듣는다.

㉢ 3단계 : 마음으로 듣는다.

③ 직관 스킬 : 상사 자신의 직관을 활용하여 부하를 코칭하는 기술

㉠ 상사는 생각하지 않는다 : 머리를 굴려 생각하면 의식이 상사 자신에게 쏠려 있어 부하가 말하려는 것을 알 수 없다.

㉡ 상사는 예측하지 않는다 : 상사는 어떤 의도나 생각을 가지고 질문하지 말아야 한다.

㉢ 상사는 리드하지 않는다 : 부하를 끌어가기보다는 부하가 가고자 하는 방향으로 뒤에서 따라가라.

④ 자기관리 스킬 : 상사가 자기 자신을 관리한다는 것

㉠ 머리 관리 : 머릿속에 떠오른 생각을 자각한 뒤, 그 생각에 얽매이지 않고 바로 포기해서 후배 사원과의 대화에 몰입

㉡ 마음 관리 : 부정적인 감정은 적절한 방법으로 처리해야 하며, 상사는 스스로의 감정을 무시하거나 억압해서는 안 됨

㉢ 몸 관리 : 부하의 이야기를 경청하는 자세에는 몸의 방향, 높이, 각도에 주의

㉣ 시간 관리 : 시간의 길이가 아니라 질을 관리하기 위하여 3단계의 경청 방법을 이용

⑤ 확인 스킬 : 상사가 부하를 코칭할 때 부하에게 있어서 중요한 사항을 확인하기 위한 기술

㉠ 부하의 미래를 확인한다.

㉡ 부하의 현재를 확인한다.

㉢ 부하의 과거를 확인한다.

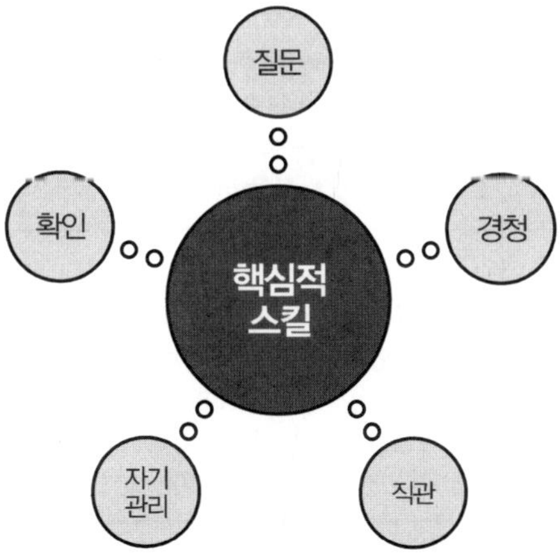

4.5 코칭의 실행과 피드백

① 코칭의 실행 단계

㉠ 제1단계 : 그룹 코칭 목적의 명확한 설명

㉡ 제2단계 : 사례 청취 및 감상

㉢ 제3단계 : 상담원들 스스로 개선점 도출

㉣ 제4단계 : 동의하는 개선 방안 마련

㉤ 제5단계 : 코칭 마무리

② 피드백(Feedback)

㉠ 피드백이란 피코치자의 행동에 대해 긍정적이고 미래지향적인 반응을 함으로써 구체적인 동기를 부여하는 것으로 피코치자의 행동을 여는 스킬이다.

㉡ 피드백 스킬은 피코치자의 행동에 대해 구체적으로 표현해 줌으로써 피코치자로 하여금 앞으로 어떻게 행동할 것인가에 대한 가이드라인을 제공해 주는 것이다.

【피드백(Feedback) 과정】

1차	코칭 실시 후 3일 이내에 모니터 재실시 • 향상된 경우 : 쪽지 활용 및 구두 칭찬으로 격려 • 미진한 경우 : 의지는 있으나 특별한 변화가 없는 경우 2차 피드백 진행
2차	코칭 실시 후 3일 이내에 모니터 재실시 • 향상된 경우 : 쪽지 활용 및 구두 칭찬으로 격려 • 미진한 경우 : 의지는 있으나 특별한 변화가 없는 경우 3차 피드백 진행
3차	• 전월 코칭 실시한 직원들 중 향상되지 않은 직원에 한해 익월 모니터링을 한다. • 집중 대상자 명단에 포함시켜 2회 추가 실시한다.

【참고문헌】

국민 경제 자문회의 안건(보도자료), 「서비스 산업 경쟁력 강화 방안」, 재정경제부, 2004.7.14.

강은미 · 박은주, 의류제품과 미용서비스 구매시 미용업서비스 품질이 실버소비자 만족 및 재구매의도에 미치는 영향, 한국의류학회지, 31(4) : p.584~593, 2007

개인정보 보호법, 법률제11990호 2012.

곽동성 · 강기두1999), "내부서비스 품질이종업원만족고객 만족에미치는영향", 한국마케팅저널, 제권제4호

김상태, 「국제 관광 수지 적자 어떻게 볼 것인가」, 재정부 뉴스 경제통, 2006.4.14.

김일평, 「건설 기술, 선진국 70% 수준…R&D 투자 서둘러야」, 재정부 뉴스 경제통, 2006.3.28.

김정태, 「새로운 환경 · 새로운 방송 '국민 복지 실현의 장'」, 재정부 뉴스 경제통, 2006.4.7.

김철수, 「문화 산업 시대 상품 가치 디자인이 결정한다」, 재정부 뉴스 경제통, 2006.3.14.

김태용, 「환경 서비스업 차세대 수출 주력 산업 육성」, 재정부 뉴스 경제통, 2006.3.27.

김판수, 한장협., 2011, "커피전문점서비스 품질이 고객 만족과 충성도에 미치는 영향", 「대한경영학회지」, 24(5) : 2499~2518.

김희탁 · 김장하, 서비스 품질 측정에 관한 비평적 고찰, 품질경영학회지, 26(4) : p.30-31, 1998.

나병환, 서비스 품질 및 미용업이미지가 고객 만족도와 고객 충성도에 미치는 영향에 관한 연구 : 프랜차이즈외식업을 중심으로, 한성대학교 대학원 박사학위논문, 2007.

노재범 · 이팔훈 · 이승현, 「SIX SIGMA 서비스 이노베이션 엔진, 6시그마」, 삼성 경제연구소, 2005.

민현선, 「아이 '믿고 맡길 곳' 시설 늘리고 질도 높여야」, 재정부 뉴스 경제통, 2006.2.25.

박명호 · 조형지 1999, "고객 만족 개념의 재정립", 한국마케팅저널」, 1(4) : 126~151.

박명호 · 조형지, 고객 만족의 개념 재정립과 척도 개발에 관한 연구, 한국마케팅학회지, 15(3) : p.93-122, 2000.

박선주, 미용서비스업 거래에 있어서 미용업충성의 원인에 관한 연구 : 거래비용적 접근, 성신여자대학교 대학원 박사학위논문, 2006.

박선주, 프랜차이즈 산업의 관계적 특성이 신뢰 및 몰입에 미치는 영향에 관한 연구 : 미용 서비스 산업을 중심으로, 한국인체예술학회, 5(2) : 84-96, 2004.

박종순, 미용 서비스에 대한 고객 만족과 미용업 충성도 및 구전활동, 경희대학교 대학원 석사학위논문, 2005

박종희 · 김은일 · 김선희, 서비스 산업에서 소비자의 정이행위의도에 미치는 영향, 한국마케팅학회, 8(1) : p.77-104, 2006.

서철환, 「지역 특성 살린 관광 · 레저형 특구 활성화」, 재정부 뉴스 경제통, 2006.4.14.

소비자 기본법, 법률제 10170, 2010.

송명달, 「질적 차별화로 '동북아 물류 허브' 발돋움」, 재정부 뉴스 경제통, 2006.3.27.

이유재, 1994, "고객 만족의결과 변수에 대한 이론적 연구", 「경영논집」, 28 : 201~231.

이유재, 고객 만족의 정의 및 측정에 관한 연구, 경영논집, 29 : p,147-148, 1995

이유재, 서비스마케팅, 학현사, 1994.

이유재 · 이청림 2007, “고객 만족이 미용업 성과에 미치는 영향에 있어서 고객 충성도 변수의 역할”, 「아시아마케팅저널」, 22(1) : 81~102.

이학식1997), “지각된서비스 품질의 결정 과정 : 판단이론적시각” 경영학연구, 한국경영학회 26(1).

이학식 · 김영1999), “서비스 품질과 서비스 가치” 한국마케팅저널, 제권 제호.

제미경 · 김효정, 미용실 이용 고객의 서비스 품질 결정요인과 고객 만족, 소비문화연구, 3(2) : p.1-20, 2000.

지헌주, 은행의 미용업충성도에 관한 실증적 연구 : 서비스 제공자와 고객 간의 관계중심으로, 서울대학교 대학원 박사학위논문, 2000.

Buckley, J., 2003, “E-service quality and the public sector”, Managing Service Quality, 13(6) : 453~462.

Cardozo, Richard N., 1965, “An experimental studyof customer effort, expectation, and satisfaction”,Journal of Marketing Research, 2(3) : 244~249.

Cronin, J. J. Jr. and S. A. Taylor, 1994, “SERVPERFvs SERVQUAL : reconciling performance-baseda ndperceptions-minus-expectations

Emin Babakus and Gregory W. Boller, 1992, “Anempirical assessment of the SERVQUAL scale”,Journal of Business Research, 24(3) : 253~268.

Experience”, Journal of Marketing, 55, 1~21.Grӧroos, 1984, “A service quality model and itsmarketing implications”, European Journal of96 한장협 · 김판수

Fornell, Claes, 1992, “A National Customer Satisfaction Barometer : The Swedish

How Alitalia improves service quality through QFD, A. Ghobadiam & A. F. Terry, Managing Service Quality, Vol. 5, No. 5, 1995, pp.25~30.

Hunt H. K., 1977, CS/D-overview and future research direction, In conceptualization andmeasure of customer satisfaction anddissatisfaction : H. K. Hunt ed., Cambridge, MA : Marketing Science Institute.

measurement of service quality”, The Journal ofMarketing, 58(1) : 125~131.

Nunnally, Jum C., 1978, Psychometric Theory, New York : McGraw-Hill Book Company.

Oliver R. L., 1980, “Measurement and evalustion of satisfaction process I retail setting”, Journal ofRetailing, 57(3) : 25~48.

Oliver, R. L., 1980, “A cognitive model of the antecedents and consequences of satisfaction decisions”, Journal of Marketing Research,17(-) : 46~49.

Oliver, Richard L., 1997, Satisfaction : A Bchavioral Perspective on the Consumer : New-York : McGraw-Hill.

Parasuraman, A., Zeithmal, V. & Berry, L. L., 1985, “A conceptual model of service quality and Itsimplication for future research”, Journal of Marketing, 49 : 41~50.

미용 서비스 관리론

2015년 3월 9일 1판 1쇄 인 쇄
2015년 3월 13일 1판 1쇄 발 행

지은이 : 장 선 엽

펴낸이 : 박 정 태

펴낸곳 : **광 문 각**

413-120
파주시 파주출판문화도시 광인사길 161
광문각빌딩 4층
등 록 : 1991. 5. 31 제12-484호
전화(代) : 031) 955-8787
팩 스 : 031) 955-3730
E-mail : kwangmk7@hanmail.net
홈페이지 : www.kwangmoonkag.co.kr

• ISBN : 978-89-7093-773-1 93590

값 24,000원